新世纪电气自动化系列精品教材

电力电子技术基础

（第 4 版）

张凯锋　吴晓梅　包金明

冷增祥　徐以荣　　编著

东南大学出版社

·南 京·

内 容 提 要

本书介绍了电力半导体器件的原理和特性,以及由这些器件组成的各种典型电力电子电路。器件包括普通晶闸管及其派生元件,门极可关断晶闸管(GTO)、大功率晶体管(GTR)、电力场效应晶体管(P−MOSFET)、绝缘栅双极晶体管(IGBT)等全控型电力半导体器件;电路则包含 AC/DC、AC/AC、DC/DC 和 DC/AC 四种基本变换。与前版(第 3 版)相比,修订版增加了典型电路的 MATLAB 仿真实现;增加了电力电子技术在新能源发电领域的应用;修改了原版中的一些文字错误。

本书可作为自动化、电气工程及其自动化、机械设计制造及其自动化及机电一体化等专业的"电力电子技术"课程的教材,亦可供有关工程技术人员和研究生参考。

图书在版编目(CIP)数据

电力电子技术基础 / 张凯锋等编著. —4 版.—南京:东南大学出版社,2018.5(2023.8 重印)
新世纪电气自动化系列精品教材
ISBN 978 − 7 − 5641 − 7741 − 6

Ⅰ. ①电… Ⅱ. ①张… Ⅲ. ①电力电子技术-高等学校-教材 Ⅳ. ①TM1

中国版本图书馆 CIP 数据核字(2018)第 092159 号

电力电子技术基础(第 4 版)

出版发行	东南大学出版社
出 版 人	江建中
社 址	南京市四牌楼 2 号
邮 编	210096
经 销	江苏省新华书店
印 刷	广东虎彩云印刷有限公司
开 本	787 mm×1092 mm 1/16
印 张	18.5
字 数	474 千字
版 次	2012 年 2 月第 3 版 2018 年 5 月第 4 版
印 次	2023 年 8 月第 3 次印刷
书 号	ISBN 978 − 7 − 5641 − 7741 − 6
印 数	4501—5000 册
定 价	46.00 元

(凡因印装质量问题,请与我社营销部联系。电话:025 − 83791830)

第 4 版前言

本书《电力电子技术基础》在 2011 年进行了第 3 版修订。修订后,受到了教师和同学的普遍认可,同时也反馈了一些宝贵的意见。编者结合反馈意见和自身的教学体会,认为有必要进行再次修订。

本次修订的主要工作是增加了基于 MATLAB 的电力电子技术仿真内容。这主要出于以下两点考虑:① 电力电子技术是典型的工科实践性课程,除了理论教学外,还需要重视实践环节。目前各学校普遍开设的实践环节是电力电子实验。实验在培养学生软硬件分析设计能力方面具有重要作用,不过同时也存在耗时多、投入大等缺点。相比之下,软件仿真工作则具有灵活方便等特征。因此,同时开展实验和仿真训练可以很好地实现二者之间的优势互补。② 在理工科专业的教学中,MATLAB 已经得到了广泛的使用,很多学生在学习电力电子技术时已经具备了一定的 MATLAB 基础。同时 MATLAB 也提供了针对电力电子技术的工具箱和大量示例程序。因此,基于 MATLAB 进行电力电子技术的仿真训练是很合适的。

此外,近年来电力能源领域中一个突出事件是新能源发电的迅猛发展,包括风力发电和太阳能光伏发电。同时,电力电子技术在新能源发电中也起到了不可或缺的作用,是其中的一项关键核心技术。因此在修订中增加了电力电子技术在新能源发电中的应用。

具体地,第 4 版中所做的修订有:

(1) 在第 1 章增加了 1.1.5 小节"MATLAB 及基于 MATLAB 的电力电子技术仿真简介",1.3.5 小节"单相半波可控整流电路仿真",1.4.3 小节"单相桥式可控整流电路仿真",1.6.4 小节"三相桥式可控整流电路仿真";在第 2 章增加了 2.4.4 小节"基于 MATLAB 的谐波分析";在第 3 章增加了 3.4.3 小节"MATLAB 中的门极触发器";在第 4 章增加了 4.1.6 小节"单相交流调压电路仿真";在第 6 章增加了 6.2.5 小节"斩波电路仿真";在第 7 章增加了 7.5.5 小节"PWM 逆变电路仿真"。此外也在相应各章增加了一些仿真习题,供教师和学生选择。

(2) 在第 9 章增加了 9.12 小节"新能源发电"。

（3）修改了部分印刷错误。

感谢读者对本书的关心，并恳请对此次修订工作及本书的进一步改进给予批评和建议。读者如需要书中的 MATLAB 仿真示例程序，请直接和出版社或编者联系(kaifengzhang@seu. edu. cn)。

编　者

2018 年 2 月

第 3 版前言

本书初版《电力电子学基础》于 1993 年 9 月出版,1999 年 12 月修订,并更名为《电力电子技术基础》,成为高等学校电子信息类部级规划教材。期间均经多次重印,这次又进行了修改。

晶闸管的问世,标志着电力电子的诞生。起初,它主要用于整流,即将交流电变为直流电,但是普通晶闸管是一种半控型器件,当反之,欲直流变为交流电时,将其关断非常困难。于是随后陆续研制出了各种全控型器件,交直流之间的变换遂容易实现。本书就是依据电力电子技术这一发展进程安排内容的。这次第 3 版仍保留了这种器件与电路相配合的特色即:第 1 章,从普通晶闸管开始讲可控整流电路(AC/DC 变换);第 2 章变流器运行;第 3 章门极触发电路,是与此相关的内容;交流调压和交交变频(AC/AC 变换)也主要是由晶闸管实现,所以安排为第 4 章;其后,第 5 章才介绍全控型电力半导体器件,且内容较充实,因为对器件的了解直接关系到变换器的性能;第 6 章直流变换器(DC→DC 变换)、第 7 章无源逆变和直交变频(DC→AC 变换),它们几乎全是由全控型器件构成;由于大功率变频器的使用日益增多,第 7 章中专门有一节介绍中高压变频器;电力电子技术目标之一是高频化,因此以第 8 章软开关技术来反映这一新技术的发展;最后一章第 9 章,集中介绍了电力电子技术在各方面的应用。鉴于电能的各种变换都是用开关器件来实现的,因此这次修订中,在绪论部分先介绍了这类变换的基本原理及对开关器件的要求;在电力电子技术应用部分增加了电力补偿器的内容;而删去了已过时的强迫换流电压型、电流型逆变器两节及交流电动机调压调速等内容,所有这些增删的目的,是使教材更符合当今的教学要求。

本书的另一特点是注重基本概念和工作原理的阐述。诸如快速二极管的动特性和反向恢复电流;以大功率晶体管为例的动态负载线和缓冲电路;斩波器强迫换流的谐振过程;以及适应手携电子设备极低电源电压要求而提及的同步整流等等,无不体现了这点。也正因此,本书仍名为《电力电子技术基础》。

电力电子技术对自动化、电气工程及其自动化、机械设计制造及其自动化及机电一体化等专业既是一门必修的技术基础课,又是一门专业性课程,因为它不仅分析各种基本的变换电路,而且结合实际介绍其在各方面的应用。加之,各专业的侧重点有所不同。例如:自动化专业,负载多为电动机,以与运动控制系统(电力传动)课程相衔接;电力工程专业,电力补偿、调节,电能质量改善则是重点;对关心开关电源来说,DC/DC变换和软开关技术要深入分析。有鉴于此,本次修订仍保留较多内容,以供各校有关专业根据需要选用。如果教学时数为48学时(含实验环节8学时),建议授课安排如下:绪论2学时,第1章8学时,第2章4学时,第3、4章各3学时,第5、6章各4学时,第7章8学时,第8章4学时,第9章机动或自学。

本书第1、2、3、9章主要由徐以荣执笔,绪论和4、5、6、7章主要由冷增祥执笔。

恳切希望使用本书的教师、学生和有关工程技术人员,对书中不足和错误之处给予批评指正。

编　者
2011年11月

目 录

0 绪 论 ……………………………………………………………………… (1)

0.1 电力电子技术的内容 …………………………………………………… (1)

0.2 利用开关器件实现电力变换的基本原理 …………………………… (2)

0.3 电力变换对开关器件的要求 …………………………………………… (5)

0.4 电力电子技术的发展 …………………………………………………… (6)

0.5 电力电子技术的应用领域和重要作用 ……………………………… (7)

0.6 本课程的性质、分析方法和学习要求 ……………………………… (8)

习题和思考题………………………………………………………………… (8)

1 晶闸管及其可控整流电路(AC/DC 变换) ………………………… (9)

1.1 普通晶闸管 ……………………………………………………………… (9)

   1.1.1 晶闸管结构 ……………………………………………………… (9)

   1.1.2 晶闸管的工作原理 ……………………………………………… (9)

   1.1.3 晶闸管特性 ……………………………………………………… (12)

   1.1.4 晶闸管主要参数 ………………………………………………… (13)

   1.1.5 MATLAB 及基于 MATLAB 的电力电子技术仿真简介 ……… (18)

1.2 晶闸管器件的串并联……………………………………………………… (21)

   1.2.1 晶闸管器件的串联运行 ………………………………………… (21)

   1.2.2 晶闸管器件的并联运行 ………………………………………… (22)

1.3 单相半波可控整流电路…………………………………………………… (24)

   1.3.1 电阻负载 ………………………………………………………… (24)

   1.3.2 电阻电感负载 …………………………………………………… (27)

   1.3.3 带续流二极管的电阻电感负载 ………………………………… (28)

   1.3.4 电容性负载 ……………………………………………………… (29)

   1.3.5 单相半波可控整流电路仿真 …………………………………… (31)

1.4 单相桥式可控整流电路…………………………………………………… (34)

   1.4.1 单相全控桥式整流电路 ………………………………………… (34)

   1.4.2 单相半控桥式整流电路 ………………………………………… (40)

   1.4.3 单相桥式可控整流电路仿真 …………………………………… (41)

1.5 三相半波可控整流电路…………………………………………………… (45)

   1.5.1 三相半波不可控整流电路 ……………………………………… (45)

　　1.5.2　三相半波电阻负载可控整流电路 ……………………………… (46)

　　1.5.3　三相半波感性负载可控整流电路 ……………………………… (48)

　　1.5.4　六相半波可控整流电路 ………………………………………… (50)

1.6　三相桥式可控整流电路 …………………………………………………… (51)

　　1.6.1　共阴极接法与共阳极接法 ……………………………………… (51)

　　1.6.2　三相全控桥式整流电路 ………………………………………… (51)

　　1.6.3　三相半控桥式整流电路 ………………………………………… (58)

　　1.6.4　三相桥式可控整流电路仿真 …………………………………… (63)

1.7　反电势负载 ………………………………………………………………… (64)

　　1.7.1　晶闸管整流电路反电势负载时的工作情况 …………………… (65)

　　1.7.2　反电势负载的特点 ……………………………………………… (66)

习题和思考题 …………………………………………………………………… (66)

2　变流器运行 …………………………………………………………………… (69)

2.1　换流重叠角 ………………………………………………………………… (69)

　　2.1.1　交流侧电感对三相不可控整流的影响 ………………………… (69)

　　2.1.2　三相半波可控整流电路的换流重叠角 ………………………… (72)

　　2.1.3　其他整流电路的换流重叠角 …………………………………… (73)

2.2　有源逆变 …………………………………………………………………… (74)

　　2.2.1　有源逆变产生的条件 …………………………………………… (74)

　　2.2.2　三相半波可控整流电路的有源逆变 …………………………… (76)

　　2.2.3　三相全控桥式电路的逆变工作状态 …………………………… (79)

2.3　变流器外特性 ……………………………………………………………… (80)

　　2.3.1　整流器外特性 …………………………………………………… (80)

　　2.3.2　有源逆变器外特性 ……………………………………………… (81)

2.4　谐　波 ……………………………………………………………………… (82)

　　2.4.1　谐波分析 ………………………………………………………… (83)

　　2.4.2　负载谐波的影响 ………………………………………………… (86)

　　2.4.3　电源中谐波的影响 ……………………………………………… (88)

　　2.4.4　基于 MATLAB 的谐波分析 …………………………………… (90)

2.5　功率因数 …………………………………………………………………… (92)

　　2.5.1　功率因数的基本概念 …………………………………………… (92)

　　2.5.2　整流电路的功率因数 …………………………………………… (93)

　　2.5.3　提高功率因数的途径 …………………………………………… (95)

习题和思考题 …………………………………………………………………… (98)

3　门极触发电路 ………………………………………………………………… (99)

3.1　概　述 ……………………………………………………………………… (99)

　　3.1.1　门极触发信号的种类 …………………………………………… (99)

　3.1.2　晶闸管对门极触发电路的要求 ……………………………………… (100)

3.2　晶体管触发电路 ………………………………………………………… (101)
　3.2.1　正弦波同步、锯齿波移相的晶体管触发电路 ……………………… (101)

3.3　集成触发器 ……………………………………………………………… (104)
　3.3.1　集成触发器原理及应用 ……………………………………………… (104)
　3.3.2　集成触发器类型 ……………………………………………………… (106)

3.4　数字触发器 ……………………………………………………………… (107)
　3.4.1　由硬件构成的数字触发器 …………………………………………… (108)
　3.4.2　微机数字触发器 ……………………………………………………… (109)
　3.4.3　MATLAB 中的门极触发器 ………………………………………… (112)

3.5　触发器的定相 …………………………………………………………… (114)
　3.5.1　概述 …………………………………………………………………… (114)
　3.5.2　触发器的定相方法 …………………………………………………… (114)

习题和思考题 ………………………………………………………………… (117)

4　交流调压和交交变频（AC/AC 变换）……………………………………… (118)

4.1　交流调压 ………………………………………………………………… (118)
　4.1.1　单相交流调压 ………………………………………………………… (118)
　4.1.2　三相交流调压 ………………………………………………………… (122)
　4.1.3　异步电动机的软起动 ………………………………………………… (124)
　4.1.4　晶闸管交流调功器 …………………………………………………… (126)
　4.1.5　双向晶闸管 …………………………………………………………… (127)
　4.1.6　单相交流调压电路仿真 ……………………………………………… (130)

4.2　交交变频器 ……………………………………………………………… (132)

习题和思考题 ………………………………………………………………… (139)

5　全控型电力半导体器件 …………………………………………………… (141)

5.1　门极可关断晶闸管（GTO）……………………………………………… (141)
　5.1.1　结构特点和关断原理 ………………………………………………… (141)
　5.1.2　主要参数 ……………………………………………………………… (142)
　5.1.3　缓冲电路 ……………………………………………………………… (143)
　5.1.4　对门极信号的要求 …………………………………………………… (145)
　5.1.5　门极驱动电路 ………………………………………………………… (147)

5.2　大功率晶体管（GTR）…………………………………………………… (148)
　5.2.1　特性和参数 …………………………………………………………… (148)
　5.2.2　安全工作区 …………………………………………………………… (150)
　5.2.3　缓冲电路和续流二极管的影响 ……………………………………… (153)
　5.2.4　开关特性 ……………………………………………………………… (156)
　5.2.5　驱动电路 ……………………………………………………………… (159)

5.3　电力场效应晶体管(P-MOSFET) ·· (163)

　5.3.1　结构和工作原理 ·· (164)

　5.3.2　静态特性和参数 ·· (164)

　5.3.3　动态特性和参数 ·· (166)

　5.3.4　功率 MOSFET 的特点 ··· (167)

　5.3.5　功率 MOSFET 的驱动电路 ··· (169)

5.4　绝缘栅双极晶体管(IGBT) ··· (170)

　5.4.1　结构特点 ··· (170)

　5.4.2　有关特性 ··· (171)

　5.4.3　驱动电路 ··· (172)

5.5　其他全控型电力电子器件 ··· (173)

　5.5.1　静电感应晶体管(SIT) ·· (173)

　5.5.2　静电感应晶闸管(SITH) ·· (174)

　5.5.3　金属氧化物可控晶闸管(MCT) ··· (175)

　5.5.4　集成门极换流晶闸管(IGCT) ··· (176)

　5.5.5　注入增强栅晶体管(IEGT) ·· (178)

5.6　模块和智能功率模块(IPM) ·· (178)

　5.6.1　GTR 模块 ··· (178)

　5.6.2　其他功率模块 ·· (179)

　5.6.3　智能功率模块(IPM) ·· (180)

5.7　电力电子器件发展概貌 ··· (181)

　5.7.1　现代电力半导体器件的水平 ··· (181)

　5.7.2　各种装置的容量及频率范围 ··· (182)

5.8　电力半导体器件和装置的保护 ··· (182)

　5.8.1　常规的过压、过流保护 ··· (183)

　5.8.2　用电子线路实施保护 ·· (187)

习题和思考题 ··· (190)

6 　直流变换器(DC/DC 变换) ·· (192)

6.1　斩波原理和控制方式 ·· (192)

　6.1.1　斩波原理 ··· (192)

　6.1.2　控制方式 ··· (193)

6.2　直流变换器的基本电路 ··· (194)

　6.2.1　降压式(Buck)变换器 ··· (194)

　6.2.2　升压式(Boost)变换器 ·· (195)

　6.2.3　升/降压式(Buck-Boost)变换器 ·· (196)

　6.2.4　其他形式的基本变换电路 ·· (196)

　6.2.5　直流变换器仿真 ·· (197)

6.3　负载为直流电动机时的斩波器结构 ·· (201)

　　　6.3.1　单象限斩波器 ……………………………………………………（202）

　　　6.3.2　两象限斩波器 ……………………………………………………（202）

　　　6.3.3　四象限斩波器 ……………………………………………………（203）

　　6.4　输入与输出隔离的直流变换器 …………………………………………（205）

　　　6.4.1　单端反激式 ………………………………………………………（205）

　　　6.4.2　单端正激式 ………………………………………………………（207）

　　　6.4.3　推挽式 ……………………………………………………………（208）

　　　6.4.4　半桥式 ……………………………………………………………（208）

　　　6.4.5　全桥式 ……………………………………………………………（209）

　　　6.4.6　同步整流 …………………………………………………………（210）

　　6.5　直流 PWM 的控制 ………………………………………………………（211）

　　习题和思考题 ……………………………………………………………………（213）

7　无源逆变和直交变频(DC/AC 变换) ………………………………………（214）

　　7.1　概　述 ……………………………………………………………………（214）

　　　7.1.1　逆变与变频的含义 ………………………………………………（214）

　　　7.1.2　逆变和变频的两种类型 …………………………………………（214）

　　7.2　负载换流逆变器 …………………………………………………………（216）

　　　7.2.1　晶闸管的换流 ……………………………………………………（216）

　　　7.2.2　RLC 串联谐振逆变器 ……………………………………………（218）

　　7.3　逆变器的谐波和调压 ……………………………………………………（222）

　　　7.3.1　输出波形中的谐波含量 …………………………………………（222）

　　　7.3.2　输出电压的调节 …………………………………………………（222）

　　　7.3.3　逆变器的多重化 …………………………………………………（223）

　　7.4　脉宽调制(PWM)逆变器 ………………………………………………（226）

　　　7.4.1　正弦脉宽调制(SPWM)原理 ……………………………………（226）

　　　7.4.2　PWM 逆变器及其优点 …………………………………………（229）

　　7.5　PWM 控制技术 …………………………………………………………（231）

　　　7.5.1　调制法 ……………………………………………………………（231）

　　　7.5.2　指定谐波消除法(SHEPWM) ……………………………………（237）

　　　7.5.3　跟踪型 PWM(SHBPWM) ………………………………………（238）

　　　7.5.4　电压空间矢量 PWM(SVPWM) …………………………………（240）

　　　7.5.5　PWM 逆变电路仿真 ……………………………………………（243）

　　7.6　中高压变频器 ……………………………………………………………（245）

　　　7.6.1　逆变器结构 ………………………………………………………（245）

　　　7.6.2　整流装置 …………………………………………………………（248）

　　习题和思考题 ……………………………………………………………………（250）

8　软开关技术 ··· (252)

　8.1　硬开关与软开关 ·· (252)
　　8.1.1　开关高频化的好处 ·· (252)
　　8.1.2　硬开关存在的问题 ·· (252)
　　8.1.3　问题的解决途径 ·· (253)
　8.2　软开关的种类 ·· (253)
　8.3　软开关技术的实现 ··· (254)
　　8.3.1　谐振型变换器(RSC) ·· (254)
　　8.3.2　软开关 PWM 变换器 ·· (256)
　　8.3.3　零转换 PWM 变换器 ·· (256)
　8.4　软开关电路举例 ·· (257)
　　8.4.1　BUCK ZCS-PWM 变换器 ······································ (257)
　　8.4.2　BOOST ZVT-PWM 变换器 ····································· (258)
　　8.4.3　谐振直流环(RDCL)逆变器 ···································· (260)
　习题和思考题 ·· (261)

9　电力电子技术的应用 ·· (262)

　9.1　电动机调速 ··· (262)
　　9.1.1　直流电动机调速 ·· (262)
　　9.1.2　直流可逆电路 ·· (262)
　　9.1.3　交流电动机串级调速 ·· (264)
　　9.1.4　交流电动机变频调速 ·· (265)
　9.2　电力控制补偿器 ·· (267)
　9.3　无触点开关 ··· (268)
　9.4　电加热 ·· (270)
　9.5　电压调节 ·· (272)
　9.6　不间断电源(UPS) ·· (273)
　9.7　电化学 ·· (274)
　9.8　高压直流输电 ·· (275)
　9.9　蓄电池充电机 ·· (276)
　9.10　开关电源 ·· (277)
　9.11　电子镇流器 ·· (278)
　9.12　新能源发电 ·· (279)
　9.13　其他应用领域 ··· (281)
　习题和思考题 ·· (282)

参考文献 ·· (284)

0 绪 论

0.1 电力电子技术的内容

电力电子技术是以电力、电能为研究对象的电子技术，又称电力电子学（power electronics）。它主要研究各种电力电子半导体器件，以及由这些电力电子器件来构成各式各样的电路或装置，实现对电能的变换和控制，其功能如图0.1所示。它既是电子学在电工或强电（高电压、大电流）领域的一个分支，又是电

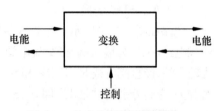

图 0.1　电力电子装置的功能

工学在弱电（低电压、小电流）电子领域的一个分支，或者说是强弱电相结合的新学科。

大家知道，电有直流（DC）和交流（AC）两大类。前者有电压幅值和极性的不同，后者除电压幅值外，还有频率和相位两个要素。而用电设备和负载是各式各样的，实际应用中，常常需要在两类电能之间或对同类电能的一个或多个参数（如电压、电流、频率和相位等）进行变换。不难看出，这些变换共有四种基本类型，它们各可通过相应的变流器或变换器（converter）来实现，如图0.2所示。

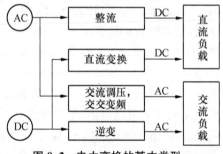

图 0.2　电力变换的基本类型

（1）AC→DC，即交流电转换为直流电。这种变换称为整流，实现的装置叫整流器（rectifier），用于如充电、电镀、电解和直流电动机的速度调节等。

（2）DC→AC，即直流电转换为交流电。这是与整流相反的变换，称为逆变。逆变器（inverter）的输出可以是恒频，用于如恒压恒频（CVCF）电源或不间断供电电源（UPS）；也可以变频（这时变流器叫变频器），如用于各种变频电源、中频感应加热和交流电动机的变频调速等。

（3）AC→AC，这是将交流电能的参数（幅值或频率）加以转换。其中：交流电压有效值的调节称为交流电压控制或简称交流调压，用于如调温、调光、交流电动机的调压调速等；而将50Hz工频交流电直接转换成其他频率的交流电，称为交交变频，其装置叫做周波变换器（cycloconverter），主要用于交流电动机的变频调速。

（4）DC→DC，这是将直流电的参数（幅值或极性）加以转换。即将恒定直流变成断续脉冲形状，以改变其平均值。此种变流器称之为斩波器（chopper）或直流变换器，主要用于直流电压变换、开关电源和矿车、电瓶运输车等直流电动机的牵引传动。

可见，电力电子技术在工农业生产、电力系统、交通运输、邮电通信等国民经济各部门以及家用电器各方面都有着广泛的应用。

0.2 利用开关器件实现电力变换的基本原理

上述的电能变换都是由开关器件来实现的。之所以用开关来实现,主要是因为在电能变换过程中,功率损耗($p=ui$)是需要特别关心的问题。电力(功率)开关器件只有工作在开关状态,器件本身的损耗才是最小(开关开通时,通过的电流 i 很大,但开关上的电压 $u≈0$;开关断开时,承受的电压 u 很高,但流过的电流 $i≈0$)。这样才可以提高电能变换的效率。

那么怎样由开关器件来实现电力变换呢?兹以一种桥式电路来说明交直流间的 4 种基本变换。

(1) AC→DC 变换

电路如图 0.3(a)所示。开关 $S_1 \sim S_4$ 组成桥式电路,A、B 为输入端,接交流电源 u_s,C、D 为输出端,接直流负载 R。S_1、S_2 和 S_3、S_4 为两对开关,它们分别同时通、断,即 S_1、S_2 开通时,S_3、S_4 关断;S_3、S_4 开通时,S_1、S_2 关断。

在图 0.3(a)电路中,设 u_s 电源正半周时,极性为+、−。令开关 S_3、S_4 断开,S_1、S_2 接通,则电流 i_s 回路为+→A→S_1→C→负载 R→D→S_2→B→−;负半周时,u_s 极性为(+)、(−),令 S_1、S_2 断开,S_3、S_4 接通,则电流 i_S 回路为(+)→B→S_3→C→负载 R→D→S_4→A→(−),可以看出,尽管交流电源 u_s 正负交变,但由于 S_1、S_2 和 S_3、S_4 的交替通、断,在输出两端电压 u_o。极性始终不变,即 C 为+,D 为−,这样便将交流变换成了直流。

当然,获得的直流是脉动的,但只需加适当的 L、C 滤波元件,便可在负载 R 两端得到直流平均电压 u_o,如图 0.3(b)。

图 0.3(b)获得的 u_o 为最大值。如欲减小 u_o,可控制 S_1、S_2 和 S_3、S_4 在 u_s 过零后推迟一段时间,例如 ωt_1 时刻(对应相位角为 α_1)接通和断开,则输出电压 u_o 波形如图(c)所示,u_o 将不是完整的正弦半波,而是被切去了一部分。不难看出,输出电压平均值 u_o 与滞后角 α 有关,α 愈大,u_o 愈小。这种控制方式称为相位控制或移相控制。

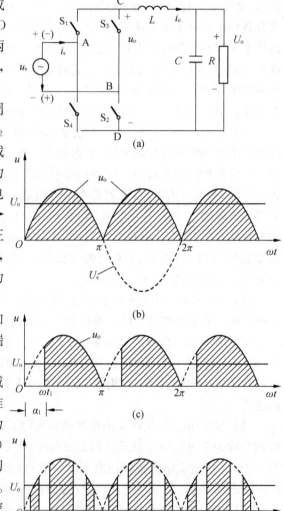

图 0.3 整流电路和电压波形

如果在电源的半周期内,令 S_1、S_2 和 S_3、S_4 分别通、断多次,则或获得图 0.3(d)多个脉波电压。当开关频率,即电源半周期中开关通、断的次数固定,而改变脉波宽度,也可以调节直流输出电压平均值 u_o,这种控制方式则称为脉冲宽度调制(PWM)控制。

（2）DC→AC 变换

图 0.4(a)所示电路，直流电压 U_s 接于输入端 A、B，负载 Z 接于输出端 C、D。如果要求输出变流的频率为 f（周期 $T=1/f$），令半周期 $T/2$ 时间里接通 S_1、S_2，断开 S_3、S_4，则直流电压 U_s 经 S_1、S_2 加至负载 Z 两端，逆变电路输出电压 $u_o = u_{CD} = +U_s$；令随后的 $T/2$ 时间里 S_3、S_4 接通，S_1、S_2 断开，则 U_s 经 S_3、S_4 加至 Z 两端，$u_o = u_{DC} = -U_s$。因此，开关电路输出电压 u_o 是频率为 f、幅值为 U_s 的交流方波电率，如图 0.4(b)。

如果仅在正负半周的一部分时间 T_{on} 期间 S_1、S_2 接通，S_3、S_4 断开和 S_3、S_4 接通，S_1、S_2 断开，则 u_o 将是导通时间小于 $T/2$ 的矩形变流波，见图 0.4(c)。藉此便可以调节基波 u_1 的幅值。

同样，如果在正、负半周期 $T/2$ 内控制 S_1、S_2 和 S_3、S_4 的多次通、断，并令每次通、断时间不同，如图(c)所示 PWM 波形，输出电压波形更接近正弦波，且其中谐波电压频率较高，经很小的 LC 滤波后即可得到正弦化的交流电压。

（3）AC→AC 变换

在图 0.3(a)电路中，如果用的是双向开关，只要将开关 S_1、S_2 接通，S_3、S_4 断开或 S_3、S_4 接通，S_1、S_2 断开，输出电压 u_o 便是同频率的交流电压，见图 0.5(a)。当采用相位控制时，将正、负半周正弦波各切去一部分，便可实现交流调压，输出交流电压有效值与相位角 α 有关，且波形不是正弦形，见图 0.5(b)、(c)。

交交变频电路如图 0.6(a)所示，频率 $f =$ 50 Hz（其周期 $T=20$ ms）的交流电压 u_s 接至开关电路的输入端 A、B，波形如图(b)，如果在 u_s 的每个半波期间接通的开关编号如图所示（一对开关接通，另对开关必须断开），则开关电路输出端 C、D（即负载 Z）两端电压 u_o 将是图(c)所示波形。显然，这个输出的交流电压的周期为 $T_o = 4T = 80$ ms，频率 $f_o = \dfrac{1}{T_o} = \dfrac{1}{4T} = \dfrac{f}{4} = 12.5$ Hz，每个正、负半周（40 ms）内各有 4 个脉波，输出电压 u_o 的基波周期是输入电压 u_s 周期的 4 倍，频率为电源电

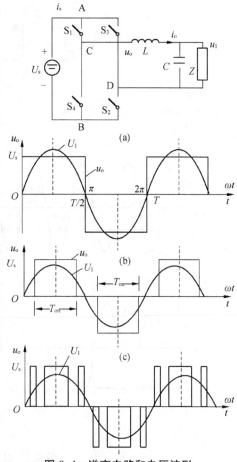

图 0.4　逆变电路和电压波形

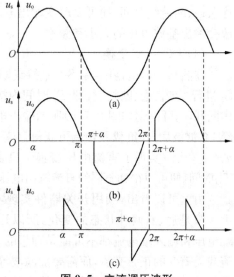

图 0.5　交流调压波形

压 u_s 频率的 1/4，从而实现了交交频率变换。

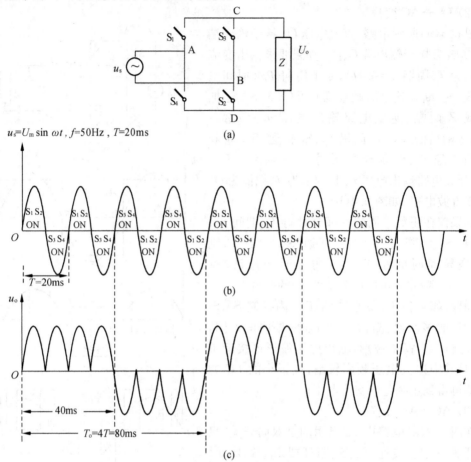

图 0.6　交交变频电路和电压波形

可以看出，只要改变 S_1、S_2 和 S_3、S_4 的通、断时序及通、断持续时间，便可以改变输出电压的波形，即改变输出基波电压的大小和频率。

（4）DC→DC 变换

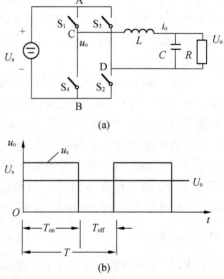

在图 0.7(a)电路中，令 S_3、S_4 持续断开，而对 S_1、S_2 进行周期性通、断控制，即 T_{on} 时间内接通，T_{off} 时间内断开，则可得到如图 0.7(b)所示输出电压 u_s 波形。经 LC 滤波后，在负载 R 两端可获得直流平均电压 u_o，$u_o < u_s$，从而实现了直流电压变换。只要改变 T_{on} 或 T_{off} 时间，便可以得到不同的直流输出电压 u_o。

由上可以看出，利用开关器件实现电能的变换，因为只是通、断两种状态的变化，所以开关电路输出端电压和输入端电流都不可能是理想的、无脉动的直流或无畸变的正弦交流，而需要加滤波等措施才能达到目的。在开关型电力变换中，核心部分是一组开关

图 0.7　直流变换电路和电压波形

电路,必须适式、实时地对开关进行控制(control)。目前实现电能转换的开关控制方式主要有"相位控制"、"通断控制"和"脉冲宽度调制(PWM)"。

因此,可以说电力电子学是横跨"电子"、"电力"和"控制"三个领域的一门新兴工程技术学科。正是依据这一特征,我国电力电子学会设计了如图0.8所示的会标。

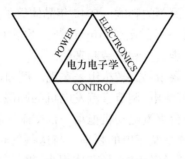

图0.8　电力电子学会会标

0.3　电力变换对开关器件的要求

从利用开关器件对电能进行变换过程中,可以知道,开关器件必须具有以下理想特性:

(1) 接通时,开关两端的等效电阻为零,电压降为零,开关接通时功耗为零;

(2) 断开时,开关两端的等效电阻为无限大,漏电流为零,开关断开时功耗为零;

(3) 转换过程,即从接通到断开或从断到接通瞬时完成,过渡过程为零。

所有各种实用开关的性能,都应以以上理想特性的要求来衡量和比较。

在电力电子器件出现前,主要是用机电式开关,例如继电器、接触器。图0.9为接触器的电路符号,当线圈通电时,通过电磁和机械机构带动触点闭合,将电路接通;当线圈断电时,触点释放,将电路断开。这类开关以机械式触点来接通和断开电路,简单、直观。但由于电磁线圈的惯性和触点的空间移动,接通和断开动作慢,通断频率和动作次数有限制;接通时触点有接触电阻;特别是断开电感电路时会产生电弧(俗称火花),易烧毛触点甚至将触点焊死,需常维护更换。

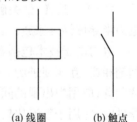

(a) 线圈　　　　(b) 触点

图0.9　接触器的电能符号

电力电子器件是一种无触点开关。例如晶体三极管,见图0.10,当它工作于饱和导通区和截止区时,便可以作为开关,由基极电流 I_b 控制开关的通断。这类开关,导通时有管压降,截止时存在漏电流,但是它没有触点开关的固有缺陷,特别是具有响应快,开关频率高,控制方便灵活的突出优点。因此在电能变换中,现在全是用电力电子器件作开关器件。

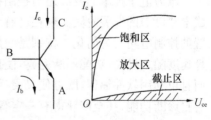

(a) 符号　　　　　(b) 特性

图0.10　晶体三极管电能符号和特性

0.4　电力电子技术的发展

电力电子技术是建立在电力电子器件基础上的。电子学的发展史表明,一种新器件的出现,将对整个技术领域产生深刻的影响。1946 年晶体管的诞生开始形成固体电子学。电力电子学也正是在 1957 年第一只晶闸管(thyristor)[也称可控硅(SCR)]———一种可控的大功率半导体器件问世后,逐步建立和发展起来的。

在这之前,电能的转换主要依靠旋转机组来实现。例如,将一台交流电动机拖动一台直流发电机可将交流电变换为直流电,调节直流发电机的励磁的大小和极性便可改变直流输出电压的高低和极性;如将一台直流电动机拖动一台交流发电机便可实现相反的转换,只要调节直流电动机的转速便可改变交流电的频率。与这些旋转式的变流机组比较,利用电力半导体器件组成的电能变换器是静止的,具有体积小、重量轻、无机械噪声和磨损、效率高、放大倍数大、易于控制、响应快及使用方便等一系列优点。因此,在变流领域内,自 20 世纪 60 年代开始进入了晶闸管的时代。在这期间,除普通晶闸管本身的电压、电流容量和 du/dt、di/dt 承受能力及开关特性不断提高外,还发展了一些派生元件,如快速晶闸管、高频晶闸管、双向晶闸管、逆导晶闸管、光控晶闸管等。这些元件均只能控制其开通,而不能控制其关断,称为半控型电力电子器件。半控器件工作频率低,但单个器件容量大。

20 世纪 70 年代以后,国际上电力半导体技术突飞猛进,其特征是,出现了通和断或开和关都能控制的全控型电力电子器件(亦称自关断型器件),如门极可关断晶闸管(GTO)、大功率或巨型晶体管(GTR)、功率场效应晶体管(P-MOSFET)和绝缘栅双极晶体管(IGBT)等。这样,就突破了以晶闸管半控型器件为主体的单一局面,从而形成一个庞大的电力半导体器件家族。

电力电子技术包括器件及其应用,即元件和电路或器件和装置两个方面,它们的发展是相辅相成、互相促进的。装置依赖于器件,新的器件出现能开拓许多新的应用领域,做出新的装置;应用中出现的问题又对器件提出新的要求,推动新器件的研制。例如,只有半控型器件时,它用于整流比较成熟,所制作的整流器性能良好,但用于逆变器便带来技术上的复杂和体积庞大、成本昂贵等问题,而当自关断型器件出现后,这些问题就比较容易解决。而且新的电力电子器件和变换技术仍在不断出现,它们的应用领域也日益广泛。

电力电子技术的发展还与控制技术的发展紧密相关。控制电路经历了由分立元件到集成电路(IC)的发展阶段。现在已有专为各种控制功能设计的专用集成电路,使电力电子装置的控制电路大为简化。特别是微处理器和微型计算机的引入,且它们的位数成倍增加,运算速度随之提高,功能不断完善,使控制技术发生了根本的变化,即控制不仅依赖硬件电路,而且可利用软件编程,既方便又灵活,可使各种新颖、复杂的控制策略和方案得到实现,并具有自诊断功能,甚至能获得有一定智能的电力电子装置,可以使电路或装置达到更为完善的水平。所以,将新的控制理论和方法在实践中取得应用也是电力电子技术的一个重要内容。

综上所述可以看出,电力电子技术的发展有赖于电力电子器件的发展,电力电子技术发展的每一次飞跃都是以新器件的出现为契机的。电力电子器件是电力电子技术的基础。一代器件孕育着一代装置,一代装置产生一批新的应用领域。而微电子技术、电力电子器件和控制理论则是现代电力电子学缺一不可的发展动力。

0.5　电力电子技术的应用领域和重要作用

电力电子技术的应用非常广泛,这里先介绍几点:

(1) 交流电动机变频传动　交流电动机结构简单,价格便宜,维护方便,当采用变频器对其供电时,便具有更佳的起动和调速性能,而成为现在电力传动的主流方案。近年高速铁路、城市轨道交通的飞速发展及高层建筑高速电梯的优良性能,都是依赖于交流变频电力传动的进展。

(2) 不间断电源(UPS)　这是由整流器、逆变器和蓄电池构成的组合式电力电子装置,计算机等关键设备,及医院、机场等重要场所由 UPS 供电,便无电网突然停电造成严重后果之虞,并可获得优良的电源质量(恒压、恒频、正弦波)。

(3) 直流输电系统　电厂发出的都是三相交流电,远距离传输存在线路阻抗形成无功功率,且要四条电缆(三相四线制包括地线)。如将交流电整流成直流再传输,便只有电阻,毋需线路无功功率,且只要二条电缆。我国长江三峡至华东电网的电力系统,便是采用的直流输电。

(4) 各种特殊场合或有特殊要求的电源　例如:电镀、电解用的低压大电流电源,蓄电池充电电源,中频或高频感应加热电源,大功率脉冲电源,激光电源,燃料电池、太阳能光-电转换系统和风力发电系统等输出要求的恒压直流或恒频、恒压交流电源,超导磁体储能等大容量的电力电子变换电源,照明灯具用的高频电力电子变换器(电子镇流器),等等。

(5) 无触点开关　由电力电子器件充当无触点开关,因容量大、响应快,特别适用于电力补偿控制器的切换开关。

从广泛应用看出,电力电子技术在国民经济和科学技术的发展中正在并将要发挥越来越重要的作用,主要是:

① 提高和改善电能质量　在现代文明社会中电力是主要的动力源。由电厂发出送上电网的交流电(称为市电)一般电压和频率稳定,波形为正弦,但用户使用的设备常使电网无功损耗增加;大量非线性负载的使用,使电网中出现各次有害的谐波波形,使电压、电流发生严重畸变,已成为电网的一种公害;加上一些自然和人为因素,常招致电压跌落闪变、瞬时停电等故障;而采用由电力电子器件构成的各种控制器和补偿器则可有效地提高和改善电能质量。近年致力研究的柔性交流输电系统(FACTS)就是为了实现电网的高效和电能的优化这一目标。

② 优化电能使用　通过电力电子技术对电能的处理,使电能的使用达到合理、高效和节约,实现了电能使用最佳化。例如,在节电方面,针对风机水泵、电力牵引、轧机冶炼、轻工造纸、工业窑炉、感应加热、电焊、化工、电解等 14 个方面的调查,一般节能效果可达 10% ～ 40%,国家已将许多装置列入节能的推广应用项目。作为与物质生产息息相关、以功率处理为对象的电力电子技术正成为缓解人类所面临的能源危机、资源危机和环境危机威胁的重要技术手段之一。

③ 促使产品升级换代和发展机电一体化等新兴产业　电力电子技术是弱电控制强电的媒介,是机电设备与计算机之间的重要接口,它为传统产业和新兴产业采用微电子技术创造了条件,成为发挥计算机作用的保证和基础。特别是电力电子技术高频化和变频技术的

发展,使机电设备突破工频限制,实现最佳工作效率,将使机电设备的体积减小几倍、几十倍,并能实现无噪音且具有全新的功能和用途。

④ 从学科本身来说,电力电子智能化的进展,在一定程度上将信息处理与功率处理合二为一,使微电子技术与电力电子技术一体化,其发展有可能引起电子技术的重大变革。

0.6　本课程的性质、分析方法和学习要求

在电力电子电路中,各电力电子器件均是工作在开关状态。它们用作可控开关,每导通一次就出现一次过渡过程,对开关型电力电子变换器工作特性的分析较为繁杂。但是鉴于开关更多地是处于周期性工作状态(或者说是相邻两次过渡过程完全一致的稳定工作状态),因此,对这类电路作定量分析时,主要是解过渡过程的微分方程和分析与计算傅立叶级数。此外,波形分析是电力电子电路的重要分析方法。只有依据电路的通断过程分析并画出各种状态下的波形,才能在此基础上对各种量进行定量分析。为了分析简化,在画波形和计算时常忽略一些次要因素,或对电路某些元件作理想化的假设。适当选取电压、电流时间坐标的原点,可以使傅立叶级数表达式更为简洁,便于系统特性分析和物理概念的说明。

学习本课程的基本要求是:了解各种功率开关器件的特性和参数,能正确选择和使用它们;了解各种变换电路的工作原理,特别是各种基本电路中的电磁过程,掌握其分析方法;了解各种开关器件的控制和保护,以及各种电路的特点、性能指标和使用场合;还要掌握基本实验方法与训练基本实验技能。

在各种电气控制设备中,能够实现弱电控制强电的是电力电子装置。如果说,计算机是现代化生产设备的大脑,电动机和各种电磁执行元件是手足,那么电力电子装置就是支配手足动作的肌肉和神经。作为一种应用技术,电力电子技术的特点是:综合性强、应用涉及面广、与工程实践联系密切。本课程仅是在这方面打一个基础。

习题和思考题

0.1　如果只用一个开关元件,能否实现 AC 与 DC 间的互相变换?

0.2　电感 L 和电容 C 各具怎样的滤波功能?

0.3　交交变频的输出频率由什么决定? 输出电压如何调节? 试画出 $f_o = 1/5 f_s$ 的 u_s、u_o 波形。(f_s、f_o 和 u_s、u_o 分别为电网及输出的频率和电压)

0.4　电力电子器件为什么必须工作在开关状态? 图 0.10 的晶体三极管如工作于线性放大区会有什么问题?

1 晶闸管及其可控整流电路(AC/DC 变换)

晶闸管(thyristor)是具有可控开关特性的一类半导体器件的总称。它包括普通晶闸管(通常称为可控硅)及各种派生元件,如双向晶闸管、逆导晶闸管、快速晶闸管、光控晶闸管、可关断晶闸管、静电感应晶闸管等。在这些器件中出现最早和目前应用得最广泛的是可控硅(Silicon Controlled Rectifier,SCR),因此习惯上不加说明的晶闸管指的就是普通晶闸管,即可控硅。

将交流电转换为幅值可调的直流电称为可控整流。它在直流电源、高压直流输电、电池充电机、电化学加工、直流电动机传动系统等方面得到广泛应用。

1.1 普通晶闸管

1.1.1 晶闸管结构

晶闸管的构部结构,如图 1.1(a)所示。它的管芯由半导体材料构成 p-n-p-n 四层结构,在这四层结构间形成三个 p-n 结 j_1、j_2、j_3;有三个引出端,其中两个是功率引出端,分别称阳极 A(anode)和阴极 K(cathode),另一个是控制引出端,称门极 G(gate)。图 1.1 中(b)和(c)分别是 P 型门极、阴极侧受控和 N 型门极、阳极侧受控晶闸管的电路符号,当没有必要规定控制极的类型时,可用图(d)符号表示晶闸管。

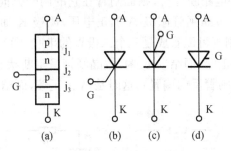

图 1.1 晶闸管结构及电路符号

晶闸管的外壳有螺旋型、模块型和平板型等多种形式,前者多为小容量(200A 以下),后者为大容量。使用时都必须配装合适的散热器或适当的冷却措施,如风冷却或水冷却等。

1.1.2 晶闸管的工作原理

晶闸管实质上是一种可控的单向导电开关,其反向始终能承受电压,即具有反向阻断特性;正向则可以有两个稳定的工作状态,即呈高阻抗的阻断工作状态(简称断态)和呈低阻抗的导通工作状态(简称通态)。那么,这两种工作状态在什么条件下成立以及它们在什么条件下相互转换,这是我们特别关心和首先要讨论的问题。

1) p-n 结

p 型半导体材料的多数载流子是空穴;n 型半导体材料的多数载流子是电子,它们的结合面形成 p-n 结,如图 1.2(a)所示。

当外加一个电压 E,若其正端接 p,负端接 n(见图 1.2(b)),则在外电压的作用下,空穴和电子流向结 j。在结 j 处,空穴和电子相结合而中和。失去的空穴和电子由电源 E 得到补充。这样不断结合和补充的过程形成电流,p-n 结呈低阻导通特性,或者说,p-n 结正向偏置时导通。

当外加电源 E 正端接 n,负端接 p 时,在外加电压作用下,p 型的空穴和 n 型的电子均背离结 j,它们不可能在那里结合,于是 p 型、n 型中的主要载流子被耗尽(见图 1.2(c)),在这种情况下,p-n 结呈高阻阻断状态,或者说 p-n 结反向偏置时阻断,只有很小的漏电流。

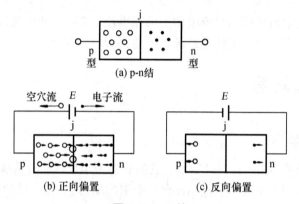

图 1.2　p-n 结

2) 晶闸管的阻断工作状态

当晶闸管门极 G 与外电路断开时,则晶闸管在它的两个方向上均呈阻断工作状态(见图 1.3(a)、(b))。图 1.3(a)晶闸管阳极 A 加正电压,阴极 K 加负电压(称晶闸管正向偏置)。具有四层结构的晶闸管可以看成是三个二极管的串联,即三个结 j_1、j_2、j_3 可以看成是三个二极管,这时结 j_1、j_3 正偏,而结 j_2 反偏,故晶闸管呈阻断状态。图 1.3(b)是阳极加负电压,阴极加正电压(称晶闸管反向偏置),这时是结 j_2 正偏,而结 j_1、j_3 是反偏,故晶闸管亦呈阻断状态。

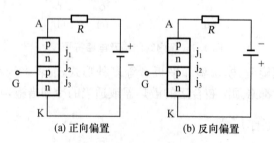

图 1.3　晶闸管阻断工作状态

由此可见,当晶闸管门极没有控制信号时(无注入电流),不论晶闸管是加正向偏置还是反向偏置,晶闸管均呈阻断工作状态,相当于开关断开。

3) 晶闸管的导通工作状态

对晶闸管正向导通工作状态的解释,可用晶闸管的双晶体三极管模型分析。图 1.4(a)为晶闸管结构,若将其中间部分分为两部分并用导体连接起来,则变为图 1.4(b)。图 1.4(b)可视为两只复合晶体三极管,即 p-n-p 型晶体三极管 VT_1 和 n-p-n 型晶体三极管 VT_2,见图 1.4(c)。在正向偏置下,由图可得电流方程:

$$I_A = I_{C1} + I_{C2} + I_{CO} = \alpha_1 I_A + \alpha_2 I_K + I_{CO} \qquad (1.1)$$

$$I_K = I_A + I_G \qquad (1.2)$$

式中：α_1——VT_1 的共基极电流放大系数($\alpha_1 = I_{C1}/I_A$);

α_2——VT_2 的共基极电流放大系数($\alpha_2 = I_{C2}/I_K$);

I_G——门极电流。

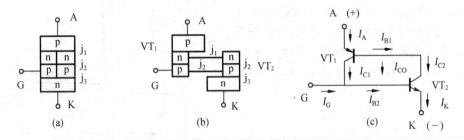

图 1.4　晶闸管等效电路

I_{CO} 为 VT_1、VT_2 的漏电流;I_{C1}、I_A 分别为 VT_1 的集电极和发射极电流,I_{C2}、I_K 分别为 VT_2 的集电极和发射极电流。将式(1.2)代入式(1.1)可得:

$$I_A = \frac{I_{CO} + \alpha_2 I_G}{1 - (\alpha_1 + \alpha_2)} \qquad (1.3)$$

α_1、α_2 由晶闸管制造工艺所决定,并随 I_A、I_K 变化,其关系曲线如图 1.5 所示。从式(1.3)可见,当门极电流为零时,则:

$$I_A = \frac{I_{CO}}{1 - (\alpha_1 + \alpha_2)}$$

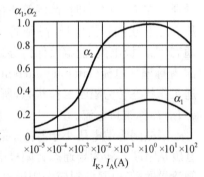

图 1.5　α_1、α_2 与发射极电流变化关系

由于 I_{CO} 很小,在很小漏电流情况下,$(\alpha_1 + \alpha_2) \ll 1$,则 $I_A \approx I_{CO}$,电路处于阻断状态,这与前述载流子运动的原理一致。

当存在门极电流 I_G 时,从图 1.4(c)可看出,I_G 注入将使 I_K 增加,从而使 I_{C2} 增加;I_{C2} 的增加则相继引起 I_A 和 I_{C1} 的增加,而 I_{C1} 的增加又使 I_{B2} 和 I_K 增加,这是一个强烈的正反馈过程。在电流增加的同时,α_1、α_2 也随之增加,当 $(\alpha_1 + \alpha_2) \approx 1$,则两晶体三极管处于饱和导通,即晶闸管由阻断转为导通。晶闸管导通以后,由于两晶体三极管间的正反馈作用,仍然保持导通,且处于深度饱和状态($\alpha_1 + \alpha_2 \approx 1.15$),而与门极电流 I_G 是否继续提供无关。即门极信号只需控制晶闸管的正向导通时刻,而一旦导通,门极信号即使失去了,晶闸管仍然保持导通。由于普通晶闸管只能由门极控制导通,而不能控制阻断,因此称为半控型开关器件。

当晶闸管加反向偏置时,由于晶体管 VT_1、VT_2 在反偏时的电流放大系数很小,即使存在门极电流 I_G 也不能使其导通。

由于两个等效晶体管的电流放大系数较小,可使用较厚的基片。因此可获得比普通晶体三极管高得多的耐压(最高可达 10kV);又由于晶闸管对门极电流有正反馈(再生)作用,因此它可获得极高的电流增益(10^4)和功率增益(10^6)。

1.1.3　晶闸管特性

1) 晶闸管的伏安特性

图 1.6 为晶闸管的伏安特性,横坐标表示晶闸管阳极与阴极之间电压降 U_{AK},纵坐标表示流过晶闸管的电流(阳极电流 I_A)。特性在 Ⅰ、Ⅲ 两象限。

Ⅰ象限是晶闸管正向工作特性。当门极电流 $I_G = 0$(A)时,晶闸管在正向阻断工作状态,只有很小的正向漏电流 I_{DM}。但当晶闸管两端电压(阳极正、阴极负)继续增大,则漏电流增大,这就导致等效晶体管放大系数 α_1、α_2 的增大。当电压增大到 U_{FBO} 时,$(\alpha_1 + \alpha_2) \approx 1$,电流接近 I_L,特性上翘。由于

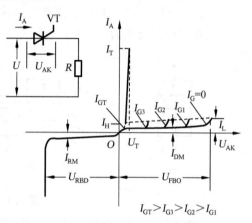

$$I_A = \frac{I_{CO}}{1 - (\alpha_1 + \alpha_2)}$$

当$(\alpha_1 + \alpha_2) = 1$ 时,晶闸管便从正向阻断转到正向导通。在 $I_G = 0$(A)时,晶闸管正向阻断的最大电压 U_{FBO} 称正向转折电压,晶闸管由阻断态转为导通态(无门极电流)能继续保持导通的最小阳极电流 I_L 称擎住电流(latching current)。晶闸管导通后,若阳极电流小于 I_H,则晶闸管将由导通工作状态转为阻断工作状态,所以它是晶闸管由导通到阻断的临界电流,一般 $I_L = (2 \sim 4)I_H$,I_H 称维持电流。

图 1.6　晶闸管的伏安特性

当晶闸管端电压小于 U_{FBO},晶闸管处于正向阻断态,但只要有适当的门极电流 I_G,晶闸管就从阻断态转为导通态。阳极电压转折点越低,所需门极电流越大(见图 1.6)。U_T 为晶闸管导通后管压降,对应的阳极电流为 I_T。U_T 随 I_T 的变化略有变化,但一般在 1 V 左右。

Ⅲ象限是晶闸管的反向工作特性,当施加反向电压时,晶闸管处于阻断工作状态,只有很小的反向漏电流;当反向电压继续增大,到达反向击穿电压 U_{RBD} 时,则 p-n 结反向击穿,阳极电流迅速增加,其特性与二极管反向特性相似。

可见,晶闸管在正向偏置时,可以在断态和通态之间互相转化,且与门极电流、阳极电压和阳极电流有关;在反向偏置时,只能工作在阻断状态,绝对不能超过击穿电压。

虽然晶闸管在门极电流为零时,增加正向偏置电压(以后简称正向电压)也能使其从阻断变为导通,但这不能起控制作用,这不是晶闸管的正常工作条件。晶闸管的正常工作情况是加一定的正向电压(最小为 6 V),由门极信号(电流)来控制其导通。由于门极控制信号只在导通时刻起作用,晶闸管一旦导通后,只要阳极电流大于擎住电流 I_L,就可以一直保持导通状态而与门极信号是否存在无关。所以可用脉冲电压作为控制信号(通常称触发电压或触发脉冲)而不用直流电压控制,这样可以减小门极损耗和控制功率。

晶闸管从通态转为断态的条件是它的阳极电流小于其维持电流。这可使阳极电压降至

管压降以下,或加反向电压,或在回路内串入很大电阻来实现。

2) 晶闸管的门极特性

晶闸管的门极－阴极之间,是一个 p-n 结,但同一型号的产品,其特性差异很大,其正反向电阻差异也不如普通二极管理想,有的甚至很接近。图 1.7(a)为晶闸管的几条门极特性曲线。其中,曲线 1 为高阻限,曲线 4 为低阻限,门极特性可位于曲线 1～4 之间。另外,使晶闸管触发导通所需的最小触发电压和电流与结温有关,结温高触发电流可减小。

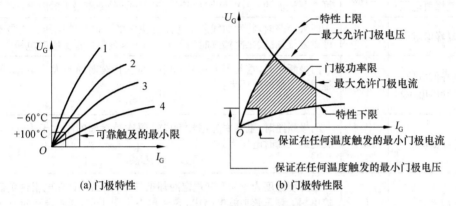

(a) 门极特性	(b) 门极特性限

图 1.7　晶闸管门极特性

加到门极的电压、电流及门极功率($U_G I_G$)均要受到最大值的限制,超过这个限制将使门极损坏。因此,要可靠触发,门极信号必须大于最小限而小于最大限,在图 1.7(b)阴影范围内。

1.1.4　晶闸管主要参数

要正确地使用晶闸管,必须了解和掌握它的主要参数及其意义。

1) 晶闸管阳极电压和电流参数

(1) 额定电压

晶闸管的几个电压参数在伏安特性上的位置示于图 1.8。其中较 U_{FBO} 和 U_{RBO} 各低 100 V 的 U_{DSM} 和 U_{RSM} 分别为正向和反向不重复峰值电压。U_{DRM} 和 U_{RRM} 分别为正向和反向

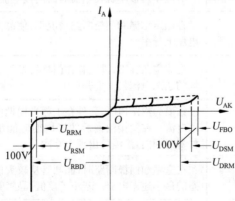

图 1.8　晶闸管的几个电压参数
在伏安特性上的位置

重复峰值电压,它们分别为 U_{DSM} 和 U_{RSM} 的 80%;晶闸管的额定电压则取 U_{DRM}(又称断态重复峰值电压)和 U_{RRM} 中较小的值(注意:额定电压是峰值电压)。本节所涉及的一些术语,见表 1.1 说明。

表 1.1　晶闸管主要特性参数名称、符号及定义

参数名称	符号	定义
正向不重复峰值电压(断态不重复峰值电压)	U_{DSM}	门极断路时,特性曲线急剧弯曲处决定的正向峰值电压。它是不可重复施加的、每次持续时间不大于 10ms 的断态最大瞬时电压
反向不重复峰值电压	U_{RSM}	门极断路时,特性曲线急剧弯曲处决定的反向峰值电压。它是不可重复施加的、每次持续时间不大于 10ms 的反向最大瞬时电压
正向重复峰值电压(断态重复峰值电压)	U_{DRM}	门极断路时,重复率为每秒 50 次,每次持续时间不大于 10ms 的正向最大瞬时电压为: $U_{DRM}=0.8U_{DSM}$
反向重复峰值电压	U_{RRM}	门极断路时,重复率为每秒 50 次,每次持续时间不大于 10ms 的反向最大瞬时电压为: $U_{RRM}=0.8U_{RSM}$
通态平均电流	I_T	在环境温度为 +40℃ 和规定冷却条件下,硅晶闸管在电阻性负载的单相工频正弦半波电路中,导通角不小于 170°,当结温稳定并不超过额定结温所允许的最大通态平均电流
额定结温	T_{jM}	在正常工作条件下所允许的最高 p-n 结温度(又称最高结温)
通态平均电压	U_T	又称管压降,晶闸管在额定电流和稳定的额定结温时阳极与阴极电压降的平均值
门极触发电流	I_{GT}	在室温和主电压为 6 V 直流电压时,使晶闸管以断态到通态所需的最小门极直流电流
门极触发电压	U_{GT}	与门极触发电流相对应的触发电压
门极不触发电流	I_{GD}	在额定结温和主电压为断态重复峰值电压时,保持晶闸管断态所能加的最大门极直流电流(又称关断电流)
门极不触发电压	U_{GD}	对应于门极不触发电流时的门极直流电压(又称关断电压)
断态电压临界上升率	du/dt	在额定结温和门极断路情况下,使晶闸管从断态转入通态的最小电压上升率
通态电流临界上升率	di/dt	在规定条件下,晶闸管在门极触发导通时所能承受的而又不致损坏的通态电流最大上升率
浪涌电流	I_{TSM}	结温为额定值时,元件在工频半周期内所能承受的最大不重复峰值电流。在紧接浪涌后的半周期应能承受规定的反向电压。在元件寿命期内,浪涌可出现 100 次
维持电流	I_H	在室温和门极断路时,晶闸管从较大的通态电流降低至能保持通态的最小通态电流。若小于该值,晶闸管将从通态转入断态
擎住电流	I_L	晶闸管从断态转换到通态就立即撤除触发信号后,要保持其继续导通所需的最小主电流,一般 $I_L=(2\sim4)I_H$

晶闸管在使用中绝对不应超过正向转折电压 U_{FBO},瞬时最大电压不应超过断态不重复峰值电压 U_{DSM}。还应注意,晶闸管的过载能力较差,不能使晶闸管的额定电压等于实际工作电压。为了安全起见,额定电压必须比使用时的正常工作电压(峰值)有 2～3 倍的储备。

(2) 通态平均电流 I_T

习惯上称为额定电流。额定电流规定为在环境温度＋40℃和规定的冷却条件下,元件在电阻性负载的单相工频正弦半波电路中,导通角不小于 170°,当结温稳定并不超过额定结温时所允许的最大通态平均电流。通常是用图 1.9 所示的单相半波电流,取其平均电流来标定的,即

$$I_T = \frac{1}{2\pi}\int_0^{2\pi} i(\omega t)\,\mathrm{d}\omega t = \frac{1}{2\pi}\int_0^{\pi} I_m \sin\omega t\,\mathrm{d}\omega t = \frac{I_m}{\pi} \tag{1.4}$$

晶闸管在实际使用中,流过它的电流波形不可能都如图 1.9 所示。当流过晶闸管的电流波形变化时,则晶闸管结温也变化。从发热的角度来看,电流的热效应与其电流波形的有效值有关。因此,在可控整流电路中,导通角不是很小时,一般根据有效值相等的原则来确定在其他电流波形时晶闸管所允许的负载平均电流。

计算方法是:设晶闸管的额定电流 I_T 对应的有效值电流为 I,由图 1.9 波形可知, $I=1.57I_T$;而实际的负载平均电流 I_d 所对应的晶闸管电流有效值 I' 应不大于此值,如果 $I'=K_f I_d$,则应

$$K_f I_d \leqslant 1.57 I_T \tag{1.5}$$

式中: K_f 为实际电流波形的晶闸管电流有效值与负载电流平均值之比,又称晶闸管电流波形系数。

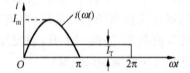

图 1.9　导通角为 180°的单相
半波电流平均值 I_T

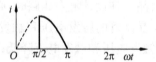

图 1.10　电流波形图

晶闸管电流定额与结温有关,若环境温度超过规定值(＋40℃)或冷却条件不够,如风冷改为自冷,水冷改为风冷等均需降低容量使用,若频率大于规定值也要降低容量使用。另外,晶闸管与其他半导体器件一样,承受过载能力差,为了安全起见,所选用元件的额定电流也需有 2 倍左右的储备。

【例 1.1】　晶闸管通态平均电流 $I_T=100$ A,当流过晶闸管的实际电流如图 1.10 所示时,求允许平均电流 I_d 的值(不考虑环境温度与安全储备)。

解　电流有效值 I 的公式为:

$$I = \sqrt{\frac{1}{2\pi}\int_0^{2\pi} [i(\omega t)]^2 \,\mathrm{d}\omega t} \tag{1.6}$$

$$K_f = I/I_d \tag{1.7}$$

在规定结温和导通角为 180°的情况下, $I_{d\pi}=I_T$,所以单相半波,导通角为 180°时的波形系数为:

$$K_{f\pi} = \frac{I}{I_{d\pi}} = \frac{I_m/2}{I_m/\pi} = \frac{\pi}{2} = 1.57$$

现在 $I_T = 100$ A,对应的电流有效值 $I = K_{f\pi} I_T = 157$ A,如图 1.10 所示,用式(1.6)、式(1.7)可求得导通角为 $\frac{\pi}{2}$ 时的波形系数 $K_{f\pi/2} = \frac{\pi}{\sqrt{2}} = 2.22$。

所以额定电流为 100 A 的晶闸管,在单相半波,导通角为 90°时所允许的平均电流为

$$I_{d\pi/2} = \frac{I}{K_{f\pi/2}} = \frac{157}{2.22} = 70.7 \text{ A}$$

求出 $K_{d\pi/2}$ 后,亦可用式(1.5)直接求得:

$$I_{d\pi/2} = \frac{1.57 I_T}{K_{f\pi/2}} = \frac{1.57 \times 100}{2.22} = 70.7 \text{ A}$$

可见,晶闸管元件允许通过的平均电流与它流过的电流波形有关。

2)晶闸管门极参数

从晶闸管门极特性知道,门极触发电压和触发电流有上限和下限。同一系列元件,由于特性的分散性,触发电压和触发电流不一样,但是必须规定一个数值保证晶闸管可靠触发导通。

晶闸管门极参数有:门极触发电压 U_{GT}、门极触发电流 I_{GT}、门极不触发电压 U_{GD}、门极不触发电流 I_{GD} 等(见表 1.1、表 1.2)。

晶闸管的触发电压太小,晶闸管易受干扰而误触发导通,因此规定了元件的不触发电压为 0.15~0.3 V。一个系列中任何一只晶闸管,其触发电压应在规定的最大触发电压(约 10 V)和不触发电压之间,其触发电流应在规定的最大触发电流和不触发电流之间,否则就是不合格品。在设计触发线路时,必须使送到晶闸管门极与阴极间的触发电压(电流)在规定值内。晶闸管的触发电压和触发电流是在室温下测得的数据,当温度上升,触发变得容易,所需触发电压和触发电流降低;反之,则增加。这点在使用时应加以注意。

3)晶闸管动态参数

晶闸管动态参数主要指门极控制的开通时间 t_{on}、电路换流关断时间 t_{off}、断态电压临界上升率 du/dt 以及通态电流临界上升率 di/dt。

(1)开通时间 t_{on}

当晶闸管加上足够的触发信号后,晶闸管并不是立即开通,阳极电流要经过一定时间之后才能达到规定的数值,这个时间称为开通时间。

增加门极触发信号的陡度和幅值,可减小开通时间,此外,开通时间与元件的工作条件(如结温、开通前的电压、开通后的电流以及外电路的时间常数)等有关。

(2)关断时间 t_{off}

晶闸管元件具有保持导通的能力,要使晶闸管关断,通常施加反压,使其阳极电流很快下降至维持电流以下直至零。但若在电流为零后立即施加正向电压,则晶闸管仍可能导通。晶闸管电流为零后必须有一段恢复阻断能力的时间(称关断时间),才能有阻断正向电压的能力。这是因为在晶闸管导通时,其三个结均处于正向偏置,在结区积蓄有载流子,当电流下降刚至零,必须有一短时间让在结区的载流子复合,以使结 j_1、j_3 和结 j_2 分别对反向和正向电压建立耗尽区,这样才能恢复反向和正向的阻断能力以及门极控制功能。

图 1.11 示意关断时间 t_{off}，晶闸管关断时间约为 $10\sim200~\mu\text{s}$，它与晶闸管原先通过的阳极电流的大小，通态电流变化率 $\mathrm{d}i/\mathrm{d}t$，反向电压的幅值，重新施加电压变化率 $\mathrm{d}u/\mathrm{d}t$，晶闸管结温等因素有关。通常 $t_{\text{off}}>t_{\text{on}}$。

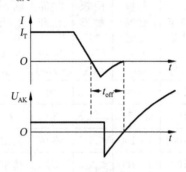

图 1.11 晶闸管关断时间

（3）通态电流临界上升率 $\mathrm{d}i/\mathrm{d}t$

晶闸管的阴极面积为门极面积的很多倍，当门极加上触发信号后，元件首先在门极附近逐渐形成导电区，随后，导电区域逐渐扩大，一直发展到全部结面积开通。图 1.12 列举了两种结构的导电扩散过程，箭头表示导电区扩散方向（典型的扩散速度约为 $0.1\text{mm}/\mu\text{s}$），导电扩散全程时间大约需要几十微秒。如果在刚一导通时，就通过很大的电流，即电流上升率太快，电流集中在门极附近很小区域内，会造成局部过热，有可能使元件损坏。因此对电流上升率要加以限制，使用时不应超过通态电流临界上升率 $\mathrm{d}i/\mathrm{d}t$。

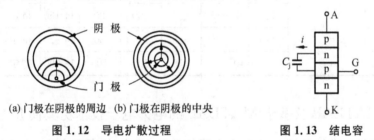

(a)门极在阴极的周边　(b)门极在阴极的中央

图 1.12 导电扩散过程　　　　　　**图 1.13 结电容**

（4）断态电压临界上升率 $\mathrm{d}u/\mathrm{d}t$

由于晶闸管内部 p-n 结耗尽层与两侧相当于一个结电容（见图 1.13），元件容量越大其结电容也越大。如果对元件施加的正向电压上升速度很快，即 $\mathrm{d}u/\mathrm{d}t$ 很大，则 $\mathrm{d}u/\mathrm{d}t$ 通过结电容 C_j 对门极充电，充电电流 $i=C_j\mathrm{d}u/\mathrm{d}t$ 与元件漏电流一起可使晶闸管在无门极触发电压（或电流）情况下，其正向电压小于转折电压时元件导通。这是不希望出现的状态，称为误导通。它会造成电路故障和对电源短路。因此使用时必须限制 $\mathrm{d}u/\mathrm{d}t$ 值。

表 1.2 列出部分晶闸管的型号和参数。

表 1.2　普通晶闸管型号及参数

型　号	通态平均电流 I_T (A)	断态重复峰值电压 U_{DRM} (V)	反向重复峰值电压 U_{RRM} (V)	额定结温 T_{jM} (℃)	门极触发电流 I_{GT} (mA)	门极触发电压 U_{GT} (V)	断态电压临界上升率 du/dt (V/μs)	通态电流临界上升率 di/dt (A/μs)	浪涌电流 I_{TSM} (A)	门极不触发电流 I_{GD} (mA)	门极不触发电压 U_{GD} (V)	门极正向峰值电流 I_{GFM} (A)
KP1	1			100	3～30	≤2.5	30	/	20	0.4	0.3	/
KP5	5			100	5～70	≤3.5	30	/	90	0.4	0.3	/
KP10	10			100	5～100	≤3.5	30	待定	190	1	0.25	/
KP20	20			100	5～100	≤3.5	30	待定	380	1	0.15	/
KP30	30			100	8～150	≤3.5	30	/	560	1	0.15	/
KP50	50			100	8～150	≤3.5	30	50	940	1	0.15	/
KP100	100	100～3 000		115	10～250	≤4	100	80	1 880	1	0.15	/
KP200	200			115	10～250	≤4	100	80	3 770	1	0.15	/
KP300	300			115	20～300	≤5	100	80	5 550	1	0.15	4
KP400	400			115	20～300	≤5	100	80	7 540	1	0.15	4
KP500	500			115	20～300	≤5	100	80	9 420	1	0.15	4
KP600	600			115	30～350	≤5	100	80	11 160	待定	待定	4
KP800	800			115	30～350	≤5	100	80	14 920	待定	待定	4
KP1000	1 000			115	40～400	≤5	100	100	18 600	待定	待定	4

1.1.5　MATLAB 及基于 MATLAB 的电力电子技术仿真简介

在电力电子技术的学习中,有三个重要的手段:理论、仿真和实验。这三个手段各有优势,难以互相取代。计算机模拟仿真可以在一定程度上弥补理论学习欠形象直观的问题,同时也可以弥补硬件实验成本高,甚至有一定危险性的缺点。

在仿真软件方面,本书采用 MATLAB。MATLAB 是 MATrix LABoratory 两单词的缩写,它是由美国 Math Works 公司推出的一套高性能的数值计算和可视化软件,集数值分析、矩阵运算、信号处理和图形显示于一体。MATLAB 的推出得到了各个领域的广泛关注,其强大的扩展功能为各个领域的应用提供了基础,也已经广泛应用于教学中。MATLAB 针对电力电子技术提供了 SimPowerSystems 工具箱,十分适合电力电子技术的学习、研究与开发。下面以 MATLAB 的 R2012a 版本进行介绍,其他版本也类似。

SimPowerSystems 工具箱的图形库位于 Simscape 目录下,如图 1.14 所示。在 MATLAB 的帮助示例(demo)中搜索"SimPowerSystems"可找到大量的电力电子示例程序(见图 1.15),十分适合在电力电子技术的学习过程中参考、研究。

图 1.14　SimPowerSystems 图形库位置示意图

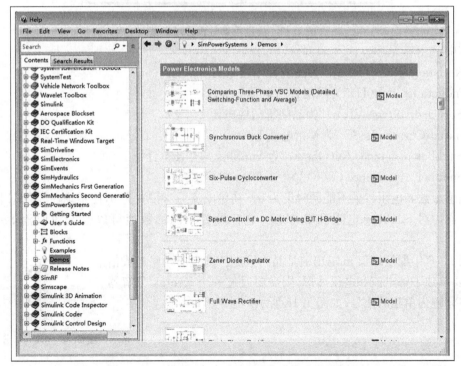

图 1.15　SimPowerSystems 中的电力电子示例程序

晶闸管图形模块在模型库中位于"Simscape/SimPowerSystems/ Power Electronics"目录下。图 1.16 为晶闸管模型图标。其中,a 为晶闸管的阳极端,k 为阴极端,g 是门集控制信号端,m 是测量输出端。

图 1.16　MATLAB 中的晶闸管图标

双击图 1.16 中的晶闸管图标,则弹出晶闸管参数设置对话框如图 1.17所示。

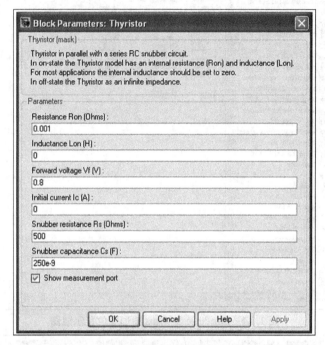

图 1.17　晶闸管参数设置对话框

其中:

"Resistance Ron(Ohms)"为晶闸管导通电阻 $R_{on}(\Omega)$。

"Inductance Lon(H)"为晶闸管内电感 $L_{on}(H)$。

"Forward voltage Vf(V)"为晶闸管门槛电压 $U_f(V)$。

"Initial Current Ic(A)"为初始电流 $I_c(A)$。

"Snubber resistance Rs(Ohms)"为 Snubber 电阻 $Rs(\Omega)$。

"Snubber capacitance Cs(F)"为 Snubber 电容 $Cs(F)$。

电感参数和电阻参数不能同时设为 0。初始电流通常设置为 0,使系统在零状态下开始仿真。通过对 Snubber 电阻和 Snubber 电容设置不同的数值可以改变或取消 Snubber 电路。

图 1.16 中测量端口 m 输出的是晶闸管电流和电压两路集成信号,若要单独了解电流和电压波形,则需要通过一个 Demux 分解器将多路分解为单独的信号,如图 1.18 所示。

图 1.18　Demux 分解器

1.2　晶闸管器件的串并联

各种电力半导体器件根据能达到的电压、电流耐量,可做成一定功率的装置。当要求装置容量再增大,以致单个器件难以满足时,可以采用器件的串并联来解决。电压不能满足要求时用串联;电流不能满足要求时用并联。

1.2.1　晶闸管器件的串联运行

目前高电压、大电流的装置主要仍由晶闸管或 GTO 做成。虽然晶闸管有较高的电压和较大的电流,但在有些场合单个晶闸管的电压定额还达不到实际使用电压时,可用两个或多个同型号器件相串联(图 1.19(a)表示两个器件的串联)。

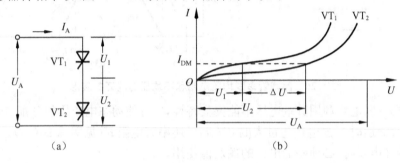

图 1.19　晶闸管串联及其伏安特性

在串联电路中,流过的电流相同。但因器件正向或反向阳极伏安特性的差异,在同一漏电流 I_{DM} 条件下,各器件在阻断状态时所承受的电压不等,如图 1.19(b)所示,$U_2 > U_1$。若外部施加电压继续升高,则当一个器件先转折后,另一个器件将承受全部电压,也将跟着转折,两个器件都失去控制作用。同理,反向时,因电压不均,可能使其中一个器件先反向击穿,另一个即随之击穿。

各器件承受的电压不同,是因为各器件的额定电压 U_{RM} 与漏电流 I_{DM} 决定的等效电阻 R_R 不同。如果用一小于该阻值的外接电阻 R_P 与各元件并联,如图 1.20(a)所示,则漏电流主要流过 R_P,阻断时各元件的端电压也就主要由 R_P 决定。R_P 称为均压电阻,且 R_P 越小,均压效果越好。即 $R_P \ll R_R = \dfrac{U_{RM}}{I_{DM}}$,不过 R_P 也不宜取得太小,否则在 R_P 上将会有很大的损耗。

串联时应选用参数比较一致的器件。

并联 R_P 只能解决稳态时的均压,通称静态均压。当串联使用的器件存在:①开通时间 t_{on} 和关断时间 t_{off};②门极控制技术参数;③通态电流、电压;④关断时反向恢复电荷;⑤缓冲电路吸收电容 C_s;⑥有续流二极管时其反向恢复电荷等方面的差异,还会造成动态电压分配不均匀。

设 VT$_1$ 比 VT$_2$ 先开通、后关断,则它们的阳极电压 U_{A1}、U_{A2} 和阳极电流 i_A 的波形如图 1.20(b)所示。可以看出,在这种情况下,U_{A2} 开通瞬间电压的后沿和关断瞬间电压的前沿,分别出现尖峰电压 ΔU_{on} 和 ΔU_{off}。有时由于串联器件之间 t_{on} 和 t_{off} 的差异所产生的尖峰过电压甚至超过静态均压。

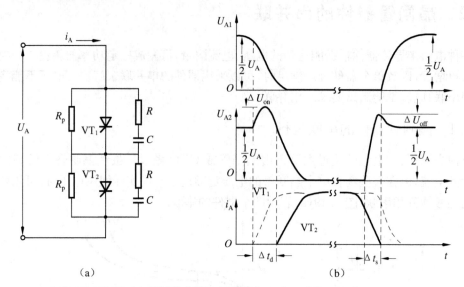

图 1.20　晶闸管串联均压电路和不均压时的开关波形

在器件端并联电容利用其端电压不能突变特性，C 可使动态电压均匀分配。同时，为了防止在晶闸管导通时 C 放电产生过大的 $\mathrm{d}i/\mathrm{d}t$，C 还串有电阻 R（见图 1.20(a)）。

此外，器件串联时，必须降低电压的额定值使用。

1.2.2　晶闸管器件的并联运行

晶闸管的额定电流达不到负载电流要求时，可用两个或多个同型号器件并联，如图1.21(a)所示。

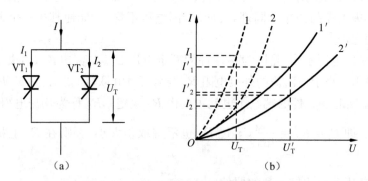

图 1.21　晶闸管并联和它们的伏安特性

器件并联后其端电压相等。但由于各器件阳极伏安特性有差异，因而在相同端电压 U_T 时，流过器件的电流不相等，见图 1.21(b) 中虚线特性所示 I_1 和 I_2。

同样，由于：开关时间、开关损耗；门极控制参数；通态电压及包括布线长度在内的并联电路内部各支路阻抗等的差异，在开通和关断过程中也会出现动态不均流。例如图 1.22 为 VT_1 比 VT_2 容易开通而不易关断时的阳极电流、电压波形。在开关过程中，VT_1 通态电流的前沿和后沿处均产生很大的过电流 Δi_Aon 和 Δi_Aoff。这部分电流将增加开关损耗。随着温度的增加，该元件 t_on 将缩短，t_off 却有延长的趋势，使并联元件开关时差异加大，开关损耗进一步增加,恶性循环的结果使热不平衡扩大,若结温超过极限,将会烧坏器件。

为使并联运行的器件电流均匀分配,除应选择特性和参数较一致的器件外,还应采用均流措施,通常的方法有如下几种。

1) 串联电阻

晶闸管导通后的内阻极小。这是它们并联后电流极难均匀分配的主要原因。因此,可在并联晶闸管支路中各串一电阻 R,如图 1.23(a)所示,使流过额定电流时,电阻 R 上的压降与管压降相当(约为 1.5 V)。由于

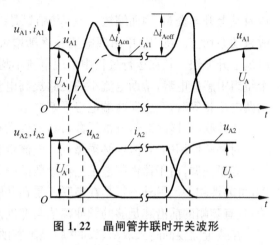

图 1.22 晶闸管并联时开关波形

电阻的串入使导通时阳极伏安特性斜率变小,从而可在一定程度上改善电流分配,见图 1.21(b)实线 $1'$、实线 $2'$ 所示特性上由 U_T' 所决定的 I_1'、I_2'。

串联电阻均流比较简单,但在电阻上有功率损耗,且只能静态均流。

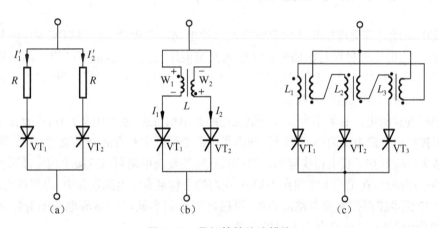

图 1.23 晶闸管的均流措施

2) 串联电感

利用电感有阻止电流变化的功能,在并联支路中串入电感,可对动态电流起均流作用。不过,串电感对稳态均流效果较差。为使稳态和动态均能均流,可在并联支路中串联电阻和电感。当使用空心电抗器来均流时,由于电抗器线圈本身有电阻,实际上就是电阻电感均流,还兼有限制 di/dt 的作用。此外,合理的母线引出方式亦能改善均流情况。

3) 串联互感电抗器

互感电抗器铁心上有两个匝数相同的线圈,也称均流变压器。两绕组紧密耦合,与并联支路的连结如图 1.23(b)所示。

设 VT_1 的延迟时间 t_{d1} 小于 VT_2 的 t_{d2},两个晶闸管同时被触发后,在互感电抗器的绕组 W_1 中首先开始电流上升过程,这时因 VT_2 还没有导电,所以绕组 W_2 中无电流,于是 W_1 两端的阻抗主要是互感电抗器的励磁阻抗,它使 W_1 中的电流上升率减小。这一作用相当于延长了 t_{d1}。与此同时,在 W_2 中产生如图所示极性的感应电势,它使 VT_2 所受的正向电

压及其上升率提高,因而缩短了 t_{d2},其结果是缩小了两个晶闸管延迟时间的差异,因此可以改善动态均流。待 W_2 中出现电流并逐渐增大时,W_1、W_2 的阻抗随之减小,两个晶闸管的电流上升加快。凡在运行过程中出现电流不均匀,互感电抗器均会产生不平衡磁通,并在两个绕组中感应电势,帮助电流小的支路提高电流上升率,同时抑制另一支路的电流上升率。当两电流相等时,互感器两端电势平衡。

在并联器件较多时,电抗器数目与器件数相同,其连结见图 1.23(c)。

对并联使用的器件,也必须降低其电流定额。

必须强调,由于器件制造工艺和参数的分散性,限制了器件的串并联数,且串并联数越多,可靠性越差。另外不管是在串联还是在并联使用中,必须对各晶闸管同时施加强触发脉冲,且有陡峭的前沿和足够的脉冲幅值与宽度。

在装置需要同时采取串联和并联晶闸管的时候,通常采用先串联后并联的方法连接。

扩大容量的另一有效手段是多台装置的串并联,即在单机容量适当的情况下,可通过串、并联运行方式得到大容量装置,每台单机只是装置的一个单元或一个模块。

1.3　单相半波可控整流电路

整流电路就是将交流电转变为直流电的转换电路。二极管元件可以实现这种转换(AC→DC),但是它的输出量仅与电路形式及输入交流电压有关,输出量不可调。晶闸管元件具有单向导电及可控特性,可把交流电变为输出量可调的直流电,这就是可控整流。可控整流的输出量受晶闸管门极信号的控制。

单相可控整流电路有单相半波可控整流电路及单相桥式(或单相全波)可控整流电路。单相半波可控整流电路电路简单,成本低,缺点是电源变压器中有直流分量流过,变压器效率差,输出纹波大。因此在工程上很少应用。单相桥式可控整流电路可以克服单相半波可控整流电路存在的上述缺点,在工程上多用在 1 kVA 左右的小容量直流电源设备中,应用较为广泛。

由于单相半波可控整流电路最简单,可通过对单相半波可控整流电路的介绍来说明可控整流的分析方法,以达到由浅入深的目的。

分析可控整流电路的基本方法是先分析并画出电路工作状态的有关波形(即波形分析),然后在波形分析的基础上进行各种参数的数量计算。波形分析法也是调试和维修可控整流设备必不可少的理论基础,应引起重视。

同一电路,不同性质负载时工作情况会有很大的差别,计算公式也不相同,需要分别进行分析。

1.3.1　电阻负载

1) 工作原理

为了分析方便,对晶闸管元件作如下理想化假设,可以认为:正向和反向阻断时电阻为无穷大,漏电流为零;正向导通时管压降为零;开通和关断都是瞬时完成的;du/dt 和 di/dt 承受能力为无穷大。

图 1.24(a)是单相半波(Single phase half-wave)可控整流电路原理图,T 为整流变压

器，u_1、i_1 分别为变压器初级(又称原边，或一次侧)电压、电流瞬时值；u_2、i_2 分别为变压器次级(又称副边，或二次侧)电压、电流瞬时值；VT 为晶闸管，其端电压瞬时值为 u_{AK}；R 为负载电阻，其端电压瞬时值为 u_d(即负载电压)。

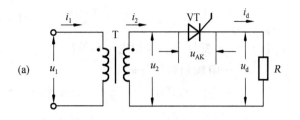

在电路中，如将晶闸管换为二极管，则二极管开始流过电流的时刻称为"自然换流点"。不难看出，在单相半波可控整流电路中，交流电压由负电压过零的时刻即为自然换流点。从自然换流点算起至触发脉冲出现时的迟后角度称"延迟角"，用 α 表示，显然，在自然换流点 $\alpha=0°$。

前已述及，晶闸管正常导通条件是：晶闸管正向偏置时(阳极正、阴极负)，门极有触发电压。在图 1.24(b)所示的 u_2 电压波形中，$0°\sim180°$ 范围，晶闸管正向偏置，如果在这区间门极有触发电压，则晶闸管导通；在 $180°\sim360°$ 区间 VT 反向偏置，不论门极触发电压有或无，晶闸管均阻断。

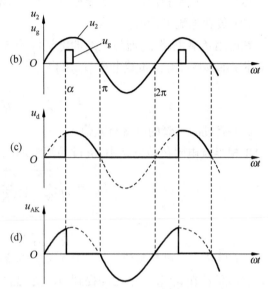

图 1.24 电阻负载单相半波可控整流电路

在图 1.24 中，设触发脉冲在延迟角 α 处发生(图 1.24(b))，由于这时晶闸管处于正向偏置，故立即导通，则 $u_{AK}=0$。电源电压 u_2 加于电阻 R 端，其电压为 $u_d=u_2$，直至 $\omega t=180°$ 为止。其后电源电压变负，晶闸管反偏，于是晶闸管由导通变为阻断，电源电压 u_2 加于晶闸管两端 $u_{AK}=u_2$，而 $u_d=0$，这种状态直至下一个触发脉冲在晶闸管正向偏置时发生为止。其输出负载电压 u_d 示于图 1.24(c)，晶闸管端电压 u_{AK} 示于图 1.24(d)。

不同的 α(这可由门极电压来控制)可以得到不同的电压输出波形。可以看出，在 $\alpha=0°$ 时，可以得到最大输出；改变 α，便可以改变输出电压 u_d 的大小。能使输出电压从最大到最小的延迟角的变化范围称为"移相范围"。显然，单相半波电阻负载电路的移相范围为 $180°$，因为 $\alpha=180°$ 时电源电压要进入负半波，晶闸管就不能被触发导通，负载电压为零。

在一个周期内晶闸管导通的角度称为导通角，用"θ"表示。单相半波可控整流电路电阻负载时，导通角 θ 与延迟角 α 的关系为：

$$\theta=180°-\alpha$$

2) 数量计算

(1) 整流电压平均值 U_d

从图 1.24(c)可算出 U_d 在同一个周期内的平均值为：

$$U_d=\frac{1}{2\pi}\int_{\alpha}^{\pi}\sqrt{2}U_2\sin\omega t\,\mathrm{d}\omega t=\frac{\sqrt{2}}{2\pi}U_2(1+\cos\alpha)$$

$$=U_{d0}\frac{1+\cos\alpha}{2}=0.45U_2\frac{1+\cos\alpha}{2} \tag{1.8}$$

式中：U_2——变压器次级相电压有效值（V）；

ω——电源角频率（rad/s）；

$U_{d0}=\sqrt{2}U_2/\pi=0.45U_2$ 为 $\alpha=0°$ 时整流电压平均值（V）。

式（1.8）表明，整流输出电压平均值，即负载上的直流电压 U_d 由变压器次级相电压 U_2 和延迟角 α 所决定；在变压器次级相电压 U_2 为定值时，改变 α 就可以改变 U_d 值。

（2）负载电流平均值 I_d

在电阻负载电路中，流过负载的电流波形与负载电压波形相似，负载电阻 R 上的电流 I_d 可根据欧姆定律，由负载电压 U_d 求得：

$$I_d=\frac{U_d}{R}=\frac{\sqrt{2}U_2}{\pi R}\frac{1+\cos\alpha}{2} \tag{1.9}$$

（3）流过晶闸管的电流有效值 I_{VT}

单相半波电阻负载电路中，流过晶闸管的电流有效值与负载的电流有效值相等。

$$I_{VT}=\sqrt{\frac{1}{2\pi}\int_{\alpha}^{\pi}\left(\frac{\sqrt{2}U_2}{R}\sin\omega t\right)^2 d\omega t}$$

$$=\frac{U_2}{R}\sqrt{\frac{1}{4\pi}\sin2\alpha+\frac{\pi-\alpha}{2\pi}} \tag{1.10}$$

（4）单相半波可控整流电路电阻负载时的波形系数 K_f

波形系数在式（1.5）中已经提到，在选择晶闸管定额时要涉及到它，波形系数（也称波形因数）与电路形式、负载性质及延迟角 α 有关。

根据波形系数的定义及式（1.9）、式（1.10）可得单相半波可控整流电路电阻负载时波形系数

$$K_f=\frac{I_{VT}}{I_d}=\frac{\sqrt{\frac{\pi}{2}\sin2\alpha+\pi(\pi-\alpha)}}{1+\cos\alpha} \tag{1.11}$$

当 $\alpha=0$ 时，$K_f=\pi/2=1.57$，这与前述的结论一致。

利用式（1.11），已知负载电流平均值 I_d，则可算出晶闸管电流有效值，从而根据发热量相等（电流有效值相等），选择晶闸管元件的电流定额。

【例 1.2】 单相半波可控整流电路，交流电源为 220 V 直接接在电源上（不用电源变压器）；负载为电阻，输出直流电压 50 V，直流电流 15 A。试选择晶闸管电压定额及电流定额。

解 电压定额选取：

根据题意，交流电源电压 220 V 为有效值，则峰值为 $\sqrt{2}\times220$ V，考虑电压储备有 2.5 倍，则晶闸管电压定额应不小于 $2.5\times\sqrt{2}\times220=778$ V。应选 800 V 电压定额。

电流定额选取：

不考虑电网波动及线路压降（包括晶闸管压降），根据式（1.8）确定在该电路运行条件下的延迟角 α。将 $U_d=50$ V、$U_2=220$ V 代入式（1.8）解得：

$$\alpha=89°$$

由式（1.11）可求得流过晶闸管的电流有效值 I_{VT}，

$$I_{VT}=K_f I_d=\frac{\sqrt{\frac{\pi}{2}\sin2\alpha+(\pi-\alpha)\pi}}{1+\cos\alpha}I_d$$

$$=\frac{\sqrt{1.57\sin(2\times89°)+(\pi-1.55)\pi}}{1+\cos89°}\times15=33.8\text{ A}$$

不考虑电流储备,晶闸管电流定额 $I_T=33.8/1.57=21.5$ A。

若考虑晶闸管有 2 倍左右的电流储备并考虑产品系列,取 $I_T=50$ A。

工业电热、电解、电焊、电镀等都属于电阻类负载。

1.3.2　电阻电感负载

在生产实践中,除电阻负载外,还有电阻电感负载,如电动机励磁绕组、电磁铁线圈、带电感的电阻电路等。

1) 波形分析

图 1.25 画出了电阻电感负载电路及其波形。

设在延迟角 α 处门极脉冲使晶闸管导通,则电源电压为

$$u_2=u_L+u_R=L\frac{di_2}{dt}+i_2R$$

式中:u_L——电感端瞬时电压;

u_R——电阻端瞬时电压。

在 α 处,因电流不能突变,$i_2=0$,$u_R=i_2R=0$,所以 $u_2=L\frac{di_2}{dt}=u_d$;随后,电流 i_2 逐渐上升,$u_R=i_2R$,$u_L=u_2-i_2R$,$u_d=u_L+u_R$。在此期间,电流增加,电感阻止电流增加,故电感端电压与电阻端电压均是正电压。图 1.25(c)中粗实线表示 u_d;垂直阴影线部分表示 u_L;细实线表示 u_R;电流 i_2 的形状与 u_R 相似(未画出)。晶闸管端电压 u_{AK} 波形示于图 1.25(d)。

随着电流的增加,电感中储存电磁能。当在 θ_1 处 $u_R=u_d=u_2$,则 $u_L=0$,电流变化 $\frac{di_2}{dt}=0$。其后,随着电源电压 u_2 的下降,则电流 i_2 也开始下降,这时电感两端的感应电势与原来方向相反,即电感端电压 u_L 方向相反,电感释放电磁能,使电流缓慢衰减。在电源电压 u_2 通过 π 点进入负半周时,电感能量尚未放完,仍使电流 i_2 继续流通,直至电感能量释放完毕,其电流 i_2

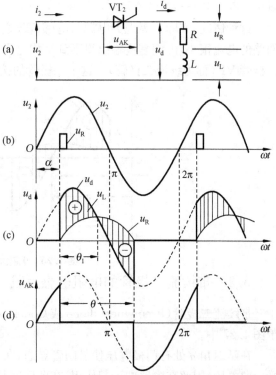

图 1.25　电阻、电感负载单相半波可控整流电路

降为零,晶闸管才能关断而承受电源电压,继而等待下一个周期的触发导通。

图 1.25(c)中,在垂直阴影中标有"+"的面积应与标有"一"的面积相等,正面积表示电流上升量,负面积表示电流下降量。稳态时一个周期内电流的上升量应与下降量相等,所以感应电压正负面积应相等,这个结论对带电感负载的波形分析有普遍意义。感应电压积分面积表示电流增量可由下式进一步说明。

因为电感端电压 $u_L = L\mathrm{d}i_2/\mathrm{d}t$,由此式可得在积分区间$[\alpha, \alpha+\theta_1]$的电流增量 ΔI,

$$\Delta I = \int_0^{\Delta I} \mathrm{d}i_2 = \int_\alpha^{\alpha+\theta_1} \frac{u_L}{\omega L} \mathrm{d}\omega t = \frac{1}{\omega L}\int_\alpha^{\alpha+\theta_1} u_L \mathrm{d}\omega t$$

此式右边即表示感应电压的积分面积。

2) 输出平均电压 U_d

由图 1.25(c) u_d 波形图可以看出,由于波形出现了负半波,这样,在相同 u_2 及 α 时,输出平均电压 U_d 要比电阻负载时小。输出平均电压 U_d 可由下式计算:

$$U_d = \frac{1}{2\pi}\int_\alpha^{\alpha+\theta} \sqrt{2}U_2 \sin\omega t\, \mathrm{d}\omega t = \frac{\sqrt{2}U_2}{2\pi}[\cos\alpha - \cos(\alpha+\theta)]$$

$$= U_{d0} \frac{\cos\alpha - \cos(\alpha+\theta)}{2} \tag{1.12}$$

导通角 θ 越大,U_d 越小。如果 $\omega L \gg R$ 时,那么 $U_L \gg U_R$。在图 1.25(c)中 $\alpha+\theta_1$ 更接近于 π,则最大导通角 θ_m 更接近于 $2(\pi-\alpha)$,见图 1.26。当负载电感较大时,在单相半波可控整流电路中,输出平均电压就接近于零。这从图 1.26 或式(1.12)均可明显看出。$\theta_m = 2(\pi-\alpha)$,代入式(1.12)得 $U_d = 0$。

这种情况,实际上表现为电源与电感负载之间能量的周期性交换,由于感抗很大,流过回路的电流很小,因而整流输出得不到平均电压。为了解决这个问题,可在负载端并接一个二极管 VD(称为续流二极管)。这个二极管的接入就改变了电路的工作情况。

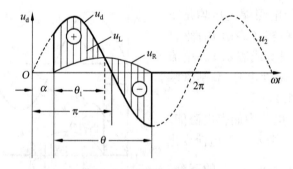

图 1.26　θ 越大,U_d 越小

1.3.3　带续流二极管的电阻电感负载

带续流二极管(Free-wheel diode 或 Commutating diode)的电阻电感负载电路及波形示于图 1.27 中。

在延迟角 α 处有门极电压使晶闸管导通,在 $\alpha \sim \alpha+\theta_1$ 区间,晶闸管导通,二极管 VD 承受反向电压,因此在电路中不起作用,在此区间与不带续流二极管时电阻电感负载相同。在过 $\alpha+\theta_1$ 后电流开始下降,在 $\omega t = \pi$ 点后电源电压进入负半波,这时二极管将导通,不计二

极管管压降,则 $u_d=0$,晶闸管承受反
压而关断直至下一个门极触发电压的
到来,这期间其输出电压 u_d 及晶闸管
端电压 u_{AK} 与电阻负载时相同。

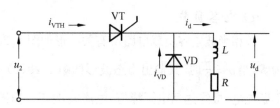

从感应电势来看,在 $\alpha\sim\alpha+\theta_1$ 区
间,电流上升,电感储能,$L\mathrm{d}i_d/\mathrm{d}t$ 为
正,在 $\omega t=\alpha+\theta_1$ 以后,电流开始下降,
电感开始释放电磁能,在 $\alpha+\theta_1\sim\pi$ 区
间,电感通过电阻 R、电源 u_2 及晶闸管
VT 回路释放能量,过 π 过后,由于
VD 的导通和晶闸管 VT 的关断,电感
通过电阻 R 及二极管 VD 回路继续释
放电磁能,因此标有"$+$"和"$-$"的两
块阴影面积应该相等,直至 $\omega t=2\pi+\alpha$
为止又重复上述过程。

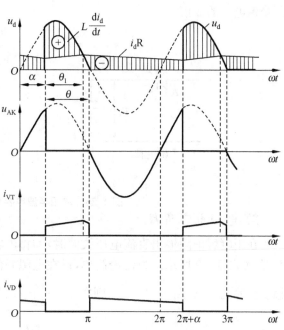

图1.27(b)画出了电路稳态时 i_dR
的变化。晶闸管端电压 u_{AK},流过晶闸
管的电流 i_{VT} 及流过续流二极管 VD
的电流 i_{VD} 分别示于图 1.27(c)、(d)、
(e)。负载电流 $i_d=i_{VT}+i_{VD}$,其波形与
i_dR 相似。负载电流平均值为:

**图 1.27 带有续流二极管的电阻电感负载
单相半波可控整流电路**

$$I_d=\frac{U_d}{R}=\frac{\sqrt{2}U_2}{\pi R}\frac{1+\cos\alpha}{2}$$

当电感足够大时,电流的脉动很
小,电流波形接近于一条水平直线,即电流 $i_d=I_d=\mathrm{const}$,则负载电流平均值与有效值相
等,均为 I_d。这种情况下,流过晶闸管的电流有效值 I_{VT} 及流过续流二极管的电流有效值
I_{VD} 由下式求得:

$$I_{VT}=\sqrt{\frac{1}{2\pi}\int_0^{2\pi}(i_{VTH})^2\mathrm{d}\omega t}=\sqrt{\frac{1}{2\pi}\int_\alpha^\pi(I_d)^2\mathrm{d}\omega t}=\sqrt{\frac{\pi-\alpha}{2\pi}}I_d \tag{1.13}$$

$$I_{VD}=\sqrt{\frac{1}{2\pi}\int_0^{2\pi}(i_{VD})^2\mathrm{d}\omega t}=\sqrt{\frac{1}{2\pi}\int_\pi^{2\pi+\alpha}(I_d)^2\mathrm{d}\omega t}=\sqrt{\frac{\pi+\alpha}{2\pi}}I_d \tag{1.14}$$

今后我们为了分析方便,凡是大电感负载,就认为电感足够大,使整流电流完全平直。
这样分析所得结论,在工程计算中也有一定的实用性和精度。

当整流电路接有大电感负载时,触发脉冲应有一定的宽度,如果脉冲宽度太窄,晶闸管
通态电流达不到擎住电流时脉冲即消失,那么晶闸管也随之恢复阻断。

1.3.4 电容性负载

在交直流变换中,其输出直流电压都存在不同程度的纹波,为了消除输出纹波电压,经
常是用电容来滤波,这就是电容性负载。

1) 电容负载

单相半波电容负载电路及有关波形如图 1.28 所示。如果是一个埋想电容器,其漏电流为零,当 $\alpha < \frac{\pi}{2}$ 时,其输出稳态波形如图 1.28(b)示,这是由于当 VT_1 触发导通后,电容 C 就不断充电,最终达到电源峰值,电流 i_d 为零。由图可以看出电容负载时,元件承受耐压为电源峰值电压的 2 倍。

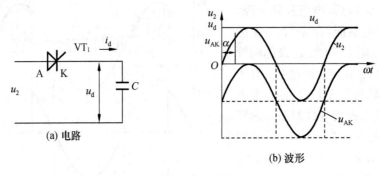

图 1.28　单相半波电容负载电路及波形

2) 电阻电容负载

在用电容消除输出直流电压纹波时,均将电容并联在负载两端,这就是 R、C 并联负载情况,如图 1.29 所示。为讨论简单,设在电源峰值处电容已充电至峰值,在其 α_0 时刻正好触发脉冲到来(见图 1.29(b)),则在 $\alpha_0 \sim \frac{\pi}{2}$ 区间:VT_1 导通,电源对 C、R 提供电流。

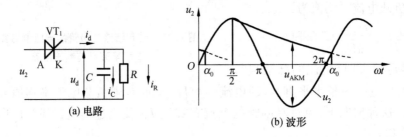

图 1.29　单相半波可控整流电阻电容负载电路及波形

$$u_d = \sqrt{2} U_2 \sin\omega t \tag{1.15}$$

$$i_d = i_C + i_R = C\frac{\mathrm{d}u_d}{\mathrm{d}t} + \frac{u_d}{R} \tag{1.16}$$

在 $\frac{\pi}{2} \sim 2\pi + \alpha_0$ 区间,VT_1 关断,电容对电阻 R 放电,i_C 反向,$i_C = i_R$。

$$i_C = C\frac{\mathrm{d}u_d}{\mathrm{d}t}$$

$$i_R = \frac{u_d}{R} = C\frac{\mathrm{d}u_d}{\mathrm{d}t} \tag{1.17}$$

$$u_d = \sqrt{2} U_2 \exp\left(-\frac{\omega t - \pi/2}{\omega RC}\right) \tag{1.18}$$

解上述方程是相当麻烦的,我们可近似地用锯齿波来代替电压 u_d 的衰减变化,

$$I_C = C\frac{\mathrm{d}u_\mathrm{d}}{\mathrm{d}t} = C\frac{\Delta u_\mathrm{d}}{\Delta T} = C\frac{\sqrt{2}U_2 - \sqrt{2}U_2\sin\alpha_0}{\dfrac{2\pi + \alpha_0 - \pi/2}{\omega}} = I_R \tag{1.19}$$

I_C 为电容 C 放电平均电流,则放电区间 R 端平均电压 RI_R。

上述近似分析有一定的条件,存在一定误差,但可获得如下结论:

(1)电容滤波,其输出平均电压将比电阻负载时增大;

(2)输出平均电压脉动值显著减小,其脉动值 $\Delta u_\mathrm{d} = I_C\Delta T/C$,电容值越大,脉动值越小;

(3)移相控制范围变小,当 $\alpha < \alpha_0$,将不在移相控制范围之内。

1.3.5　单相半波可控整流电路仿真

基于 MATLAB 的单相半波可控整流仿真电路(电阻负载)如图 1.30 所示。

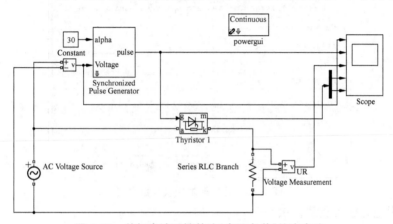

图 1.30　单相半波可控整流(电阻负载)仿真电路

图 1.30 中,有关模块的说明和参数设置如下:

(1)电源参数设置:

AC Voltage 模块为交流电压源,双击该模块可对其参数进行设置,如图 1.31 所示:

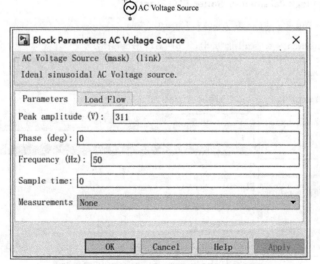

图 1.31　交流电压源模块及参数设置选框

其中,"Peak amplitude"为电压峰值,若交流电压有效值为 220 V,则该值应设置为 311 V。

(2) 脉冲触发模块介绍:

图 1.32 所示为基于 MATLAB 库中的 6 路脉冲触发器(详见 3.4.3 节)修改后自定义的单相脉冲触发封装模块,其作用是检测电源电压过零一定角度(即触发角)后产生脉冲。可对输入端口 alpha 赋值触发角 α。

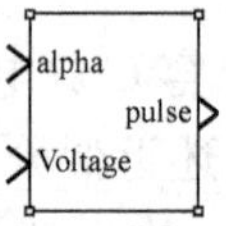

图 1.32　自定义单相脉冲触发封装模块

双击该模块可设置其频率、脉宽参数(见图 1.33):

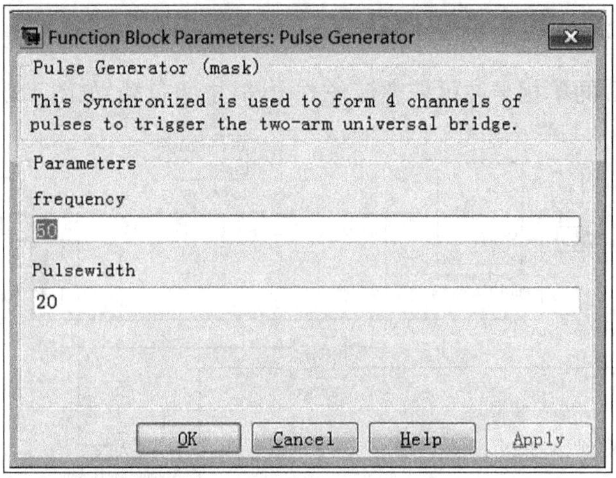

图 1.33　脉冲触发模块参数设置

(3) 电阻电感电容负载模块

电阻电感电容负载,使用模块 Series RLC Branch,双击该模块可对其参数进行设置。模块示意图与参数设置选框如图 1.34 所示。

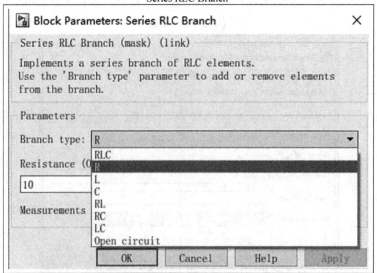

图 1.34　RLC 串联模块及参数设置选框

其中，Branch type 可设置负载为纯电阻负载、阻感负载、电阻电感电容负载等；分别设置 Resistance、Inductance、Capacitance 的值即为电阻、电感、电容大小。

（4）电压、电流测量模块

图 1.35 的左图为电压测量模块，并联在被测元件上，输出端连接至示波器即可显示被测元件的电压波形。右图为电流测量模块，串联在被测支路上，可测得该支路电流。

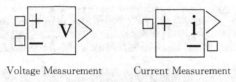

Voltage Measurement   Current Measurement

图 1.35　电压、电流测量模块

当 $\alpha = 30°$ 时，如图 1.30 所示的单相半波可控整流电路（纯电阻负载）的仿真结果如图 1.36 所示。

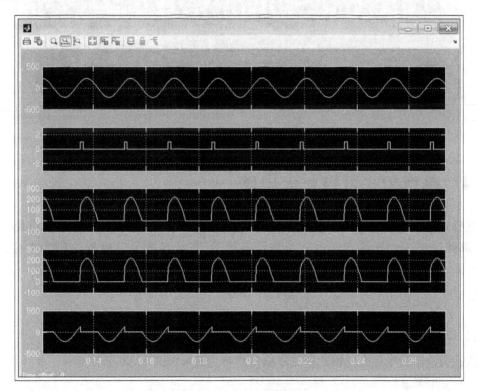

图 1.36　$\alpha = 30°$ 时仿真波形

仿真波形从上到下分别对应电源电压、门极信号、负载电压、晶闸管电流、晶闸管电压。

对于图 1.30 所示电路，设置电阻 $R = 1\ \Omega$，电感 $L = 0.005\ H$，即构成阻感负载。$\alpha = 60°$ 时仿真波形如图 1.37 所示。

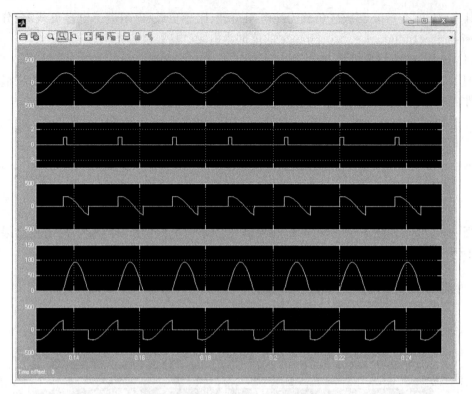

图 1.37　阻感负载,$\alpha=60°$时仿真波形

1.4　单相桥式可控整流电路

在桥式可控整流电路中,整流元件全部用晶闸管的电路称为主控整流电路(fully controlled rectifier);整流元件中有半数是晶闸管,其余半数是二极管的称为半控(half-controlled)整流电路。单相桥式可控整流电路分为全控桥式和半控桥式两种。

1.4.1　单相全控桥式整流电路

1)电阻负载

负载为电阻的单相全控桥式整流电路及其有关波形如图 1.38 所示。

(1)工作原理

图 1.38(a)为主电路图。图中 T 为电源变压器,u_1、i_1 分别为变压器一次侧(又称原边或初级)电压、电流瞬时值;u_2、i_2 分别为变压器二次侧(又称副边或次级)电压、电流瞬时值。R 为负载电阻,用 u_d 表示负载电压瞬时值。

在可控整流电路中,如将晶闸管改为整流二极管,则二极管开始流过电流的时刻称为"自然换流点",不难看出,单相桥式可控整流电路自然换流点在交流电压各个过零点处。从自然换流点算起,至触发脉冲出现时的滞后角度称为"触发延迟角"(trigger delay-angle),用 α 表示,显然在自然换流点处,$\alpha=0°$。

在图 1.38(a)中,四只晶闸管组成桥式电路,其中 VT_1、VT_3 为一组桥臂;VT_2、VT_4 为另一组桥臂。设图 1.38(a)中 A 点正电位,B 点负电位为变压器二次侧电压 u_2 的正半周。如晶闸管 VT_1、VT_3 的门极同时在 $\omega t = \alpha$ 处分别同加触发电压,则在正电压作用下,VT_1、VT_3 导通,负载端电压 $u_d = u_2$,直到 $\omega t = \pi$ 后,由于电源电压 u_2 进入负半周(B 端正、A 端负),使晶闸管 VT_1、VT_3 承受反压而关断,所以在 $\omega t = \alpha \sim \pi$ 区间,VT_1、VT_3 导通,而 VT_2、VT_4 承受反压。

在 $\omega t = \pi \sim (\pi + \alpha)$ 区间,VT_1、VT_3 已被关断,VT_2、VT_4 尚未有触发脉冲,所以四只晶闸管均处阻断状态,负载电流 $i_d = 0$,故 $u_d = 0$。这期间,晶闸管 VT_1、VT_2 和 VT_3、VT_4 分别串联分担电源电压 u_2。设四只晶闸管漏阻抗相等,则在此区间 VT_1 和 VT_2 及 VT_3 和 VT_4 各承担 $u_2/2$ 电压。

$\omega t = \pi + \alpha$ 时,同时分别对 VT_2、VT_4 门极加触发电压,则 VT_2、VT_4 导通,负载电压 $u_d = u_2$。应该注意,尽管电源电压已进入负半周,但由于桥路的作用,负载电压 u_d 的极性未变,图 1.38(a)中仍为 C 正 D 负,负载电流 i_d 的方向也不变,其波形与 u_d 相似(未画出),而交流侧的 i_2 方向却改变了,因此在变压器中没有直流电流分量流过,这可减小变压器的体积。这个过程直至 $\omega t = 2\pi$ 时结束,以后又继续循环。$0 \sim \alpha$ 区间与 $\pi \sim (\pi + \alpha)$ 区间波形分析类似。

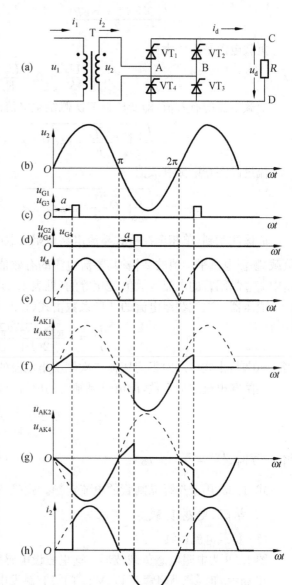

图 1.38 电阻负载、单相全控桥式整流电路

在 $\omega t = (\pi + \alpha) \sim 2\pi$ 区间的波形分析与 $\omega t = \alpha \sim \pi$ 区间类似。图 1.38(c)、(d)画出门极脉冲 $u_{G1 \sim G4}$ 波形;图 1.38(f)、(g)画出晶闸管 $VT_1 \sim VT_4$ 的端电压 $u_{AK1 \sim AK4}$ 波形,晶闸管承受的最大电压为电源电压峰值 $\sqrt{2}U_2$,U_2 为变压器二次侧电压有效值。

(2) 数量计算

由图 1.38(e)可计算出负载电压平均值 U_d:

$$U_d = \frac{1}{2\pi} \int_0^{2\pi} u_d \,\mathrm{d}\omega t = \frac{1}{\pi} \int_\alpha^\pi \sqrt{2}U_2 \sin\omega t \,\mathrm{d}\omega t = \frac{\sqrt{2}}{\pi} U_2 (1 + \cos\alpha)$$

$$= \frac{0.9U_2(1+\cos\alpha)}{2} \tag{1.20}$$

负载电流平均值为：

$$I_d = \frac{U_d}{R} = 0.9\frac{U_2}{R}\frac{1+\cos\alpha}{2} \tag{1.21}$$

负载电流的有效值，即变压器二次侧绕组电流的有效值为：

$$I_2 = \sqrt{\frac{1}{\pi}\int_\alpha^\pi (\frac{\sqrt{2}U_2}{R}\sin\omega t)^2 d\omega t} = \frac{U_2}{R}\sqrt{\frac{1}{2\pi}\sin2\alpha + \frac{\pi-\alpha}{\pi}} \tag{1.22}$$

流过晶闸管电流有效值

$$I_{VT} = \sqrt{\frac{1}{2\pi}\int_\alpha^\pi (\frac{\sqrt{2}U_2}{R}\sin\omega t)^2 d\omega t} = \frac{U_2}{\sqrt{2}R}\sqrt{\frac{1}{2\pi}\sin2\alpha + \frac{\pi-\alpha}{\pi}} \tag{1.23}$$

应该注意到，单相全控桥式整流电路电阻负载时整流电流平均值是单相半波电路(电阻负载)整流电流平均值的 2 倍；其整流电流的有效值不是 2 倍却是 $\sqrt{2}$ 倍关系；而在这两个电路中流过晶闸管的电流有效值是相等的(见表 1.3)。

变压器二次侧绕组电流的波形系数由式(1.21)、式(1.22)可得：

$$\frac{I_2}{I_d} = \frac{\sqrt{\pi\sin2\alpha + 2\pi(\pi-\alpha)}}{2(1+\cos\alpha)} \tag{1.24}$$

当 $\alpha=0°$ 时，由式(1.12)得变压器二次侧绕组电流的波形系数为 1.11。

晶闸管电流波形系数，即流过晶闸管的电流有效值 I_{VT} 与负载电流平均值 I_d 之比为：

$$\frac{I_{VT}}{I_d} = \frac{\sqrt{\pi\sin2\alpha + 2\pi(\pi-\alpha)}}{2\sqrt{2}(1+\cos\alpha)} \tag{1.25}$$

当 $\alpha=0°$ 时，$\frac{I_{VT}}{I_d} = \frac{\pi}{4} = 0.785$。

式(1.25)用于选择晶闸管的电流定额。式(1.24)用于选择变压器绕组铜线直径。

2) 电阻、电感负载

(1) 负载电流连续

图 1.39 为电阻电感负载波形。这里假设电感感抗 $\omega L \gg R$，电路电流连续而平直。

在 $\omega t=\alpha$ 时，若晶闸管 VT_1、VT_3 门极有触发电压，则它们导通工作过程与电阻负载一样。但当 $\omega t=\pi$ 以后，由于电感中能量的存在，电流将继续，负载电压出现负半波；当 $\omega t=\pi+\alpha$ 时，晶闸管 VT_2、VT_4 正向偏置，若门极施加触发脉冲，则 VT_2、VT_4 触发导通。由于 VT_2、VT_4 的导通，使 VT_1、VT_3 承受反压而关断，负载电流从 VT_1、VT_3 转移到 VT_2、VT_4，这个过程称为晶闸管换流。其后过程与 $\alpha\sim(\pi+\alpha)$ 区间重复。负载端电压 u_d、晶闸管端电压 u_{AK} 及流过晶闸管的电流 i_{VT} 波形如图 1.39(c)～(f)所示。

负载电压平均值 U_d 由图 1.39(c)可求得：

$$U_d = \frac{1}{\pi}\int_\alpha^{\pi+\alpha} \sqrt{2}U_2\sin\omega t d\omega t = \frac{2\sqrt{2}}{\pi}U_2\cos\alpha = 0.9U_2\cos\alpha \tag{1.26}$$

当 $\alpha=90°$，$U_d=0$，从图 1.39(c)也可看出，当 $\alpha=90°$ 时，负载电压正半波和负半波面积相等，平均值为零，所以对电感负载，移相范围只需 90°就够了。

负载电流因电感感抗很大，电流纹波很小，因而可认为负载电流 I_d 是水平直线(恒定直

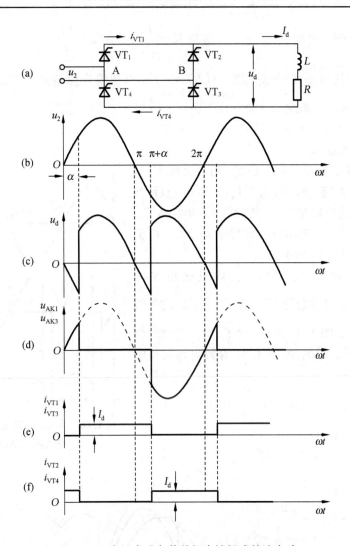

图 1.39　电阻电感负载单相全控桥式整流电路

流电流)。流过变压器二次侧绕组的电流 i_2 是对称的正负方波,晶闸管导通角 $\theta=180°$,所以变压器次级绕组电流有效值 $I_2=I_d$。

流过晶闸管电流有效值为:

$$I_{VT}=\frac{I_d}{\sqrt{2}} \tag{1.27}$$

【例 1.3】　单相全控桥式整流电路,大电感 L、R 负载,其中 $R=2\ \Omega$,输入交流电压 60 V,试求:①输出电压可调范围;②选择晶闸管元件;③计算电源变压器容量 S。

解　① 大电感负载,$\alpha=0°$ 输出最大,$\alpha=90°$,$U_d=0$;由式 1.26 得:

$$U_d=0.9U_2\cos\alpha=0.9U_2\cos0°=0.9\times60=54(V)$$

输出电压可调范围为 54~0(V)。

② 晶闸管元件额定电压 $\sqrt{2}U_2=\sqrt{2}\ 60=84.85$ V,取 2~3 倍电压安全储备,并考虑晶闸管额定电压系列取 200 V。

晶闸管元件额定电流 I_T：由表 1.3 查得 $K_f=\dfrac{I_{VT}}{I_d}=\dfrac{\sqrt{2}}{2}$，$I_d=\dfrac{U_d}{R}$。

$$I_T=\frac{K_f I_d}{1.57}=\frac{\sqrt{2}}{2}\times\frac{54/2}{1.57}=12.16(A)$$，取 2 倍电流安全储备并考虑晶闸管元件额定电流系列取 30(A)。(30>12.16×2)

③ $S=U_2 I_2=U_2 I_d=60\times27=1\,620(V\cdot A)$

（2）负载电流断续

当负载电感 L 较小，而触发延迟角 α 又较大时，由于电感中储存的能量较少，当 VT_1、VT_3 导通后，在 VT_2、VT_4 导通前负载电流 i_d 就已下降为零，VT_1、VT_3 随之关断，出现了晶闸管元件导通角 $\theta<\pi$、电流断续的情况，如图 1.40 所示。

θ 的大小与触发延迟角 α、负载阻抗角 $\Psi=\arctan\dfrac{\omega L}{R}$ 有关。α 时刻触发 VT_1、VT_3 导通后的等效电路及输出波形如图 1.41 所示，为了计算 θ 方便，将坐标 ωt 零点移至 α 时刻，由图 1.41 等效电路可得下列微分方程：

$$\sqrt{2}U_2\sin(\omega t+\alpha)=L\frac{di_d}{dt}+i_d R$$

解此方程，可求得：

$$i_d=i_d{}'+i_d{}''\qquad(1.28)$$

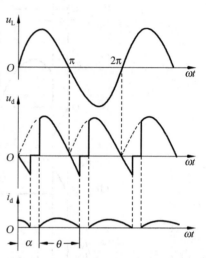

图 1.40　单相桥式电阻电感负载可控整流电路负载电流断续波形

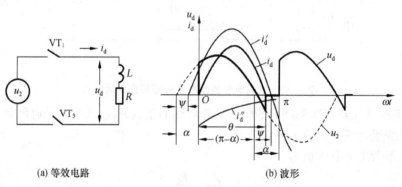

(a) 等效电路　　　(b) 波形

图 1.41　单相全控桥式整流电路电阻电感负载等效电路和波形（电流断续）

其中 $i_d{}'$ 为微分方程的稳态解（周期性强制分量），它的幅值为电源电压除以负载阻抗，其相位滞后电源电压 ψ（负载阻抗角），即

$$i_d{}'=\frac{\sqrt{2}U_2}{\sqrt{R^2+(\omega L)^2}}\sin(\omega t+\alpha-\psi)$$

$i_d{}''$ 为微分方程的暂态解（非周期自由分量），它为指数衰减形式，即

$$i_d'' = A\exp\left(-\frac{t}{T}\right)$$

式中：$T = \frac{L}{R}$；

A——初始值。

当 $\omega t = 0$ 时，晶闸管 VT_1、VT_3 开始导通，电流从零开始上升，即 $\omega t = 0$，$i_d = i_d' + i_d'' = 0$，由式(1.28)可得：

$$A = -\frac{\sqrt{2}U_2}{\sqrt{R^2+(\omega L)^2}}\sin(\alpha-\psi)$$

$$i_d = i_d' + i_d'' = \frac{\sqrt{2}U_2}{\sqrt{R^2+(\omega L)^2}}\left[\sin(\omega t+\alpha-\psi)-\sin(\alpha-\psi)\cdot\exp\left(-\frac{\omega t R}{\omega L}\right)\right] \quad (1.29)$$

式(1.29)描述了电流 i_d 的变化规律。当 $\omega t = \theta$ 时，$i_d = 0$，由式(1.29)得：

$$\sin(\theta+\alpha-\psi) = \sin(\alpha-\psi)\cdot\exp\left(-\frac{R}{\omega L}\theta\right) \quad (1.30)$$

当 $\alpha > \psi$，式(1.30)右边大于零，则 $\sin(\theta+\alpha-\psi)$ 为正值，即 $\theta+\alpha-\psi < \pi$，显然 $\theta < \pi$，电流断续。式(1.30)是一个超越方程，求解困难，但可以作出以 ψ 为某一参数时 θ 与 α 的关系曲线，如图1.42所示，用该图可在负载 R、L 及 α 确定时找出 θ 近似值，避免了繁杂的运算。

负载电压平均值 U_d 计算与连续时不同，由图1.40可得：

$$U_d = \frac{1}{\pi}\int_{\alpha}^{\alpha+\theta}\sqrt{2}U_2\sin\omega t\,d\omega t$$

$$= \frac{\sqrt{2}U_2}{\pi}\left[\cos\alpha-\cos(\alpha+\theta)\right] \quad (1.31)$$

负载电流平均值 I_d：

$$I_d = U_d/R$$

$$= \frac{\sqrt{2}U_2}{\pi R}\left[\cos\alpha-\cos(\alpha+\theta)\right] \quad (1.32)$$

图1.42 电感性负载时导电角 θ 与阻抗角 ψ 和控制角 α 的关系

比较图1.38(e)和图1.39(c)不难看出，在相同 α 时电阻电感负载的输出平均电压比电阻负载的输出平均电压要低，这是由于后者 u_d 波形中出现负半波的缘故。为了提高输出整流电压，在负载端并接续流二极管，如图1.43所示。构成带有续流二极管的电阻、电感负载电路。图中 VD 即为续流二极管。由于它的存在改变了负载电流 i_d 的续流路径，负载电压不再出现负电压而与电阻负载的电压波形一样。读者可自行分析并画出在负载电流连续和断续两种情况下 u_d、u_{AK}、i_d、i_{VT_1}、i_{VD} 等电压、电流波形。

有关公式不再重复推导，其结果列于表1.3中。

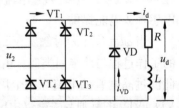

图1.43 带续流二极管的电阻电感负载单相全控桥式整流电路

1.4.2　单相半控桥式整流电路

半控整流电路的输出也是完全可以连续平滑控制的。

1) 电阻负载

单相半控桥式整流电阻负载电路及其波形如图1.44所示。加到 VT_1、VT_2 门极触发脉冲相位差 $180°$,当 $\omega t = \alpha$ 时,u_2 的电位是 A 正 B 负,触发 VT_1 导通,则负载电流 i_d 从 VT_1-R-VD_2 流过;当 $\omega t = \pi$ 时,由于电源过零变负,VT_1 关断,故 u_d 波形与单相全控桥式电阻负载电路相同。但 VT_1 关断后,由于 VT_2 在 $\pi \sim (\pi + \alpha)$ 区间仍关断,u_d 为零,注意到这时 B 点电位高于 A 点电位,则 $u_2 = u_{VD_2} + u_{VD_1}$,而 VD_2 反偏,VD_1 正偏,因此这时 VD_2 承受电压,VD_1 不承受电压,由于 u_{VD_1}、u_d 均为零,则 u_{AK1} 变为零。所以 VD_1、VT_1 端不承受电压,电源电压 u_2 只加于 VT_2、VD_2 上,因此,晶闸管端电压与单相全控桥式电阻负载电路时不同。此外,二极管 VD_1、VD_2 在承受正向电压时导通,承受反向电压时关断。晶闸管端电压 u_{AK1} 和二极管 VD_1 的端电压等如图1.44所示。

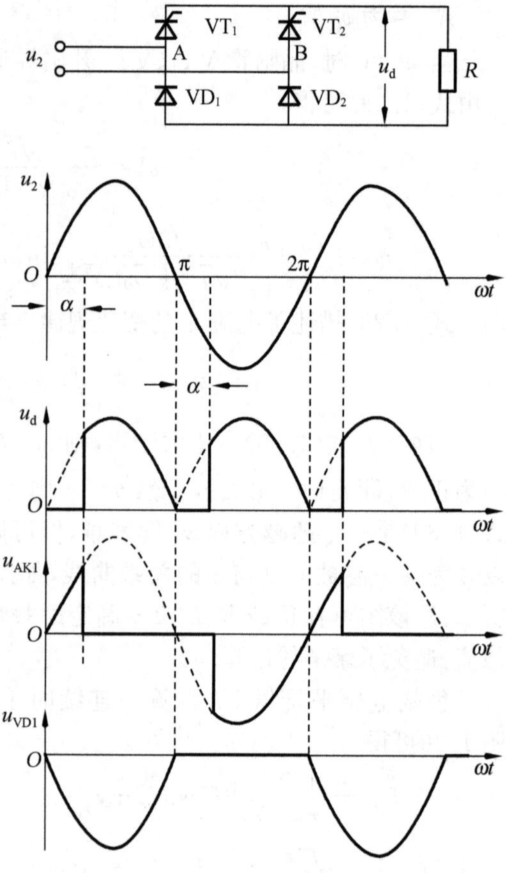

2) 电阻电感负载

图1.45表示单相半控桥式电阻电感负载电路及其波形,设负载电流因电感足够大而平直。

图1.44　电阻负载单相半控桥式整流电路

当电源 u_2 正半波,在 $\omega t = \alpha$ 时触发 VT_1 后,VT_1、VD_2 导通,电流通路为:A-VT_1-L-R-VD_2-B,电流由电源提供;当 $\omega t = \pi$ 后,电源电压 u_2 经零变负,但由于电感电势的作用,电流仍将继续,电感通过 R-VD_1-VT_1 回路放电。在 $\omega t = \pi$ 处,二极管 VD_2 电流换给 VD_1,电流 i_{VD_2} 及 i_2 终止,在 $\omega t = \pi \sim (\pi + \alpha)$ 区间电流由电感释放电能提供。

当 $\omega t = (\pi + \alpha)$ 时触发 VT_2 导通,由于 VT_2 的导通才能使 VT_1 承受反压而关断,其后的工作过程与前半周类似。由此可见,VT_1 触发导通后,需 VT_2 的触发导通才能关断。因此流过晶闸管的电流在一个周期内各占一半,其换流时刻由门极触发脉冲决定;而二极管 VD_1、VD_2 的导通与关断仅由电源电压的正负半波决定,在 $\omega t = n\pi$(n 为正整数)处换流,所以单相半控桥式整流电路电感负载时各元件导通角均为 $180°$,电源在 α 区间内停止对负载供电。

由图1.45可得:晶闸管电流有效值 $I_{VT} = \dfrac{I_d}{\sqrt{2}}$;变压器副边电流有效值 $I_2 = \dfrac{\sqrt{\pi - \alpha}}{\sqrt{\pi}} I_d$。

半控桥式整流电路中的整流二极管
VD_1、VD_2 本身兼有续流二极管的作用,因此
电路中不需另加续流二极管。但如果在工作
中出现异常,比如 VT_2 的触发脉冲消失,则
VT_1 由于电感续流作用将不能关断,等到下
一个正半波到来时,VT_1 无需触发仍继续导
通,结果是,一只晶闸管与两只二极管之间轮
流导电,其输出电压失去控制,这种情况称之
为"失控"。失控时的输出电压相当于单相半
波不可控整流时的电压波形。

为了防止这种失控现象,仍须在半控桥
式电路中加上续流二极管。加了续流二极管
后的输出电压与图 1.45 相同,但流过晶闸管
的和二极管的电流波形与图 1.45 不同,读者
可自行分析。

因为半控电路本身具有续流作用,半控
电路只能将交流电能转变为直流电能,而直
流电能不能返回到交流电能中去,即能量只
能单方向传递。同理,带续流二极管的全控
电路能量也只能单方向传递,其原理将在有
源逆变电路中阐述。

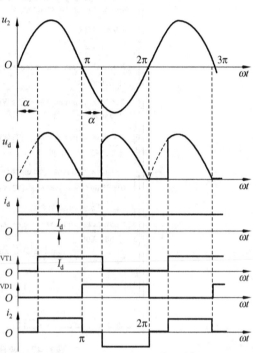

1.4.3　单相桥式可控整流电路仿真

图 1.45　电阻电感负载单相半控桥式整流电路

(1) 单相桥式全控整流电路仿真

在 MATLAB 中搭建的单相桥式全控整流(电阻负载)仿真电路如图 1.46 所示。其中
RL 模块的参数设置为电阻 $R=10\ \Omega$,电感 $L=0\ H$。

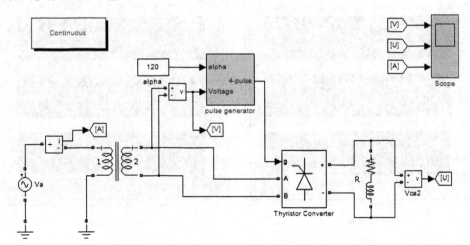

图 1.46　单相桥式全控整流(电阻负载)仿真电路

变压器参数设置如图 1.47 所示。

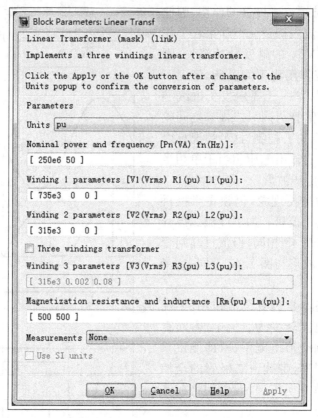

图 1.47　变压器模块参数设置

分别设置触发角 $\alpha=30°$、$\alpha=60°$、$\alpha=90°$、$\alpha=120°$，波形如图 1.48 所示，各图中的三个波形分别为电压源电压、负载两端电压和电源侧电流。

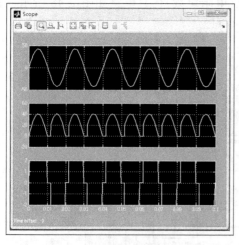

$\alpha=30°$仿真波形

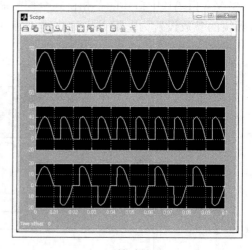

$\alpha=60°$仿真波形

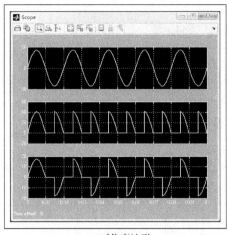
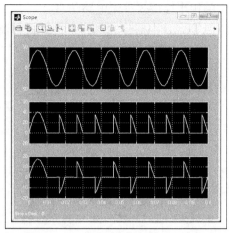

α=90°仿真波形　　　　　　　　α=120°仿真波形

图 1.48　单相桥式全控整流(电阻负载)仿真波形

保持交流电源和变压器的参数不变,取电阻值为 $R=20\ \Omega$,电感值为 $L=0.5\ \text{H}$(阻感负载)。同样,分别设置触发角 $\alpha=30°$、$\alpha=60°$、$\alpha=90°$、$\alpha=120°$,输出波形如图 1.49 所示。

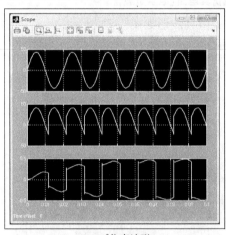
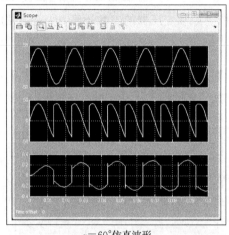

α=30°仿真波形　　　　　　　　α=60°仿真波形

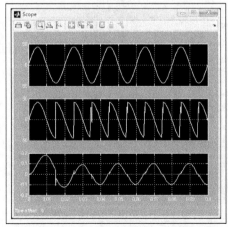
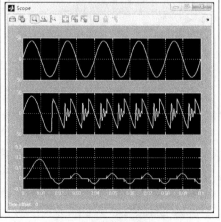

α=90°仿真波形　　　　　　　　α=120°仿真波形

图 1.49　单相桥式全控整流(阻感负载)仿真波形

（2）单相半控桥式整流电路仿真

在 MATLAB 中搭建的单相半控桥式整流仿真电路如图 1.50 所示。

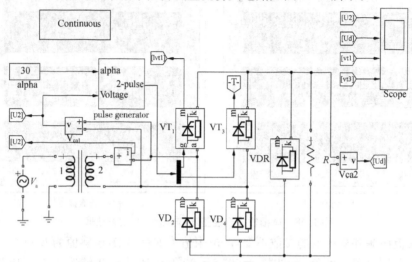

图 1.50　单相半控桥式整流仿真电路（电阻负载）

保持电源和变压器的参数不变，改变触发角 α，仿真波形如图 1.51 所示。

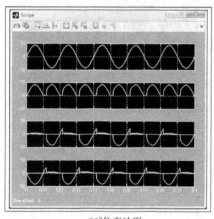

α＝30°仿真波形

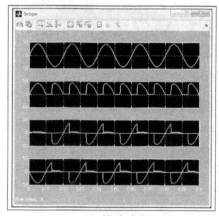

α＝60°仿真波形

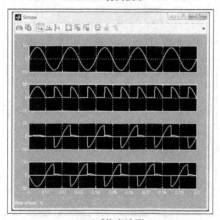

α＝90°仿真波形

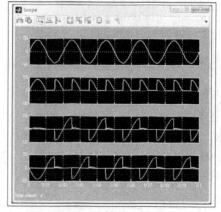

α＝120°仿真波形

图 1.51　单相半控桥式整流电路仿真波形

1.5 三相半波可控整流电路

三相整流的输出要比单相整流输出的脉动小,对电源三相负荷也较均匀,因此,大、中容量均用三相整流。三相半波(three-phase half-wave)可控整流在三相整流电路中是最简单的。

1.5.1 三相半波不可控整流电路

先看一下利用二极管作整流元件的不可控整流电路。图 1.52(a)为电路图,变压器一次侧接成三角形,二次侧接成星形,二次侧接一个公共零点"0",它与负载一端相连,所以三相半波电路又称三相零式电路。图 1.52(b)虚线画出相电压 u_a、u_b、u_c 对零点的电压波形,它们相位各差 120°。图 1.52(c)画出了二次侧线电压 u_{ab}、u_{ac} 波形。

二极管在阳极电位高于阴极电位时导通,相反情况下阻断。因此,只有在相电压的瞬时值为正时,整流二极管才可能导通。由于二极管的阴极连在一起作为输出,所以,在三个二极管中,只有正电压最高的一相所接的二极管才能导通,其余两只必然受到反压而被阻断。

例如,在 $\omega t = 30° \sim 150°$ 区间,a 相的正电压 u_a 最高,与 a 相相连的 VD$_1$ 导通。VD$_1$ 导通后,忽略 VD$_1$ 管压降,则 d 点电位即为 u_a。这时 u_a 电位最高,接在 b 相的 VD$_2$ 和接在 c 相的 VD$_3$ 二极管的阳极电位都低于阴极,因而承受反向电压被阻断,输出电压 $u_d = u_a$。

在 $\omega t = 150° \sim 270°$ 区间,b 相电位 u_b 最高,则 VD$_2$ 导通,由于 VD$_2$ 导通,d 点电位即为 u_b,VD$_1$、VD$_3$ 承受反压而阻断,VD$_1$ 承受电压为线电压 u_{ab},VD$_3$ 承受电压为线电压 u_{cb},输出电压 $u_d = u_b$。同理,在 270° $\sim$ 390° 区间,VD$_1$ 端电压为 u_{ac},VD$_2$ 端电压为 u_{bc}。整流输出电压 u_d 在图 1.52(b)中用实线画出,二极管 VD$_1$ 端电压 u_{VD_1} 如图 1.52(c)所示。

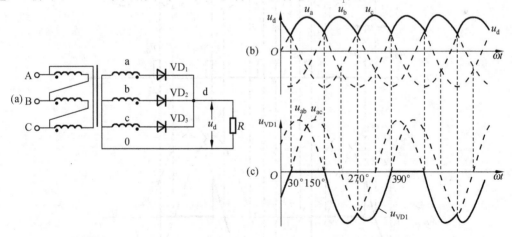

图 1.52　电阻负载三相半波不可控整流电路

整流电压 u_d 在一周期内有三次脉动,因此,整流电压的脉动频率是电源频率的三倍。

两个相电压波形的交点,整流管的电流进行交换,这叫做"换流"(或换相)。这个交点也就是三相半波可控整流电路的"自然换流点"。

1.5.2　三相半波电阻负载可控整流电路

图 1.52(a)中的二极管 VD 用晶闸管取代,它就是可控整流电路,如图 1.53(a)所示,这时电路导通的条件除了晶闸管的阳极高于阴极外,还要门极同时有触发脉冲。规定自然换流点处延迟角 $\alpha=0°$。若在 $\omega t=60°$ 时对 VT_1 门极施加脉冲,相位依次延迟 120°后依次对 VT_2、VT_3 门极施加脉冲(见图 1.53(c)),则其输出电压 u_d 及 VT_1 端电压波形 u_{AK1} 如图1.53(b)、(d)所示。

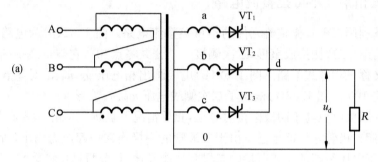

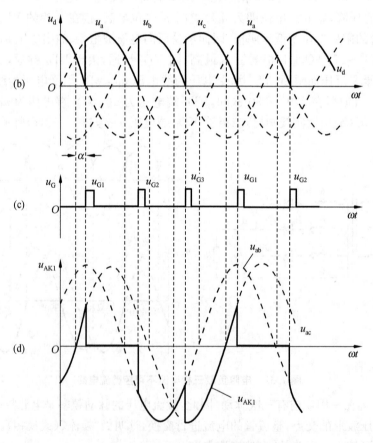

图 1.53　电阻负载三相半波可控整流电路

图 1.53(b)中,$\alpha=30°$,即 $\omega t=60°$。这时 a 相 u_a 对 VT_1 正向偏置,且有触发脉冲 u_{G1} 加

到 VT$_1$ 门极,所以 VT$_1$ 导通,输出电压 $u_d = u_a$,VT$_1$ 端电压为零;当 $\omega t = 150°$后,虽然 $u_b >$ u_a,但由于 VT$_2$ 门极触发脉冲尚未到来,VT$_2$ 仍处阻断状态,而 VT$_1$ 仍正向偏置(图 $u_a >$ 0),因此 VT$_1$ 继续导通;当 $\omega t = 180°$时,VT$_2$ 门极触发脉冲 u_{G2} 到来,这时 u_b 对 VT$_2$ 正向偏置,则转为 VT$_2$ 导通;VT$_2$ 导通后,输出电压 $u_d = u_b$,VT$_1$ 承受反压 u_{ab} 而关断;当 u_{G3} 加于 VT$_3$ 门极,则 VT$_2$ 换流给 VT$_3$,输出 $u_d = u_c$,VT$_1$ 转而承受反压 u_{ac},输出电压 u_d 波形在 图 1.53(b)中用实线画出;VT$_1$ 端电压波形 u_{AK1} 如图 1.53(d)所示。

应该注意,电阻负载 $\alpha = 30°$时是输出电压 u_d 连续和断续的分界,当 $\alpha < 30°$输出 u_d 连续, a 相晶闸管 VT$_1$ 的关断靠 b 相 VT$_2$ 的导通,即后一相晶闸管的导通使前一相晶闸管关断; 当 $\alpha > 30°$时,输出 u_d 断续,即 a 相 VT$_1$ 导通后,当 u_a 过零变负时,VT$_1$ 自行关断;而 b 相 VT$_2$ 门极脉冲尚未到来,VT$_2$ 仍阻断,各相均不导通,输出 $u_d = 0$,直至 VT$_2$ 门极脉冲出现, 输出 $u_d = u_b$,以后过程与 a 相相似,输出 u_d 在一周期内出现三次间断。随着 α 的增加则输出 电压减小,当 $\alpha = 150°$时,输出电压为零。所以三相半波电路电阻负载时移相范围为 150°。

$\alpha = 90°$,$\alpha = 120°$时的整流输出电压波形 u_d 如图 1.54 所示。

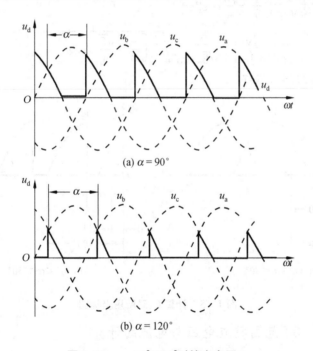

(a) $\alpha = 90°$

(b) $\alpha = 120°$

图 1.54　$\alpha = 90°$、120°时输出电压 u_d

从以上分析可知,当 $\alpha = 0°$时,输出电压最高;当 α 角增大时,整流输出电压随之减小;当 $\alpha = 150°$时,整流输出电压为零。可见改变延迟角 α,就能控制整流输出电压。

$\alpha = 0° \sim 30°$范围内,整流电压是连续的;$\alpha = 30° \sim 150°$范围内,整流电压断续,在进行整 流电压计算时,需分别进行。

1) $\alpha = 0° \sim 30°$范围整流电压和电流计算

设 $u_a = \sqrt{2} U_2 \sin \omega t$,$U_2$ 为变压器二次侧相电压有效值。

如图 1.55(a)选择计算坐标图,则输出电压 u_d 的平均值为:

$$U_d = \frac{1}{2\pi/3} \int_{\frac{\pi}{6}+\alpha}^{\frac{5\pi}{6}+\alpha} \sqrt{2} U_2 \sin\omega t \, d\omega t$$

$$= \frac{3\sqrt{6}}{2\pi} U_2 \cos\alpha = U_{d0} \cos\alpha = 1.17 U_2 \cos\alpha \tag{1.33}$$

式中：$U_{d0} = \frac{3\sqrt{6}}{2\pi} U_2 = 1.17 U_2$ 为 $\alpha=0°$ 时的整流输出电压。

负载电流平均值 I_d，

$$I_d = \frac{U_d}{R} = \frac{3\sqrt{6}}{2\pi} \frac{U_2}{R} \cos\alpha \tag{1.34}$$

流过晶闸管的电流有效值 I_{VT}，

$$I_{VT} = \sqrt{\frac{1}{2\pi} \int_{\frac{\pi}{6}+\alpha}^{\frac{5\pi}{6}+\alpha} (\frac{\sqrt{2} U_2}{R} \sin\omega t)^2 d\omega t} = \frac{U_2}{R} \sqrt{\frac{1}{\pi} \left[\frac{\omega t}{2} - \frac{1}{4} \sin 2\omega t \right]_{\frac{\pi}{6}+\alpha}^{\frac{5\pi}{6}+\alpha}}$$

$$= \frac{U_2}{R} \sqrt{\frac{1}{\pi} \left[\frac{4}{3} + \frac{\sqrt{3}}{4} \cos 2\alpha \right]} \tag{1.35}$$

$$\frac{I_{VT}}{I_d} = \frac{2\pi}{3\sqrt{6} \cos\alpha} \sqrt{\frac{1}{\pi} \left[\frac{\pi}{3} + \frac{\sqrt{3}}{4} \cos 2\alpha \right]} \tag{1.36}$$

当 $\alpha=0°$ 时，$I_{VT}/I_d = 0.587$。

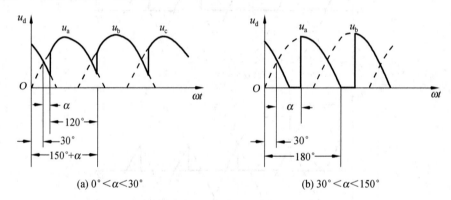

(a) $0° < \alpha < 30°$　　　　　　　　(b) $30° < \alpha < 150°$

图 1.55　计算 U_d 时所用坐标图

2）α 在 $30°\sim150°$ 范围整流电压与电流的计算

计算坐标参照图 1.55(b)，输出平均电压 U_d：

$$U_d = \frac{3}{2\pi} \int_{\frac{\pi}{6}+\alpha}^{\pi} \sqrt{2} U_2 \sin\omega t \, d\omega t = \frac{U_{d0}}{\sqrt{3}} [1 + \cos(30° + \alpha)] \tag{1.37}$$

U_{d0} 为 $\alpha=0°$ 时的最大整流电压，$U_{d0} = \frac{3\sqrt{6}}{2\pi} U_2 = 1.17 U_2$，其余计算结果列于表 1.3。

1.5.3　三相半波感性负载可控整流电路

图 1.56 是电感电阻负载三相半波可控整流电路及波形图。由图可见，当 $\alpha \leqslant 30°$ 时，整流输出电压与电阻负载时完全相同。

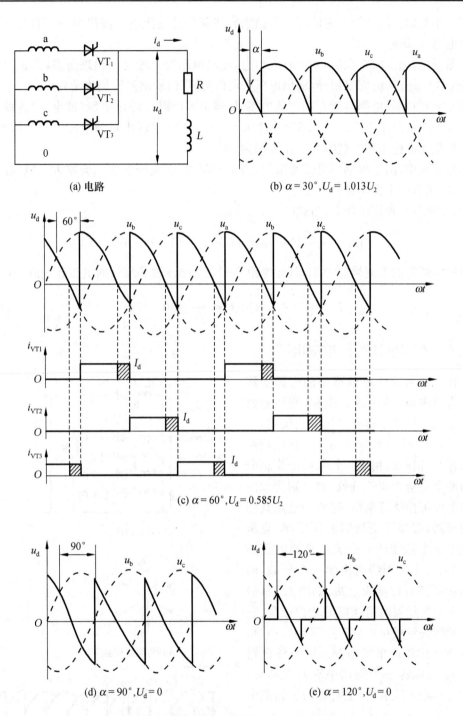

图 1.56 电阻电感负载三相半波可控整流电路

当 $\alpha > 30°$ 以后,如图 1.56(c),$\alpha = 60°$ 时,设 a 相 VT$_1$ 导通,输出 $u_d = u_a$;当 u_a 过零变负后,由于负载中有足够大的电感存在,因此 VT$_1$ 的电流 i_{VT_1} 仍将继续,只是它由电源 a 相转而由负载电感提供电流,直至 VT$_2$ 导通,输出 $u_d = u_b$。由于 VT$_2$ 导通,将 VT$_1$ 关断,VT$_1$ 的电流 i_{VT_1} 中止,负载电流由电感提供转为 b 相提供,晶闸管 VT$_2$ 开始流过电流。其后的过程与 a 相相似。晶闸管电流波形中未画阴影线部分的电流由电源提供，画阴影线部分的电流由电感 L 提供。

由图可见，当 $\alpha > 30°$ 以后，由于存在电感，输出电压有一段时间出现负值，当 $\alpha = 90°$（见图 1.56(d)），u_d 正、负面积相等，输出电压平均值为零（但输出波形仍连续）。

当 $\alpha > 90°$ 以后，电路尽管有很大的电感量，但也不能维持输出电压（或电流）连续，而且输出电压平均值总是为零。图 1.56(e) 画出了 $\alpha = 120°$ 时的输出整流电压波形。因此三相半波可控整流电路电感负载时的移相范围为 $90°$。

实际装置中，由于电感不可能无限大，当 $\alpha \geqslant 90°$ 时，正电压的面积会略大于负电压的面积，输出电压有一个微小数值。

当 $\alpha \leqslant 90°$ 时，整流电压 U_d 与式(1.33)相同：

$$U_d = \frac{3\sqrt{6}}{2\pi} U_2 \cos\alpha = U_{d0} \cos\alpha = 1.17 U_2 \cos\alpha$$

流过晶闸管的电流幅值为 I_d，其导电角 $\theta = 120°$，则流过晶闸管的电流有效值为：

$$I_{VT} = \sqrt{\frac{1}{2\pi} \int_0^{\frac{2\pi}{3}} I_d^2 \, d\omega t} = \frac{I_d}{\sqrt{3}} = 0.577 I_d \tag{1.38}$$

1.5.4　六相半波可控整流电路

三相半波可控整流电路中的电源变压器流过直流电流，易使铁心饱和，变压器效率差。如果变压器副边有二组三相绕组，一组为 a_1、b_1、c_1，另一组为 a_2、b_2、c_2，两组绕组相电压相等，但极性相反。如果两个绕组分别供给两个完全相同的负载，则分别构成两个三相半波可控整流电路，这两个电路共用一个变压器，提高了变压器使用效率，克服了三相半波电路变压器中流过直流电流的缺点；如果两个三相绕组供给一个负载，即构成六相半波可控整流电路，如图 1.57(a) 所示。因为变压器两组绕组的相位相反，它们的相量图矢量相反（见图 1.57(b)），六相半波电路又称双反星形电路。因为该电路的输出 u_d 在电源一个周期中有六次脉动，故又称为六相半波电路（也有称为三相双半波电路）。

对六个晶闸管编号 $VT_1 \sim VT_6$ 如图1.57(a) 所示，各相电压瞬时波形如图 1.57(c)示。显然相电压 u_{a1} 的相角 $60°$ 处是 a_1 相 VT_1 晶闸管的 $\alpha = 0°$ 处，设 VT_1 的触发延迟角 $\alpha = 30°$，其余各晶闸管触发脉

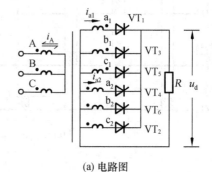

(a) 电路图

(b) 两组绕组相量图

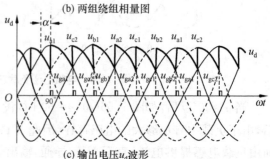

(c) 输出电压 u_d 波形

图 1.57　六相半波可控整流电路

冲按 TV1~VT$_6$ 顺序依次相位差 60°。

当 $\omega t = 90°$，u_{ga1} 触发 VT$_1$ 使其导通，输出电压 $u_d = u_{a1}$；VT$_1$ 导通 60° 后，u_{gc2} 触发 VT$_2$，这时 $u_{c2} > u_{a1}$ 使 VT$_2$ 正向偏置而导通，VT$_2$ 导通使 VT$_1$ 关断，输出电压 $u_d = u_{c2}$；以后顺序触发 VT$_3$~VT$_6$ 而得到输出 u_d 波形(见图 1.57(c))，由于相电压 u_{a1} 与 u_{a2} 分别在正半周与负半周工作，因此变压器相电流是交流电，波形连续时输出平均电压：

$$U_d = \frac{1}{2\pi/6}\int_{\frac{\pi}{3}+\alpha}^{\frac{2\pi}{3}+\alpha} \sqrt{2}U_2 \sin\omega t \, d\omega t = \frac{3\sqrt{2}}{\pi}U_2 \cos\alpha = 1.35U_2\cos\alpha \qquad (1.39)$$

有关其他计算读者可自行分析。

该电路主要用于低电压大电流场合，如电解、电镀加工，它与桥式整流相比，节省了一个开关器件的功耗。

1.6　三相桥式可控整流电路

三相半波电路其变压器二次侧有直流电流分量流过，每相只有 1/3 周期导电，变压器利用率较低。所以在较大功率时(如 100 kW)均应用三相桥式(three-phase bridge)整流电路，即三相全波整流电路。

1.6.1　共阴极接法与共阳极接法

为了了解三相桥式电路的形成。我们先分析一下三相半波电路的两种接法：

上节讨论的三相半波可控整流电路，三只晶闸管的阴极接在一起与负载相连，输出电压 u_d 相对于变压器公共点"0"是正输出电压，这种接法称为共阴极接法，又称为共阴极正组整流电路。如果将三只晶闸管阳极接在一起，与负载相连，这种接法称共阳极接法，又称为共阳极负组整流电路。这两种接法的电路及电压波形如图 1.58 所示。晶闸管只有阳极电位高于阴极电位时才能触发导通，在共阳极接法时，因为三个阳极接在一起，换相时就要看哪一相阴极电位最低。如图 1.58(b)中，设 b 相晶闸管 VT$_6$ 导通，在 ωt_1 时刻对晶闸管 VT$_2$ 门极施加脉冲，由于 c 相最负，则 b 相换流到 c 相，由 c 相 VT$_2$ 的导通使在 b 相的 VT$_6$ 承受反压而关断；依次，在 ωt_2 处 c 相换流到 a 相。可见共阳极接法电路工作在交流相电压的负半波，因此共阳极接法输出相对于变压器公共点"0"是负电压，其负载电流 i_{d2} 在公共零线上的流向与共阴极组的负载电流 i_{d1} 相反。共阳极接法的输出电压和电流的计算公式与共阴极接法相同。

1.6.2　三相全控桥式整流电路

1) 三相全控桥式整流电路的形成

在图 1.58 中，如果把共阴极正组整流电路与共阳极负组整流电路串联起来，即"0"点连起来，变压器共用一个二次侧绕组(对应 a 点、b 点和 c 点分别为 a-a、b-b、c-c 连接起来)；如果负载电阻 $R_1 = R_2$，则负载电流 $I_{d1} = I_{d2}$，且流向相反，因此零线上的平均电流为零。这样零线就变得多余而可以取消。取消零线后的两个三相半波电路的串联就形成三相全控桥式电路，如图 1.58(c)所示。

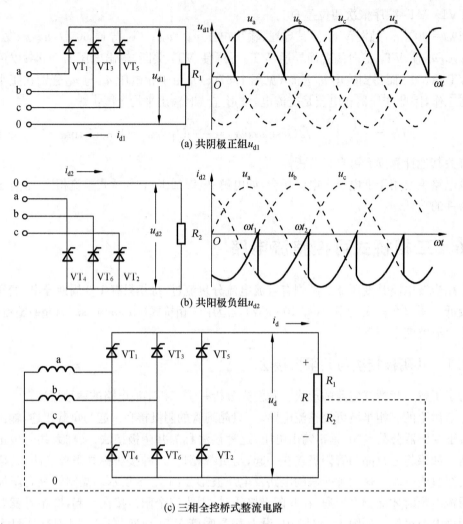

(a) 共阴极正组u_{d1}

(b) 共阳极负组u_{d2}

(c) 三相全控桥式整流电路

图 1.58 三相全控桥式电路的形成

2) 三相全控桥式整流电路工作原理

两个三相半波可控整流电路串联形成了三相全控桥式整流电路,但由于零线的取消,电流回路发生了变化,电路工作情况与三相半波情况不同。

为了分析方便,设 $\alpha = 0°$,即讨论在自然换流点换流时各晶闸管的工作过程。电路中晶闸管按其导通顺序编号:如图 1.59(a)所示。对相电压波形按其自然换流点在一周期内分为 6 等份,在图 1.59(b)中以①～⑥段表示。

在①段时间内:

图 1.59(b)表示①段时间为 $\omega t = 30° \sim 90°$ 区间,占 60° 相角。由于是共阴极组与共阳极组相串联,因此,总是共阴极正组的一只晶闸管与共阳极负组的一只晶闸管同时导通才能形成电流回路,为了保证在合闸后或在电流断续时能形成电流回路,必须对共阴极组和共阳极组该导通的晶闸管同时施加门极触发脉冲。图 1.59(c)画出门极脉冲波形。门极脉冲可用宽度大于 60° 的宽脉冲,它使相邻两晶闸管同时存在触发脉冲,可以保证电流回路的形成;或者用双窄脉冲触发,即对每一晶闸管一周期内触发两次,其间隔相差 60°,这也可使同一

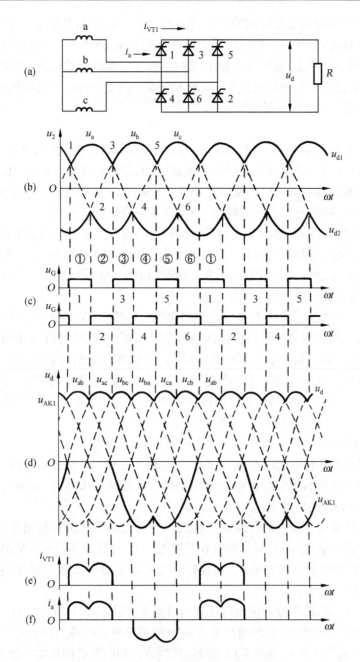

图 1.59　电阻负载三相全控桥式整流电路

时刻有两个晶闸管受到触发,以保证电流回路的形成。

设在①段时间开始 $\omega t = 30°$ 时,将门极触发脉冲送至晶闸管 6 和晶闸管 1,由于共阴极正组这时 a 相电位最高,共阳极负组这时 b 相电位最低,因此,共阴极正组 a 相晶闸管 1 导通,共阳极负组 b 相晶闸管 6 导通,a 相电流 i_a 经晶闸管 1→负载 R→晶闸管 6→b 相形成回路,输出电压 $u_d = u_{ab}$(u_{ab} 为变压器二次侧线电压),电流 $i_a = u_{ab}/R$,晶闸管 1 端电压 $u_{AK1} = 0$,一直到①段时间结束为止。

在②段时间内:

①段时间的结束即为②段时间的开始,其 $\omega t = 90°$。在这时,共阴极组 a 相电压仍是正,晶闸管 1 仍保持导通,但共阳极组电位最负的已不是 b 相,而转为 c 相,这时对 c 相晶闸管 2 触发,则 c 相晶闸管 2 导通,电流从 b 相换到 c 相,由于 c 相晶闸管 2 的导通将 b 相晶闸管 6 关断,这时电流通路为 a 相→晶闸管 1→负载 R→晶闸管 2→c 相,输出电压 $u_d = u_{ac}$,a 相电流 $i_a = u_{ac}/R$,晶闸管 1 端电压仍是零。

在③段时间内:

共阴极组 b 相电位最高,在自然换流点,即 $\omega t = 150°$,对 b 相晶闸管 3 触发后,b 相晶闸管 3 导通,由于晶闸管 3 的导通使晶闸管 1 关断,晶闸管 1 承受反压 u_{ab},a 相电流 i_a 中断,电流从 a 相换到 b 相。这时共阳极负组电位仍是 c 相最低,c 相晶闸管 2 继续导通,因此输出电压 $u_d = u_{bc}$。电流回路为 b 相→晶闸管 3→负载 R→晶闸管 2→c 相。

依此类推,在每一个 60°区间,一组继续导通,另一组开始换流。重复上述过程。

根据上述①~⑥六段时间的讨论,输出电压 u_d、晶闸管 1 端电压 u_{AK1} 波形示于图 1.59(d)中,流过晶闸管 1 的电流 i_{VT_1} 及变压器 a 相绕组电流 i_a 分别示于图 1.59(e)、(f)。

从图 1.59 波形图可以得出下列结论:

(1) 对触发脉冲宽度及相位的要求是门极触发脉冲需大于 60°的宽脉冲或间隔 60°的双窄脉冲。共阴极正组每只晶闸管门极脉冲相位差为 120°,共阳极组每只晶闸管门极脉冲相位差亦为 120°;接在同一相绕组上的两只晶闸管门极脉冲相位差为 180°(如 a 相上的晶闸管 1 和 4),如果按图 1.59(a)电路中晶闸管管号来排列门极触发脉冲的顺序,则门极触发脉冲的顺序正好是 1-2-3-4-5-6,相邻顺序门极脉冲相位差 60°(这正是三相全控桥式电路中晶闸管元件按图 1.59(a)中的方法编号的道理)。

(2) 电流连续时每一只晶闸管在一周期内导通 120°,阻断 240°。

(3) 变压器二次侧相电流不存在直流分量,克服了三相半波电路的缺点。

(4) 每一只晶闸管承受的最大电压为变压器二次侧线电压峰值,如果电路直接由电网供电,就是供电电源线电压峰值。

(5) 三相全控桥式整流电路负载电压(电流)的获得必须有两只晶闸管同时导通,其中一只晶闸管在共阴极正组,另一只晶闸管在共阳极负组,而且这两只导通的晶闸管不在同一相内,因此负载上的电压是两相电压之差,即线电压。输出电压脉动频率是电源频率的 6 倍,即一周期内有 6 次脉动。

当延迟角 $\alpha > 0$ 时,晶闸管的换流将从自然换流点延迟 α 角,分析方法与 $\alpha = 0°$ 时相类似。我们从图 1.59 的分析中看到,虽然输出电压 u_d 波形可以根据电路图和相电压波形图分析得到。但是实际上,输出电压 u_d 是由不同的线电压构成,因此,直接用线电压波形来进行分析,不仅方便,且分析结果符合实际,线电压 u_d 波形可以从示波器显示屏上直接观察到。

如图 1.59(b)所示,自然换流点在相电压交点处,当用线电压分析时,自然换流点在各线电压的 60°相角处(见图 1.59(d)),两者的自然换流点均在同一时刻。当 $\alpha = 0°$ 时,六个晶闸管在线电压 u_{ab}、u_{ac}、u_{bc}、u_{ba}、u_{ca}、u_{cb} 的交点处依次换流;当 $\alpha > 0°$ 时,晶闸管在线电压 u_{ab}、u_{ac}、u_{bc}、u_{ba}、u_{ca}、u_{cb} 的自然换流点后延迟 α 角处依次换流。在 u_{ab} 到 u_{cb} 顺序排列的六个线电压中,它们的相位差按顺序各相差 60°,我们用线电压分析 u_d 波形时,可不必记住这些下标,只要首选其中一个线电压的 60°$+\alpha$ 处开始导通,导通后 60°处向后一个相位差 60°的线电压高的换流,依此类推,电阻负载时,在线电压大于零时得到整流输出;线电压小于零时,两晶闸管阻断而输出为零。线电压在换流时，由线电压低的换流给线电压高的。

图 1.60 画出了 $\alpha=30°$、$60°$、$90°$ 电阻负载时线电压 u_L 的输出波形 u_d，由此可见：$\alpha=60°$ 是电阻负载电流连续和断续的分界；$\alpha=120°$，输出 $u_d=0$，所以电阻负载时移相范围为 $120°$。

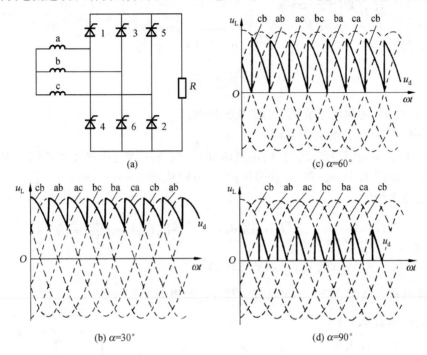

图 1.60 $\alpha=30°$、$60°$、$90°$ 时的输出电压 u_d

3）电阻负载时数量计算

三相全控桥式电路 $\alpha=60°$ 是波形连续和断续的分界，因此，求输出电压的平均值，要分两种情况进行：

（1）当 $0°\leqslant\alpha\leqslant60°$ 波形连续时

取如图 1.61(a)所示计算坐标，在 $60°$ 范围内积分限为 $(60°+\alpha)\sim[(60°+\alpha)+60°]$，设变压器二次侧绕组相电压有效值为 U_2，则整流电压的平均值 U_d 为：

$$U_d = \frac{1}{\pi/3}\int_{\frac{\pi}{3}+\alpha}^{\frac{2\pi}{3}+\alpha} \sqrt{6}U_2\sin\omega t \,\mathrm{d}\omega t$$

$$= \frac{3\sqrt{6}}{\pi}U_2\cos\alpha = 2.34U_2\cos\alpha \qquad (1.40)$$

式(1.40)正好是三相半波可控整流电路输出电压的 2 倍(见式(1.33))。应该注意到式(1.33)在 $\alpha\leqslant30°$ 时成立，而式(1.40)在 $\alpha\leqslant60°$ 时成立。

流过晶闸管的电流有效值：

$$I_{VT} = \sqrt{\frac{2}{2\pi}\int_{\frac{\pi}{3}+\alpha}^{\frac{2\pi}{3}+\alpha}\left(\frac{\sqrt{6}U_2}{R}\sin\omega t\right)^2\mathrm{d}\omega t}$$

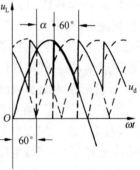

(a) $0°<\alpha<60°$

(b) $60°<\alpha<120°$

图 1.61 计算 U_d 的坐标图

$$= \frac{U_2}{R}\sqrt{1 - \frac{3}{2\pi}[\sin(\frac{4\pi}{3} + 2\alpha) - \sin(\frac{2\pi}{3} + 2\alpha)]}$$

$$= \frac{U_2}{R}\sqrt{1 + \frac{3\sqrt{3}}{2\pi}\cos 2\alpha} \tag{1.41}$$

当 $\alpha = 0°$ 时，$\quad I_{VT} = \frac{U_2}{R}\sqrt{1 + \frac{3\sqrt{3}}{2\pi}} = 1.35\frac{U_2}{R}$

则 $\quad\quad\quad\quad\quad\quad \frac{I_{VT}}{I_{d0}} = \frac{1.35U_2/R}{2.34U_2/R} = 0.577$

I_{d0} 为 $\alpha = 0°$ 时，电阻负载情况下的平均输出电流。

（2）当 $60° < \alpha \leqslant 120°$ 波形断续时

在 α 大于 $60°$ 而小于 $120°$ 区间，输出电流断续，在每一线电压的正半周结束时，电流中止。计算坐标取图 1.61(b)，在 $60°$ 积分区间，积分限从 $(60° + \alpha) \sim 180°$。

输出电压平均值：

$$U_d = \frac{1}{\pi/3}\int_{\frac{\pi}{3} + \alpha}^{\pi}\sqrt{6}U_2\sin\omega t\,\mathrm{d}\omega t = \frac{3\sqrt{6}}{\pi}U_2[1 + \cos(\frac{\pi}{3} + \alpha)]$$

$$= 2.34U_2[1 + \cos(\frac{\pi}{3} + \alpha)] \tag{1.42}$$

流过晶闸管电流有效值的计算不再重复。其计算结果列于表 1.3 中。

4）电感性负载

负载中存在有较大电感时，电感中将有能量的储存和释放，其分析方法与三相半波可控整流电路相仿。在三相全控桥式整流电路用线电压进行波形分析时，当 $\alpha \leqslant 60°$ 时，由于波形连续，且在线电压的正半波，故电感负载的 u_d 波形与电阻负载波形完全一样。

当 $\alpha > 60°$ 以后，在电阻负载时输出电压断续，电流中断。但在电感负载情况下，电感中感应电势存在，当线电压进入负半波后，电感中的能量维持电流流通，晶闸管继续导通，直至下一个晶闸管的导通才使前一个晶闸管关断。这样，当 $\alpha > 60°$ 时，电流仍将连续；当 $\alpha = 90°$ 时，整流电压的正负半波相等，输出电压平均值为零，因此电感负载时移相范围是 $90°$。

当 $\alpha > 90°$ 时输出电压仍为零，而且输出电压波形出现断续。

图 1.62 画出电感负载时，$\alpha = 90°$ 的输出电压 u_d 波形，图中"$+$"表示电感储能，"$-$"表示电感释放能量。对于电感负载，由于电

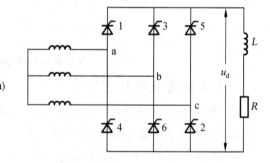

(a)

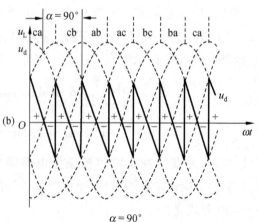

(b)

图 1.62　电阻电感负载三相全控桥式整流电路

注：在虚线间隔标"**ab**"为该间隔内实线
所示线电压 u_{ab}，其余类同

是连续的,且每只晶闸管导电角在一周期为 120°,显然在其移相范围内(0°≤α≤90°)其输出电压平均值 U_d 与式(1.40)相同,即 $U_d = 2.34U_2\cos\alpha$;输出电流可认为平直,负载电流为 I_d,则流过晶闸管的电流有效值 I_{VT} 为:

$$I_{VT} = \frac{I_d}{\sqrt{3}} = 0.577I_d \tag{1.43}$$

变压器二次侧电流有效值 I_2 为:

$$I_2 = \frac{\sqrt{2}}{\sqrt{3}}I_d = 0.816I_d \tag{1.44}$$

【例 1.4】 试设计一直流电源主电路,其输出幅值最大 400 V 可调,负载电流为 200 A。①选择主电路;②选择晶闸管元件额定电压与额定电流;③计算变压器容量。

解 ① 负载功率 $P = 400 \times 200 = 80\ 000\ W = 80\ kW$,因为负载功率较大,选择三相全控桥主电路(见图 1.59(a))。

② 考虑电源电压有波动,为能在电路电压欠压时仍有最大输出 $u_d = 400\ V$,设定在 $\alpha = 30°$ 时输出达 400 V,则

$$U_2 = \frac{u_d}{2.34\cos\alpha} = \frac{400}{2.34\cos30°} = 197.38\ V,取整数\ U_2 = 198\ V。$$

晶闸管额定电压 $\sqrt{6}U_2 = \sqrt{6} \times 198 = 485\ V$,取 2～3 倍的电压安全储备并考虑晶闸管电压系列取额定电压为 1 000 V,(1 000＞485×2)。晶闸管额定电流 $I_T = \frac{K_f I_d}{1.57} = \frac{\frac{\sqrt{3}}{3} \times 200}{1.57} = 73.5\ A$,若考虑 2 倍电流安全储备并考虑晶闸管电流系列,取 $I_T = 200\ A(200＞73.5 \times 2)$。

③ 变压器容量 $S = 3U_2 I_2 = 3 \times 198 \times 163.3 = 97\ 000\ V \cdot A = 97\ kV \cdot A$

$$I_2 = \sqrt{\frac{2}{3}}I_d = \sqrt{\frac{2}{3}} \times 200 = 163.3\ A$$

以上计算是认为负载为电感性;若电阻负载,只是在计算晶闸管额定电流时 K_f 取值不同:当电阻负载时,$\alpha = 30°$,

$$K_f = \frac{\pi}{3\cos\alpha}\sqrt{\frac{1}{\pi}\left(\frac{\pi}{6} + \frac{\sqrt{3}\cos2\alpha}{4}\right)} = \frac{\pi}{3\cos30°}\sqrt{\frac{1}{\pi}\left(\frac{\pi}{6} + \frac{\sqrt{3}\cos60°}{4}\right)} = 0.587$$

$$I_T = \frac{k_f I_d}{1.57} = \frac{0.587 \times 200}{1.57} = 74.8\ A$$

以上计算结果相差很小,说明这两种负载主电路设计相差不大。

注意,在本例 400 V 直流输出中,由于变压器容量较大,在工业运行中,有时为了节约成本,也可不用变压器,而直接从三相电交流输入。此时的运行情况为:

交流输入为三相相电压 220 V,则

$$\cos\alpha = \frac{400}{2.34U_2} = \frac{400}{2.34 \times 220} = 0.777$$

$$\alpha_{min} = 39°$$

此 $\alpha_{\min}=39°$,对运行功率因数有些影响,这并不是主要的。主要是运行设备的主电路与电网相线(火线)直接相连,缺乏与相线的电隔离,这时的主电路与控制电路及机框之间必须有电隔离,而且在检查和测试主电路时,其仪器设备必须考虑这一情况,否则将会发生相线短路事故,甚至危及操作人员生命安全,发生触电事故,这是节省变压器带来的弊端,需要两方面权衡利弊。

1.6.3　三相半控桥式整流电路

将三相全控桥式整流电路中一组晶闸管用三只整流二极管取代,就构成三相半控桥式整流电路。三相半控桥式整流电路的输出电压只要控制三相桥式一组晶闸管(三只)即可,因此,它的控制要比全控简单,三相半控桥式整流电路在直流电源设备中用得较多。与单相半控桥式整流电路一样,一组整流用的二极管在电感负载时兼有续流二极管的作用。

图 1.63(a)为电路图,其中三个晶闸管的阴极连在一起是共阴极正组,三个二极管的阳极连在一起是共阳极的负组,整个电路是一个可控的共阴极组与一个不可控的共阳极组相串联的组合。

三相半控桥式整流电路波形分析,可利用相电压分析可控组的换流。另一组(二极管组成的共阳极负组)不可控,它总是在自然换流点换流,这样就可从相电压对应的线电压上得到输出整流电压的波形。如图 1.63(b)实线所示:上方为相电压的波形,下方为对应的线电压波形,共阳极组不可控,它总是在自然换流点换流,如相电压负包络线(实线画出)所示;共阴极组在相应晶闸管承受正偏压、门极脉冲到来时换流。图示实线为 $\alpha=30°$ 时的换流波形,a 相晶闸管 VT_1 在 $\omega t=60°(\alpha=30°)$ 时导通,在其后的 $30°$ 导电角范围内,VT_1 和 VD_2 导通,负载得到 u_{ab} 电压;当 $\omega t=90°$ 时,由于在自然换流点处二极管 VD_2 换流给 VD_3,而晶闸管 VT_1 继续导通,故在其后区间负载电压为 $u_d=u_{ac}$,直至晶闸管 VT_1 换流。其后过程分析类似,于是在线电压波形上得到 u_d 输出波形。

从波形分析可以看出:

(1) 三只晶闸管的触发脉冲相位各差 $120°$;

(2) $\alpha=60°$ 是输出电压连续和断续的分界,当 $\alpha\geqslant60°$ 整流电压的脉动一周期内只有三次;

(3) 当 $\alpha=180°$ 时,输出电压 $u_d=0$,因此移相范围为 $180°$。

对于三相半控桥式整流电路输出电压的计算可仿照三相全控桥式整流电路的计算方法,分连续波和断续波两种情况,但其计算结果相同,均为:

$$U_d=1.17U_2(1+\cos\alpha)\qquad(0°\leqslant\alpha\leqslant180°)\qquad(1.45)$$

当负载接有电感时,就会有电感的储存和释放能量问题,这时当线电压由零变负后,由于负载电感中能量的释放使导通的晶闸管不能关断,负载电流由导通晶闸管与同一相上的整流二极管形成闭合回路,而不像全控桥那样经过电源,即半控电路本身有续流作用,与单相半控桥式整流电路一样,电感中储能的释放通过自身电路而不经过电源变压器。因此,在输出电压连续时,电感负载与电阻负载时输出电压相同;在输出电压断续时,负载电压没有

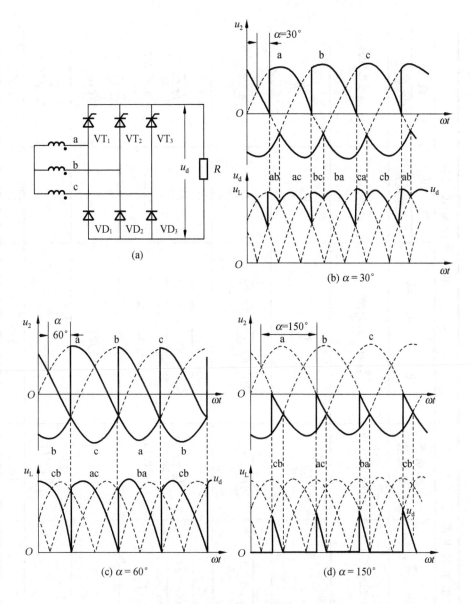

图 1.63　电阻负载三相半控桥式整流电路

负半波出现，电感负载与电阻负载时的输出电压也相同。

　　电感负载、波形连续时，晶闸管和二极管在同一周期内均导通120°，但是，如果突然失去门极脉冲，也会像单相半控桥式整流电路一样，发生失控现象，整流输出失去控制，且导通的晶闸管很可能因过热而损坏。因此，为了防止失控现象，一般仍另接续流二极管。

　　电感负载时输出整流电压的计算与电阻负载相同。

　　表1.3列出单相和三相几种电路中的一些数量关系，供比较和查阅。

表 1.3　单相和三相几种电路中的一些计算公式

参　数	单相半波电路		单相全控桥式电路		
	电 阻 负 载	电感负载有续流管	电 阻 负 载	电 感 负 载（无续流管）	电 感 负 载（有续流管）
整流电压平均值 U_d	$0.45U_2\,\dfrac{1+\cos\alpha}{2}$	$0.45U_2\,\dfrac{1+\cos\alpha}{2}$	$0.9U_2\,\dfrac{1+\cos\alpha}{2}$	$0.9U_2\cos\alpha$	$0.9U_2\,\dfrac{1+\cos\alpha}{2}$
整流电流平均值 I_d	$\dfrac{U_d}{R}$	$\dfrac{U_d}{R}$	$\dfrac{U_d}{R}$	$\dfrac{U_d}{R}$	$\dfrac{U_d}{R}$
可控硅电流有效值 I_{VT}	$\dfrac{U_2}{R}\sqrt{\dfrac{1}{4\pi}\sin2\alpha+\dfrac{\pi-\alpha}{2\pi}}$	$\sqrt{\dfrac{\pi-\alpha}{2\pi}}$	$\dfrac{U_2}{R}\sqrt{\dfrac{1}{4\pi}\sin2\alpha+\dfrac{\pi-\alpha}{2\pi}}$	$\dfrac{I_d}{\sqrt{2}}$	$\sqrt{\dfrac{\pi-\alpha}{2\pi}}\,I_d$
$\dfrac{I_{VT}}{I_d}$	$\sqrt{\dfrac{\dfrac{\pi}{2}\sin2\alpha+\pi(\pi-\alpha)}{1+\cos\alpha}}$ $\alpha=0,\ 1.57$	$\sqrt{\dfrac{\pi-\alpha}{2\pi}}$ $\alpha=0,\ 0.707$	$\sqrt{\dfrac{\dfrac{\pi}{2}\sin2\alpha+\pi(\pi-\alpha)}{2(1+\cos\alpha)}}$ $\alpha=0,\ 0.785$	$\dfrac{\sqrt{2}}{2}$ $\alpha=0,\ 0.707$	$\sqrt{\dfrac{\pi-\alpha}{2\pi}}$ $\alpha=0,\ 0.707$
交流侧相电流有效值 I_2	I_{VT}	I_{VT}	$\sqrt{2}\,I_{VT}$	I_d	$\sqrt{2}\,I_{VT}$
续流管电流有效值 I_{VD}	—	$\sqrt{\dfrac{\pi+\alpha}{2\pi}}\,I_d$	—	—	$\sqrt{\dfrac{\alpha}{\pi}}\,I_d$
移相范围 φ	180°	180°	180°	90°	180°

续表 1.3

参数	单相半控桥式电路			三相半控桥式电路		
	电阻负载	电感负载		电阻负载	电感负载	
		无续流管	有续流管		无续流管	有续流管
U_d	$0.9U_2\dfrac{1+\cos\alpha}{2}$	$0.9U_2\dfrac{1+\cos\alpha}{2}$	$0.9U_2\dfrac{1+\cos\alpha}{2}$	$1.17U_2(1+\cos\alpha)$	$1.17U_2(1+\cos\alpha)$	$1.17U_2(1+\cos\alpha)$
I_d	$\dfrac{U_d}{R}$	$\dfrac{U_d}{R}$	$\dfrac{U_d}{R}$	$\dfrac{U_d}{R}$	$\dfrac{U_d}{R}$	$\dfrac{U_d}{R}$
I_{VT}	$\dfrac{U_2}{\sqrt{2}R}\sqrt{\dfrac{\dfrac{\pi}{2}\sin2\alpha+\pi(\pi-\alpha)}{2(1+\cos\alpha)}}$	$\dfrac{I_d}{\sqrt{2}}$	$\sqrt{\dfrac{\pi-\alpha}{2\pi}}I_d$	$\alpha<60°$　$\dfrac{\sqrt{6}U_2}{R}\sqrt{\dfrac{1}{2\pi}\left[\dfrac{\pi}{3}+\dfrac{\sqrt{3}}{4}(1+\cos2\alpha)\right]}$ $\alpha\geqslant60°$　$\dfrac{\sqrt{6}U_2}{R}\sqrt{\dfrac{1}{2\pi}\left(\dfrac{\pi-\alpha}{2}+\dfrac{\sin2\alpha}{4}\right)}$	$\dfrac{I_d}{\sqrt{3}}$	$\alpha<60°$　$\dfrac{I_d}{\sqrt{3}}$ $\alpha\geqslant60°$　$\sqrt{\dfrac{\pi-\alpha}{2\pi}}I_d$
$\dfrac{I_{VT}}{I_d}$	$\alpha=0,\ 0.785$	$\dfrac{\sqrt{2}}{2}$ $\alpha=0,\ 0.707$	$\sqrt{\dfrac{\pi-\alpha}{2\pi}}$ $\alpha=0,\ 0.707$	$\alpha<60°$　$\dfrac{2\pi}{3(1+\cos\alpha)}\sqrt{\dfrac{1}{2\pi}\left[\dfrac{\pi}{3}+\dfrac{\sqrt{3}}{4}(1+\cos2\alpha)\right]}$　$\alpha=0,\ 0.578$ $\alpha\geqslant60°$　$\dfrac{2\pi}{3(1+\cos\alpha)}\sqrt{\dfrac{1}{2\pi}\left(\dfrac{\pi-\alpha}{2}+\dfrac{\sin2\alpha}{4}\right)}$	$\dfrac{\sqrt{3}}{3}$	$\alpha<60°,\ \dfrac{\sqrt{3}}{3}$ $\alpha\geqslant60°,\ \sqrt{\dfrac{\pi-\alpha}{2\pi}}$ $\alpha=0°,\ \dfrac{\sqrt{3}}{3}$
I_2	$\sqrt{2}I_{VT}$	$\sqrt{\dfrac{\pi-\alpha}{\pi}}I_d$	$\sqrt{2}I_{VT}$	$\sqrt{2}I_{VT}$	$\alpha<60°,\ \sqrt{2}I_{VT}$, $\alpha>60°$, $\sqrt{\dfrac{\pi-\alpha}{\pi}}I_d$	$\sqrt{2}I_{VT}$
I_{VD}	—	—	$\sqrt{\dfrac{\alpha}{\pi}}I_d$	—	—	$\sqrt{\dfrac{3(\alpha-60°)}{2\pi}}I_d$
φ	$180°$	$180°$	$180°$	$180°$	$180°$	$180°$

续表 1.3

参数	三相半波可控整流电路 电阻负载	三相半波可控整流电路 电感负载 无续流管	三相全控桥式电路 电阻负载	三相全控桥式电路 电感负载 无续流管
U_d	$\alpha < 30°,\ 1.17U_2\cos\alpha$ $\alpha > 30°,\ 0.675U_2[1+\cos(30°+\alpha)]$	$1.17U_2\cos\alpha$	$\alpha < 60°,\ 2.34U_2\cos\alpha$ $\alpha > 60°,\ 2.34U_2[1+\cos(60°+\alpha)]$	$2.34U_2\cos\alpha$
I_d	$\dfrac{U_d}{R}$	$\dfrac{U_d}{R}$	$\dfrac{U_d}{R}$	$\dfrac{U_d}{R}$
I_{VT}	$\alpha \leqslant 30°,\ \dfrac{U_2}{R}\sqrt{\dfrac{1}{\pi}\left(\dfrac{\pi}{3}+\dfrac{\sqrt3}{4}\cos2\alpha\right)}$ $\alpha > 30°,\ \dfrac{U_2}{R}\sqrt{\dfrac{1}{2\pi}\left[\dfrac{5\pi}{6}-\alpha+\dfrac{1}{2}\sin(\dfrac{\pi}{3}+2\alpha)\right]}$	$\dfrac{I_d}{\sqrt3}$	$\alpha \leqslant 60°,\ \dfrac{U_2}{R}\sqrt{1+\dfrac{3\sqrt3}{2\pi}\cos2\alpha}$ $\alpha > 60°,\ \dfrac{U_2}{R}\sqrt{2-\dfrac{3\alpha}{\pi}+\dfrac{3}{2\pi}\sin(\dfrac{2\pi}{3}+2\alpha)}$	$\dfrac{I_d}{\sqrt3}$
$\dfrac{I_{VT}}{I_d}$	$\alpha \leqslant 30°,\ \dfrac{2\pi}{3\sqrt6}$ $\alpha > 30°,\ \dfrac{2\pi\sqrt{\dfrac{1}{2\pi}\left[\dfrac{5\pi}{12}-\dfrac{\alpha}{2}+\dfrac{1}{4}\sin2(\dfrac{\pi}{6}+\alpha)\right]}}{3[1+\cos(\dfrac{\pi}{6}+\alpha)]}$ $\alpha = 0°,\ 0.587$	$\dfrac{\sqrt3}{3}$	$\alpha \leqslant 60°,\ \dfrac{\pi}{3\cos\alpha}$ $\alpha > 60°,\ \dfrac{\pi\sqrt{\dfrac{1}{\pi}\left[\dfrac{\pi}{6}-\dfrac{\alpha}{2}+\dfrac{1}{4}\sin(\dfrac{2\pi}{3}+2\alpha)\right]}}{3[1+\cos(\dfrac{\pi}{3}+\alpha)]}$ $\alpha = 0°,\ 0.577$	$\dfrac{\sqrt3}{3}$
I_2	I_{VT}	I_{VT}	$\sqrt2 I_{VT}$	$\sqrt2 I_{VT}$
I_{VD}				
φ	$150°$	$90°$	$120°$	$90°$

注：U_2 为变压器副方相电压有效值(V)。

1.6.4 三相桥式可控整流电路仿真

在 MATLAB 中搭建的三相全控桥式整流电路如图 1.64 所示。

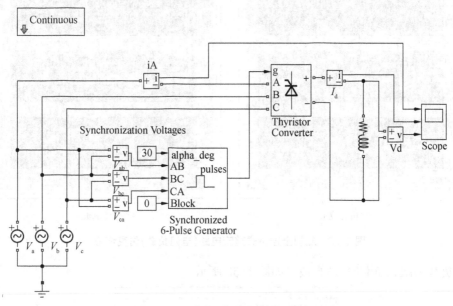

图 1.64 三相桥式全控整流仿真电路

参数设置：三相电源模块峰值 311 V，频率 50 HZ，A/B/C 三相相位分别为 0°、−120°、120°。触发脉冲模块选用 MATLAB 中自带的 Synchronized 6 - Pulse Generator，三相桥采用具有 3 个臂的 Universal Bridge。仿真时间设置为 1 s，触发角 α 分别设置为 0°、30°、60° 及 90°。负载为电阻，大小为 1 Ω。仿真中测量电源侧电流、负载侧电流及负载两端电压值，仿真结果如图 1.65 所示。

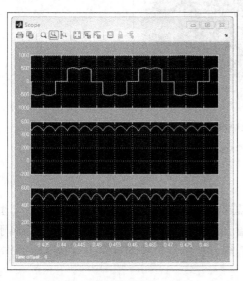

$\alpha = 0°$仿真波形

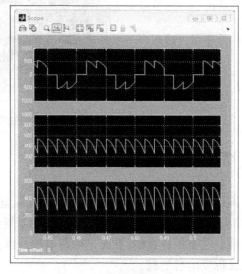

$\alpha = 30°$仿真波形

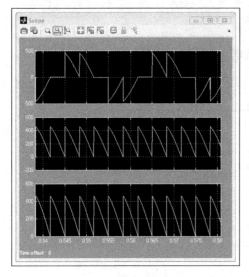
$\alpha=60°$仿真波形

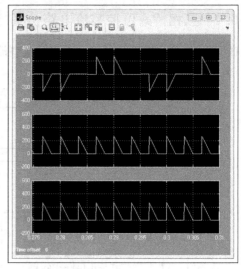
$\alpha=90°$仿真波形

图 1.65 三相全控桥式整流电路(电阻负载)仿真波形

当负载为阻感负载时,仿真波形如图 1.66 所示。

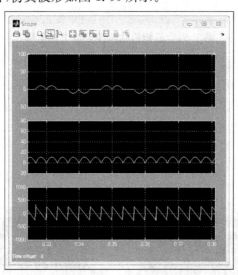

图 1.66 三相全控桥式整流电路(阻感负载)仿真波形

1.7 反电势负载

到目前为止,我们只考虑了电阻负载和电感性负载情况,这些都属于无源负载。事实上,除了无源负载外,还有有源负载,例如晶闸管充电机、晶闸管直流电动机调速等均属于有源负载。在有源负载中,被充电的蓄电池及调速电动机的反电势均有阻止负载电流的作用,所以又称反电势负载。

1.7.1　晶闸管整流电路反电势负载时的工作情况

前述已知,晶闸管整流电路输出电压与延迟角 α 及负载条件有关。现观察图 1.67 的单相桥式整流电路对蓄电池充电电路及其电流波形。

当负载存在反电势 E 时,电路工作情况又有所变化,即只有电源电压 u_2(图中虚线)大于反电势 E 时才有可能触发导通,在图示 δ 角范围内,电源电压 u_2 小于反电势 E,即使触发,晶闸管也不会导通,这相当于自然换流点后移 δ 角,而导电的终止却提前了 δ 角。δ 角由反电势 E 所决定,即

$$\delta = \arcsin \frac{E}{\sqrt{2} U_2} \tag{1.46}$$

因此,由于停止导电角 δ 存在,使晶闸管的导电角和移相范围均大大缩小,电流更易断续。

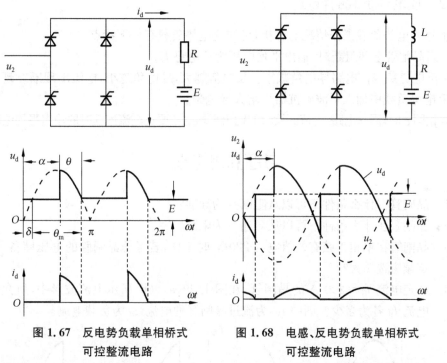

图 1.67　反电势负载单相桥式　　　　图 1.68　电感、反电势负载单相桥式
可控整流电路　　　　　　　　　　　可控整流电路

当晶闸管导通时,输出端电压仍是 $u_d = u_2$,而当电流断续,晶闸管阻断时,输出端电压 $u_d = E$,即为反电势电压,因此输出平均电压比电阻负载时高,其输出平均电压为:

$$U_d = E + \frac{1}{\pi} \int_{\alpha}^{\pi-\delta} (\sqrt{2} U_2 \sin\omega t - E) \mathrm{d}\omega t \tag{1.47}$$

当 $\alpha < \delta$ 时,如触发脉冲宽度小于 $\delta - \alpha$,则电路无法工作,如为宽脉冲触发,则总是在 $\alpha = \delta$ 处触发脉冲起作用,其最大输出平均电压为:

$$U_{dm} = E + \frac{1}{\pi} \int_{\delta}^{\pi-\delta} (\sqrt{2} U_2 \sin\omega t - E) \mathrm{d}\omega t = \frac{2\sqrt{2} U_2}{\pi} (\cos\delta + \delta\sin\delta) \quad (0° \leqslant \delta \leqslant 90°) \tag{1.48}$$

可见其最大输出平均电压 U_{dm} 与停止导电角 δ 有关。当 $\delta = 90°$,$U_{dm} = \sqrt{2} U_2$,即反电势 E 的

高度与供电电压峰值$\sqrt{2}U_2$相等的极限情况,实际上这时负载电流为零,电路已不能工作。因此,反电势越高,停止导电角δ越大,输出电压越高,电流断续情况越严重(导电角越小)。

为了改善电流导通情况,增加导电角,可在电路中串联平波电抗器,即变为电感、反电势负载。

图1.68为电感、反电势负载电路及其波形。晶闸管触发导通的情况与无电感时相同,但终止导通却不一样:当电源电压u_2大于反电势E触发导通后,电路形成电流,电感开始储存能量;当电源电压u_2低于反电势E后,由于电感中储存能量的释放,将维持其继续导通。当电流为零时,导电中止,输出电压$u_d=E$,等待下一个触发脉冲的到来,重复上述过程。可见,电感的加入使导电角增加,但输出整流电压将要降低。反电势值越小,导电角θ越大,当$\theta=\pi$时电流将连续;反之,反电势越大,导电角越小,到$E=\sqrt{2}U_2$时,导电角为零。

1.7.2　反电势负载的特点

从上述反电势负载工作情况的分析,可知反电势负载有如下特点:

(1) 当晶闸管全部阻断时,输出平均电压为反电势E。

(2) 反电势负载使电路导电角减小。反电势越大,导电角越小,电流出现断续现象越严重。在反电势负载中加入平波电抗器可增大导电角。

(3) 相同α时,同一电路,电流断续时的输出平均电压要比电流连续时的输出平均电压大。

习题和思考题

1.1　晶闸管在什么条件下可以从阻断变为导通?

1.2　晶闸管在什么条件下可以从导通变为阻断?

1.3　晶闸管在单相正弦有效值电压220 V时工作,若考虑晶闸管的电压储备,其电压定额应选多大?

1.4　额定电流$I_T=200$ A的晶闸管,在图1.69(a)、(b)所示电流波形中,所允许负载电流I_d各为多少?图中i_{VT}为流过晶闸管的电流,i_d为负载电流。

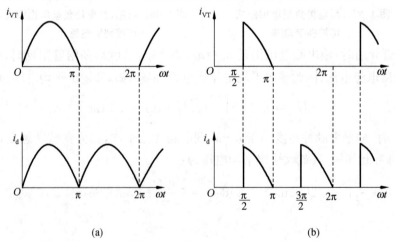

(a)　　　　　　　　　　　　　(b)

图1.69　习题1.4附图

1.5 晶闸管使用中能否超过其额定电流或额定电压? 为什么还要有储备?

1.6 图 1.70 为电阻电感负载直流开关电路,该晶闸管擎住电流 $I_L = 50$ mA,门极触发脉冲宽为 50 μs,其幅值足够,问:

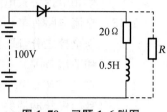
图 1.70 习题 1.6 附图

    (1) 门极触发后,晶闸管能否保持导通(R 未接)?

    (2) 要保持导通,R 的最大值是多少(晶闸管管压降不计)?

1.7 解释下列术语:

    (1) 自然换流点;

    (2) 触发延迟角;

    (3) 导通角。

1.8 说明图 1.71 中电位器 R_P 上、下移动,对输出 U_{BO} 大小的影响;画出 U_{AO}, U_{BO} 波形;若不接 VD_5 输出电压能否进行控制? 为什么?

1.9 单相全控桥式 R 负载电路,要求输出电压 30 V,输出电流 30 A,请问:

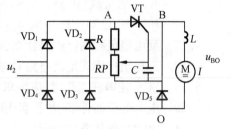
图 1.71 习题 1.8 附图

    (1) 直接由单相交流电源 220 V 供电,不用电源变压器,试计算电源容量及晶闸管电压和电流定额?

    (2) 由降压变压器供电,令电路工作在 $\alpha_{min} = 30°$,试计算变压器容量($S_2 = U_2 I_2$)及晶闸管电压和电流定额;

    (3) 对上述两种方法计算结果进行比较,你认为应采用哪种方法更好? 为什么?

1.10 图 1.72 为单相全控桥式带续流二极管 VD 的电阻电感负载电路,设电流 i_d 平直,画出在正弦电压供电 $\alpha = 60°$ 时,u_d、u_{AK}、i_{VT_1}、i_{VD}、i_2 之波形,并求出流过晶闸管电流有效值 I_{VT} 及流过续流二极管电流有效值 I_{VD} 的表达式;若阻值 $R = 10$ Ω,电源电压 $U_2 = 220$ V,试根据电路工作在 $\alpha = 60°$ 时,计算二极管及晶闸管定额(负载电流认为平直,电压、电流均取 2 倍余量)。

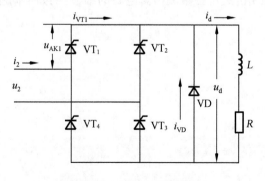
图 1.72 习题 1.10 附图

1.11 电感负载时,全控桥式与半控桥式中的续流二极管有什么作用? 有何同异之处?

1.12 图 1.73 为变压器有中心抽头的单相双半波(bi-phase half-wave)整流电路。画

出 u_d 及晶闸管端电压波形($\alpha=30°$);并与单相全控桥式电路比较其优缺点。

1.13　整流电路有单相和三相、半波和全波、半控与全控之分,试分析和比较它们的优、缺点和适用范围。

1.14　在三相半波可控整流电路中,若 a 相晶闸管门极脉冲消失,b、c 相正常,试绘出:

(1) $\alpha=30°$,电阻负载时输出电压 u_d 波形;

(2) $\alpha=30°$,电阻电感负载时输出电压 u_d 波形(设电流连续)。

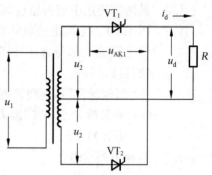

图 1.73　习题 1.12 附图

1.15　三相全控桥式电路、电阻负载,若送至电路 b 相 3 号晶闸管门极脉冲丢失(见图 1.60),其余五只晶闸管均正常,试画出当 $\alpha=30°$ 时输出电压 u_d 波形。

1.16　三相半控桥式整流电路,由三相变压器供电,要求负载电压 $U_d=220$ V,$I_d=400$ A,电阻负载,在 $\alpha=30°$ 时满足负载要求。试计算变压器容量及晶闸管电流、电压定额(已知:当 $\alpha=30°$ 时,$I_2/I_d=0.825$,I_2 为变压器二次侧相电流有效值)。

1.17　反电势负载的特点是什么?

1.18　三相全控桥式整流电路对触发脉冲的相位和宽度有什么要求?

1.19　SCR 在串联工作时,应力求哪些参数有一致性? 并联时应采取哪些措施?

1.20　电力电子器件串、并联运用时,为什么还要降额使用?

1.21　电力半导体器件需同时串、并联时,画出先串后并和先并后串的电路。为什么通常采用前者?

1.22　完成针对 MATLAB/SimPowerSystems 的仿真调研报告,包括软件简介、基本功能描述等。

1.23　针对带电阻电感负载的单相半波可控整流电路,用 MATLAB 实现仿真电路,并撰写仿真工作报告。

1.24　针对单相半控桥式整流电路,用 MATLAB 实现仿真电路,并与单相全控桥式整流电路进行比较分析。

1.25　详细分析三相桥式可控整流仿真电路的细节,例如不同触发角、不同负载下的仿真结果等。

2　变流器运行

第 1 章对单相和三相整流电路进行了分析和计算。为了分析方便,忽略了交流供电电源阻抗的影响,认为换流是瞬时进行的,且只讨论了交流电能向负载端直流电能的变换,即整流。本章我们分析既可工作在可控整流状态又可工作在有源逆变状态的变流器中交流供电电源阻抗的影响、谐波、电源的功率因数以及电能从直流负载端向交流供电端相反方向变换,即有源逆变等问题。

2.1　换流重叠角

实际的交流供电电源,总存在电源阻抗,如电源变压器的漏电感、铜导线电阻以及为了限制短路电流加上交流进线电抗等。当交流侧存在电抗时,在电源相线中的电流就不可能突变,换流时原导通相电流衰减到零需要时间,而导通相电流的上升也需要时间,即电路的换流不是瞬间完成,而是有一段换流时间。

为了突出感抗的影响,而且一般交流侧的感抗比它的电阻大得多,因此可以忽略其电阻的影响。

2.1.1　交流侧电感对三相不可控整流的影响

1) 换流重叠角(overlap angle)的产生

首先讨论三相半波不可控整流电路换流情况。图 2.1 为其电路及波形图。图 2.1(a)用戴维南定理将电源变压器二次侧三个绕组表示成它的等效电路:三相电源相电压为 u_a、u_b、u_c,电源各相电感为 L_2。另外,设负载电感足够大,使负载电流连续且平直。

第 1 章已讨论过,当 $L_2=0$ 时,换流应在自然换流点(相电压交点处)完成。现在不同,由于电源电感存在,在图 2.1(b)中,$\omega t=30°$ 时,c 相二极管 VD_3 要换流给 a 相二极管 VD_1,则 c 相电流 i_c 由 I_d 值开始衰减,然后到零;同时 a 相电流则从零开始上升直到 I_d。在这段时间里,二极管 VD_3、VD_1 同时导通,负载电流是这两相电流之和且为恒值,$I_d=I_a+I_c$。

这时,

$$u_d=u_a-L_2\frac{\mathrm{d}i_a}{\mathrm{d}t}$$

$$u_d=u_c-L_2\frac{\mathrm{d}i_c}{\mathrm{d}t}$$

将两式相加,

$$2u_d=u_a+u_c-L_2\left(\frac{\mathrm{d}i_a}{\mathrm{d}t}+\frac{\mathrm{d}i_c}{\mathrm{d}t}\right)$$

由于 $I_d=i_a+i_c=\mathrm{const}$,则

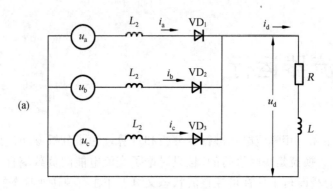

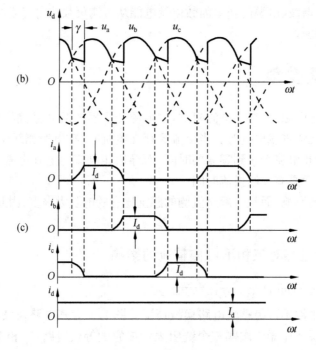

图 2.1　电路及波形图

$$\frac{\mathrm{d}i_a}{\mathrm{d}t}+\frac{\mathrm{d}i_c}{\mathrm{d}t}=\frac{\mathrm{d}(i_a+i_c)}{\mathrm{d}t}=0$$

$$u_d=\frac{1}{2}(u_a+u_c)$$

即换流期间,整流输出电压既不是 u_a 的一部分,也不是 u_c 的一部分,而是换流的两相电压之平均值,负载电压 u_d 波形如图 2.1(b)所示。可见换流期间,换流开始于要断流的那一相,且电流从负载电流值 I_d 开始衰减,同时导通相的电流由零开始增大;结束于要断流的相,电流减至零,同时导通相的电流增长至负载电流值 I_d。这种由于电源电感引起的换流时间所对应的电角度称为换流重叠角,用 γ 表示。换流重叠角 γ 是换流开始到换流过程结束所占的电角度。

2)换流重叠角的计算

换流两支路如图 2.2 所示。在换流期间,i_c 逐渐衰减,i_a 逐渐上升,由于 VD_1、VD_3 同时

导电,可认为有一回路电流 i 存在,该电流在 VD_1 支路 $i=i_a$,在 VD_3 支路 $i=I_d-i_c$。由图2.2(a)列回路方程:

$$u_a-u_c=L_2\frac{di}{dt}+L_2\frac{di}{dt} \tag{2.1}$$

式中,$u_a-u_c=u_{ac}$ 为 a、c 两相线电压,若相电压有效值为 U_2,则线电压最大值为 $\sqrt{6}U_2$,所以 $u_{ac}=\sqrt{6}U_2\sin\omega t$。在两个相电压交点处,$u_{ac}=0$,即线电压 u_{ac} 的 $\omega t=0$ 处,如图 2.2(b)所示,因而式(2.1)变为:

$$\sqrt{6}U_2\sin\omega t=2L_2\frac{di}{dt}$$

$$di=\frac{\sqrt{6}U_2}{2\omega L_2}\sin\omega t\,d\omega t$$

两边积分:

$$\int_0^i di=\int_0^{\omega t}\frac{\sqrt{6}U_2}{2x_2}\sin\omega t\,d\omega t$$

得

$$i=\frac{\sqrt{6}U_2}{2x_2}(1-\cos\omega t) \tag{2.2}$$

式中 $x_2=\omega L_2$ 为交流侧感抗。式(2.2)就是在自然换流点换流时相电流上升的变化规律;电流衰减的规律则为 I_d-i,各相电流波形示于图 2.1(c)中。

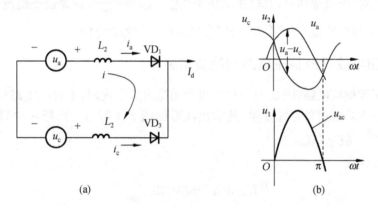

(a)　　　　　　　　　　　　　(b)

图 2.2　换流两支路

当 $\omega t=\gamma$ 时,换流完成,电流 $i=I_d$,则式(2.2)变为:

$$I_d=\frac{\sqrt{6}U_2}{2x_2}(1-\cos\gamma) \tag{2.3}$$

或

$$\cos\gamma=1-\frac{2x_2I_d}{\sqrt{6}U_2}$$

3) 考虑换流重叠角时的输出电压平均值 $U_{d\gamma}$

考虑换流重叠角时输出电压平均值应求图 2.1(b)输出电压波形 u_d 的面积。由于三相对称,可取 $\frac{2\pi}{3}$ 区间积分,如图 2.3 所示。在 $\frac{2\pi}{3}$ 区间 u_d 分成两段:一段是 $\frac{\pi}{6}+\gamma\sim\frac{5\pi}{6}$ 区间的 u_a 曲线,取坐标原点为 O 点,其积分函数为 $u_a=\sqrt{2}U_2\sin\theta$;另一段是换流重叠角 γ 区间输出电

压 $u_d = \dfrac{1}{2}(u_a + u_c)$，取坐标原点为 O_1，则 $u_d = \dfrac{1}{2}(u_a + u_c)$

$= \dfrac{1}{2}[\sqrt{2}U_2 \sin(\dfrac{\pi}{6} + \varphi) + \sqrt{2}U_2 \sin(\dfrac{5\pi}{6} + \varphi)] = \dfrac{\sqrt{2}}{2}U_2 \cos\varphi$，

此即为在 γ 区间的积分函数。

对 θ 和 φ 分别取积分，得

$$U_{d\gamma} = \dfrac{1}{2\pi/3}\left[\int_0^\gamma \dfrac{\sqrt{2}}{2}U_2 \cos\varphi \, d\varphi + \int_{\frac{\pi}{6}+\gamma}^{\frac{5\pi}{6}} \sqrt{2}U_2 \sin\theta \, d\theta\right]$$

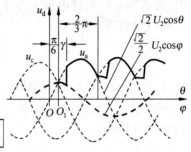

图 2.3　积分区间和被积函数

$$= \dfrac{3\sqrt{6}}{4\pi}U_2(1 + \cos\gamma) \tag{2.4}$$

在第 1 章已求出，当不考虑换流重叠角时，其输出平均值 $U_d = \dfrac{3\sqrt{6}}{2\pi}U_2$。这与式(2.4)之差为：

$$\Delta U = \dfrac{3\sqrt{6}}{2\pi}U_2 - \dfrac{3\sqrt{6}}{4\pi}U_2(1 + \cos\gamma) = \dfrac{3\sqrt{6}}{4\pi}U_2(1 - \cos\gamma)$$

将式(2.3)代入上式，得

$$\Delta U = \dfrac{3x_2 I_d}{2\pi} = R_2 I_d \tag{2.5}$$

可见，当考虑换流重叠角时，其输出电压平均值要减小 $\dfrac{3x_2 I_d}{2\pi}$，这是由于换流而造成的电压降，又称为换流压降或换相压降，R_2 为引起换流压降的等效电阻。

2.1.2　三相半波可控整流电路的换流重叠角

三相半波可控整流电路(图 2.1(a)中二极管用晶闸管取代)与不可控电路相比，只是重叠角在自然换流点后延迟角 α 处发生，其输出波形如图 2.4 所示。选择 α 时刻作为 $\omega t = 0$ 坐标原点，则 $u_{ac} = \sqrt{6}U_2 \sin(\omega t + \alpha)$。

这时回路方程为：

$$\sqrt{6}U_2 \sin(\omega t + \alpha) = 2L_2 \dfrac{di}{dt} \tag{2.6}$$

当 $t = 0$ 时，$i = 0$，由式(2.6)得：

$$i = \dfrac{\sqrt{6}U_2}{2x_2}[\cos\alpha - \cos(\omega t + \alpha)] \tag{2.7}$$

当 $i = I_d$ 时，$\omega t = \gamma$，则

$$I_d = \dfrac{\sqrt{6}U_2}{2x_2}[\cos\alpha - \cos(\gamma + \alpha)] \tag{2.8}$$

与不可控情况($\alpha = 0°$)比较，可控电路的 γ 较小，在换流期间的电流变化趋向线性。输出平均电压 $U_{d\gamma}$，可仿图 2.3 取积分函数，但需将式(2.4)的积分区间平移 α 角，便可求得：

$$U_{d\gamma} = \dfrac{1}{2\pi/3}\left[\int_\alpha^{\alpha+\gamma} \dfrac{\sqrt{2}}{2}U_2 \cos\varphi \, d\varphi + \int_{\frac{\pi}{6}+\alpha+\gamma}^{\frac{5\pi}{6}+\alpha} \sqrt{2}U_2 \sin\theta \, d\theta\right]$$

$$= \dfrac{3\sqrt{6}}{4\pi}U_2[\cos\alpha + \cos(\alpha + \gamma)] \tag{2.9}$$

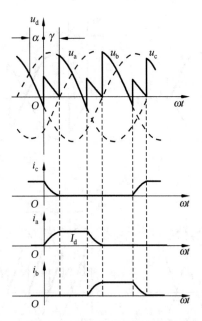

图 2.4 三相半波可控整流电路输出
电压 U_d 带有换流重叠角的电压波形

三相半波可控整流电路在不考虑换流重叠角时,其输出为:

$$U_d = \frac{3\sqrt{6}}{2\pi}U_2\cos\alpha$$

可见,考虑重叠角时,输出电压要减小,其换流压降:

$$\Delta U = \frac{3\sqrt{6}}{2\pi}U_2\cos\alpha - \frac{3\sqrt{6}}{4\pi}U_2[\cos\alpha + \cos(\alpha+\gamma)] = \frac{3x_2 I_d}{2\pi}$$

这与式(2.5)相等,可见电路的换流压降与延迟角 α 无关,只取决于负载电流及电源交流侧阻抗。

2.1.3 其他整流电路的换流重叠角

上面详细地讨论了三相半波电路换流重叠角的情况,其分析方法可推广至其他一些整流电路。

图 2.5(a)、(b)分别为单相全波不可控及可控整流电路输出考虑换流重叠角的典型电压波形;图 2.5(c)、(d)分别为三相全波不可控及可控整流电路输出考虑换流重叠角的电压波形。在换流过程中,其波形在两个电压(即一个是原提供负载电流的电压,另一个是将要提供负载电流的电压)波形的中间,u_d 值为两个电压的平均值。

带有续流二极管的电路,换流重叠角的分析亦类似。图 2.6 表示晶闸管与续流二极管之间换流情况。这时电源电压 u_2 如图示,可列出回路方程,$u_2 = \sqrt{2}U_2\sin\omega t = L_2\dfrac{\mathrm{d}i}{\mathrm{d}t}$,在 $\omega t = 0$,$i=0$ 时开始换流;当 $i=I_d$,$\omega t=\gamma$ 时换流结束。解此方程可得:

$$I_d = \frac{\sqrt{2}U_2}{x_2}(1-\cos\gamma) \tag{2.10}$$

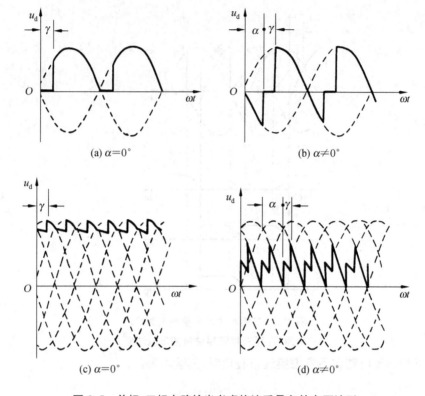

图 2.5　单相、三相电路输出考虑换流重叠角的电压波形

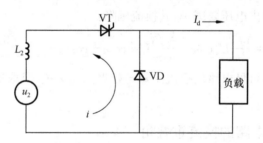

图 2.6　晶闸管与续流二极管之间的换流

2.2　有源逆变

在电力电子技术中,把直流电能变换为交流电能称为逆变。逆变分有源逆变(交流侧是供电电源)和无源逆变(交流侧是具体用电设备)。全控整流电路既能工作在整流方式,又能工作在有源逆变方式,即电路在一定条件下,电能从 AC→DC;在另外条件下,电能又可从 DC 返回 AC。本节只讨论有源逆变。

2.2.1　有源逆变产生的条件

有源逆变是负载直流电能返送回交流电源中去的能量传递过程,对电路中电能的转换用一个简单的直流电路便一目了然。图 2.7 为两个直流电源 E_1、E_2 与电阻 R 组成的串联电路。图 2.7(a)中,直流电源 E_1 与直流电源 E_2 同极相连接,且 $E_1 > E_2$,则电流 I 方向如图所示。其大小

$$I = \frac{E_1 - E_2}{R}$$

即 $E_1 = E_2 + IR$,两边乘 I,得

$$E_1 I = E_2 I + I^2 R$$

式中 $E_1 I$ 为直流电源 E_1 供给电功率(放出电能);$E_2 I$ 为 E_2 吸收电功率(吸收电能),$I^2 R$ 为电阻 R 消耗的电功率。可见电路放出电能与其吸收电能及转换过程中消耗电能之和相平衡。

在图 2.7(b)中,E_1 与 E_2 不同极性相连接,则电流 $I = \frac{E_1 + E_2}{R}$,功率平衡方程为:

$$E_1 I + E_2 I = I^2 R$$

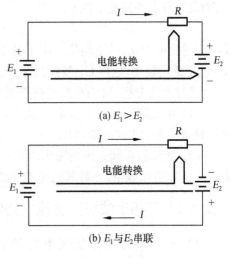

(a) $E_1 > E_2$

(b) E_1 与 E_2 串联

图 2.7　电能转换

可见,直流电源 E_1、E_2 均放出电能而消耗在电阻 R 上。如果电阻 R 值很小,则流过的电流就很大。

综上所述,可知:

(1) 两个电源同极性相连构成电流回路时,这两个电源之间有电能的交换,电势高的释放电能,电势低的吸收电能;即电流从电势正端流出为释放电能,电流从正端流进为吸收电能。

(2) 两个电源不同极性相连构成电流回路时,这两个电源之间不存在电能的交换,它们都是释放能量,如果电路中电阻很小,会形成很大的电流,这就相当于两个电源的短路情况,是不允许的。

晶闸管只能单向导电,因此无论变流器运行在整流工作状态还是逆变工作状态,其电路中的电流方向不可能改变。图 2.8(a)和(b)为变流器在整流状态和逆变状态电能传递框图,它的电流方向如图所示。在整流时,变流器(即整流器)输

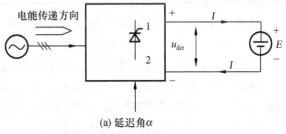

(a) 延迟角 α

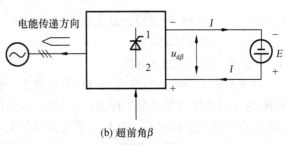

(b) 超前角 β

图 2.8　变流器的电能传递

出电压 $U_{d\alpha}$ 的极性"1"端正、"2"端负,电源通过变流器向负载供电。

要使负载侧反过来通过变流器向交流电源供电(即能量反传递)而且电流流向不变,则在负载侧必须存在一个直流电源 E(电动势),这个电源可以是电池,也可以是直流发电机或直流电动机运行在发电机状态,这个电源的极性与整流电压极性相反。前已述及,两个电源之间的能量交换必须使这两电源同极性相连接。这样,欲使负载中直流电源的能量反流回交流电源中去,则要求变流器能产生一个与原整流电压 $U_{d\alpha}$ 极性相反的电压(即 2 端为正、1

端为负),称之为逆变电压 $U_{d\beta}$,且

$$U_{d\beta} < E$$

$U_{d\beta}$ 为逆变电压 $u_{d\beta}$ 的平均值。由于希望在能量交换中的能量损失尽可能地小,因此回路中的电阻 R 均较小,这样 $U_{d\beta}$ 较接近于 E。

通过上述分析,可知有源逆变产生的条件为:

(1) 负载侧存在一个直流电源 E,由它提供能量,其电势极性与变流器的整流电压相反,对晶闸管为正向偏置电压;

(2) 变流器在其直流侧输出应有一个与原整流电压极性相反的逆变电压 $u_{d\beta}$,其平均值 $U_{d\beta} < E$,以吸收能量,并将其能量馈送给交流电源。

2.2.2　三相半波可控整流电路的有源逆变

1) 三相半波可控整流电路的输出电压极性与延迟角 α 关系

图 2.9(a)画出了三相半波可控电路电动机负载电路图。设负载电流连续,当延迟角 α 为 30°、60°、90°、120°、150°时的电压波形分别如图 2.9(b)、(c)、(d)、(e)、(f)所示。

图 2.9(b)、(c)、(d)为其整流电压波形,这在第 1 章中已详细讨论过,但应注意到:当电流连续,$\alpha = 90°$时,其输出电压的平均值为零,所以在 $0° \leqslant \alpha \leqslant 90°$范围内三相半波共阴极接法在整流时输出电压平均值为正。

如果负载侧有一与原整流时极性相反的电势 E 存在,继续增大 α,电流仍连续。当 $\alpha = 120°$、150°时,则输出电压平均值将为负,成为逆变电压 $U_{d\beta}$,其波形见图 2.9(e)、(f)。$\alpha = 180°$处是两个相电压在负半波的交点,此点两相电压相等,如图 2.9(g)所标"P"点。此点以前,c 相的 VT_3 工作;当过此"P"点后,$u_c > u_a$,于是 c 相 VT_3 就不可能再换流给 a 相 VT_1,因此,$\alpha = 180°$是电路能够进行换流运行的极限(暂不考虑换流重叠角)。

当 $0° \leqslant \alpha < 90°$时,整流电路输出电压为:

$$U_d = U_{d0}\cos\alpha = E + I_d R \tag{2.11}$$

式中:U_{d0}——$\alpha = 0°$时电路的最大输出平均电压;

　　　I_d——输出平均电流;

　　　E——电动机的反电势。

从波形图 2.9(e)、(f)及式(2.11)可以看出,当 $\alpha > 90°$后,输出平均电压 $U_d = U_{d0}\cos\alpha$ 为负值,这正是电路有源逆变工作条件所需要的,因此,当 $\alpha > 90°$,即 $90° < \alpha < 180°$区间,电路工作在有源逆变工作状态。这时如果负载侧存在一个与原来整流电压极性相反的电源,则有源逆变将产生(事实上,如果 $\alpha > 90°$,且负载端不存在与整流电压极性相反的电源,则输出电压恒为零,而且输出波形不可能连续)。

2) 三相半波可控变流电路有源逆变工作状态

如果图 2.9(a)中电动机不是由整流电路供电,而是使其运行在发电机状态,且与原来整流供电时电压极性相反,如图 2.10(a)所示,当 $\alpha > 90°$,则此电路就运行在有源逆变工作状态,其逆变电压波形如图 2.9(e)、(f)、(g)所示。可以看出,由于 E 为负值,即使在电源电压的负半波触发($\alpha > 150°$)也能使晶闸管导通,逆变电压波形能够在负半波连续也是由于发电机 G 端有电压 E 存在,这时 E 输出电能,电源吸收电能。

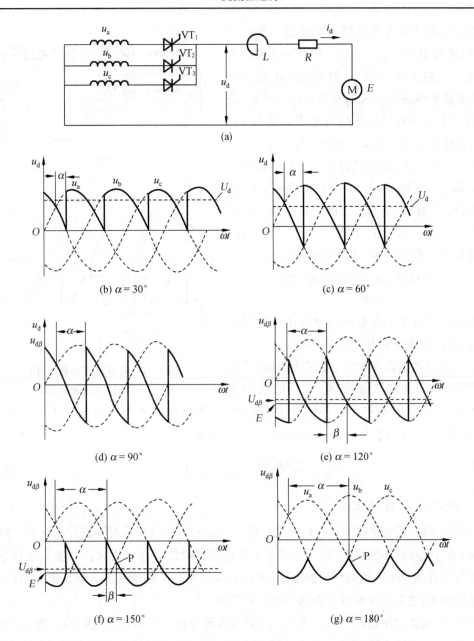

图 2.9 电感电势负载三相半波可控整流电路不同 α 的输出电压波形

观察图 2.9(f)，设在 $\omega t = 180°$ 时，即对 a 相 VT$_1$ 在 $\alpha = 150°$ 时施加门极脉冲，这时 a 相电压 u_a 虽已为零，且将要变负。但由于负载端电源（$-E$）存在，使 VT$_1$ 仍保持正向偏置，故仍然触发导通，且导通后 a 相电位高于 c 相电位，使 VT$_3$ 承受反压而关断，即有源逆变状态像整流状态一样，能利用电源进行自然换流。

由于逆变电压波形 $u_{d\beta}$ 与整流电压波形 $u_{d\alpha}$ 相似，仅是极性相反，所以逆变电压平均值，

$$U_{d\beta} = U_{d0}\cos\alpha \quad (90° < \alpha < 180°) \tag{2.12}$$

可见 $U_{d\beta}$ 本身是一个负值，即与原整流电压极性相反。

为分析和计算方便及便于与整流工作状态的区分，通常用 β 来表示逆变工作状态的控制角（β 习惯上又称为逆变角）。前面已经提到，$\alpha=180°$ 是电路能够进行换流运行的极限，$\alpha=90°$ 是变流器工作在整流与逆变的分界点。现以 $\alpha=180°$ 时为计量 β 的起点，即 $\beta=0°$ 的点定在 $\alpha=180°$ 处，从 $\beta=0°$ 处，沿时间轴向左计量其角度的大小，即 β 为超前角（advance angle），如图2.9(e)、(f)所示。α 与 β 之间的关系为：

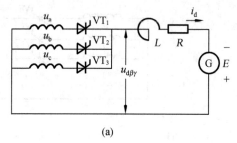

$$\alpha+\beta=180° \tag{2.13}$$

用超前角 β 表示逆变电压的平均值 $U_{d\beta}$ 为：

$$U_{d\beta}=U_{d0}\cos\alpha=U_{d0}\cos(\pi-\beta)$$
$$=-U_{d0}\cos\beta \tag{2.14}$$

负号表明逆变工作电压与整流工作电压极性相反，超前角 β 的范围应是 $0°<\beta<90°$。

在上述分析过程中，为简化讨论，忽略了换流重叠角，若考虑换流重叠角，其换流波形如

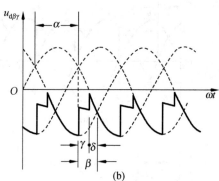

图 2.10　存在换流重叠角时的逆变电压波形 $u_{d\beta\gamma}$

图2.10(b)所示。其分析方法与整流工作类似，考虑换流重叠角 γ 时的逆变电压平均值 $U_{d\beta\gamma}$ 的计算，其推导方法与式(2.9)推导类似，其结果为：

$$U_{d\beta\gamma}=\frac{-3\sqrt{6}}{4\pi}U_2[\cos\beta+\cos(\beta-\gamma)] \tag{2.15}$$

3）最小超前角的限制

$\alpha=180°$ 的点是电路能够进行换流的极限。当 $\alpha>180°$ 以后，从有源逆变电路看，即超前角 β 为负值，电路就不能换流，这就意味着交流电源将继续导通而进入正半波整流状态，交流电源与负载侧直流电源同时提供电能，相当于两个电源短路情况。这种现象称为逆变失败或逆变颠覆，这是有源逆变状态的一种危险故障。

图2.11为逆变颠覆时的 $U_{d\beta\gamma}$ 波形。例如当送至 b 相 VT$_2$ 的门极脉冲 u_{G2} 为 $-\beta$ 角时，则 a 相 VT$_1$ 将不能换流而进入正半波整流状态。当一相脉冲丢失或换流瞬时断电也会发生逆变颠覆现象，其原因与上述一样。

为了保证可靠换流，必须 $\beta>0°$。考虑电源存在电抗时，必须有换流重叠角 γ。另外当换流完成后，晶闸管还必须有一恢复反向和正向阻断能力的时间，即还必须有一个恢复角 δ。因此，为保证电路能在逆变条件下正常工作，避免逆变失败，超前角 β 必须有一最小值 β_{min} 限制，应使

$$\beta_{min}>\gamma+\delta$$

δ 的典型值不小于 5°，γ 则与负载电流和交流侧电感有关，一般超前角最小在 25°～30°。

应该注意，带有续流二极管的全控电路或半控电路均不能工作在有源逆变状态。因为

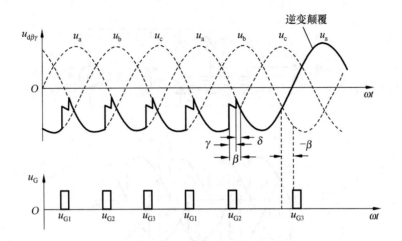

图 2.11 逆变颠覆电压波形(电路图与图 2.10 同)

当负载端存在一个与原整流电压极性相反的电源时,续流二极管(或半控电路中的二极管和导通的晶闸管)将使直流电源短路,它不可能将电能馈送给交流电源。故有源逆变电路必须是全控电路。

2.2.3　三相全控桥式电路的逆变工作状态

三相全控桥式电路图及其逆变波形如图 2.12 所示。与整流电路分析时相仿,三相桥式电路是两个三相半波电路的组合。因此,当触发延迟角大于 90°以后,电路便工作在有源逆变工作状态。图 2.12(b)画出 $\beta=30°$ 时相电压逆变波形。注意,这时共阴极组导通在负半波,共阳极组导通在正半波。这是因为共阳极组在整流工作时在交流电压的负半波工作,整流输出的平均电压为负值,这样当它逆变时,应产生一个与原整流电压极性相反的逆变电压,故它的逆变电压应是正值。另外,由于共阳极负组在换流时是最负相晶闸管导通,所以它在正半波换流时由高电位向低电位换流。

实际上应从线电压波形上进行分析,线电压的自然换流点在正半波的 60°相角处,以 u_{ab} 为例,$\beta=30°$(即 $\alpha=150°$)如图 2.12(c)所示,三相全控桥式电路逆变电压波形在交流电源线电压的负半波,在直流电源 E 与交流电源作用下受相应晶闸管门极脉冲(宽脉冲或双脉冲)控制依次换流。

与三相半波有源逆变电路一样,对最小超前角有同样的限制,在有源逆变电路中,不允许触发脉冲丢失。

三相全控桥式电路逆变电压平均值应是三相半波电路逆变电压平均值的 2 倍,因此从式(2.15)可得三相全控桥式电路考虑换流重叠角 γ 时逆变电压平均值,

$$U_{d\beta\gamma}=\frac{-3\sqrt{6}}{2\pi}U_2\big[\cos\beta+\cos(\beta-\gamma)\big] \tag{2.16}$$

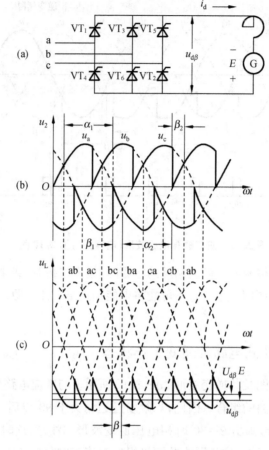

图 2.12　三相全控桥式电路及其逆变波形

2.3　变流器外特性

2.3.1　整流器外特性

　　整流器的外特性是指其输出电压与负载电流(输出电流)的关系 $U_d = f(I_d)$。在第 1 章分析整流器工作时,为简化起见,均忽略交流电源电阻和电抗以及晶闸管或整流二极管的压降,这样分析的结果实际上是一个理想空载电压。在实际使用时,这些影响都将使输出平均电压降低,因而在电流较大时,必须考虑这些影响。

　　在电流连续且平直时,考虑电源内阻和管压降的等效电路可用图 2.13(a)表示。

　　图中 U_d 即为第 1 章中所列整流电路中输出电压平均值: $U_d = U_{d0} \cos\alpha$; R_1 表示电源内电阻及导线电阻(当电流总是在电源的两相之间进行时, R_1 即为电源每相绕组电阻的 2 倍,再加连接导线电阻之和); R_2 表示由于电源交流侧电抗存在而引起的等效换流电阻,若电源一周脉动数为 p,则 $R_2 = \dfrac{p x_2}{2\pi}$(应该注意,这里用电阻 R_2 只表示由于换流重叠角引起的电压降,而不表示电路中的功率损耗,R_2端电压 ΔU 即为换流压降);ΔE 表示晶闸管(或二极管)导通时的管压降,一般为晶闸管通态平均电压 U_T(由于晶闸管通态平均电压 U_T 随负载电流 I_d 略有变化,若考虑这种变化,还可在等效电路中用一个小电阻 R_3 与 ΔE 串联来代替它);U_{dL} 为负载端电压。

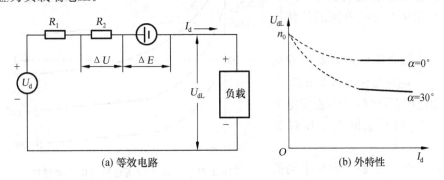

图 2.13　整流器外特性

由图 2.13(a)可列出整流电路的外特性方程:

$$U_{dL} = U_d - \Delta E - I_d(R_1 + R_2) = U_{d0}\cos\alpha - \Delta E - I_d\left(R_1 + \frac{p x_2}{2\pi}\right)$$

或

$$U_{dL} = U_{dy} - \Delta E - I_d R_1 \tag{2.17}$$

式(2.17)适用于电流连续情况。可见在电流连续时,特性是线性的。在反电势负载的讨论中已经提到:当负载电流断续时,输出平均电压反而升高;导通角越小,电流断续情况越严重,输出最大平均电压可达交流电源电压峰值。整流器的外特性如图 2.13(b)所示,图中实线为电流连续时的特性,虚线为电流断续时特性。可见电流连续与断续的特性不一样。

电流断续时的非线性是由于电流断续时晶闸管装置的内阻大大增加,并且不是常数,这可以这样理解:电流断续时每个晶闸管导电的时间比连续时减小,即晶闸管处于阻断态时间增加,而在阻断态时其电阻可视为无穷大,电流断续程度不同,阻断电阻无穷大的时间也不同,因此电流断续时,其电源内阻要比连续时大得多,且不是恒值。

2.3.2　有源逆变器外特性

变流器在整流工作状态还是逆变工作状态,主要由延迟角 α 决定。当 $\alpha > 90°$ 时用超前角 β 表示($\beta = 180° - \alpha$)。若负载中有一个与整流电压极性相反的电源 E,则电路就工作在有源逆变工作状态,因此有源逆变电路的等效电路如图 2.14 所示,其中负载为有源负载,变流器电压为逆变电压 $U_{d\beta}$。图中 R_1、R_2、ΔE 的意义与图 2.13 相同,R_0 为直流电源内电阻。外特性方程为

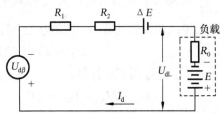

图 2.14　有源逆变器外特性等效电路

$$U_{dL} = U_{d\beta} + \Delta E + I_d(R_1 + R_2)$$

或

$$U_{dL} = U_{d\beta\gamma} + \Delta E + I_d R_1 \tag{2.18}$$

注意,这里 U_{dL}、$U_{d\beta\gamma}$、$U_{d\beta}$ 前面的负号均已去掉,因为图 2.14 中已考虑了各电压的实际方向。

在有源逆变时,U_{dL}为负电源,所以逆变时特性在第四象限。从式(2.18)可以看出,逆变角β对应一固定值$U_{d\beta}$,要使逆变电流I_d增加,则只有增加负载直流电压U_{dL}(即增加E)。三相半波可控电路的外特性(如图2.15所示)。

【例2.1】 三相全控桥式有源逆变电路(见图2.12(a)),电源每相感抗0.3 Ω,电阻为0.05 Ω,相电压$U_2=240$ V,逆变电流$I_d=60$ A,$\beta=35°$,每只晶闸管管压降为1.5 V,试求:

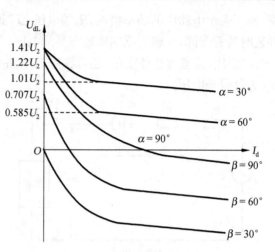

图2.15　三相半波可控整流电路外特性

(1) 换流重叠角;(2) 逆变电压平均值$U_{\alpha\beta}$;(3) 求外特性方程中U_{dL}值。

解 (1) 式(2.8)中三相半波电路中I_d与其换流重叠角γ及α关系式为:

$$I_d=\frac{\sqrt{6}U_2}{2x_2}[\cos\alpha-\cos(\gamma+\alpha)],\text{其中 }\alpha=180°-\beta$$

三相全控桥换流重叠角的计算与三相半波相同,将已知条件$x_2=0.3$ Ω,$I_d=60$ A,$U_2=240$ V,$\alpha=180°-35°=145°$代入上式:

$$60=\frac{\sqrt{6}\times240}{2\times0.3}\times[\cos145°-\cos(\gamma+145°)]\text{求解得:}$$

$$\cos(\gamma+145°)=-0.8804,\gamma+\alpha=151.7°,\therefore\ \gamma=6.7°$$

(2) 　　　　　　　$U_{\alpha\beta}=2.34U_2\cos\beta=460$ V

(3) 　　　　　$U_{dL}=U_{d\beta}+I_d(R_1+R_2)+\Delta E$

R_1为回路总电阻,在三相桥式电路中,应含二相电源内阻$R_1=2\times0.05=0.1(\Omega)$;$R_2=\frac{px_2}{2\pi}$为换流重叠角引起压降之等效电阻,三相桥式电路$p=6$为换流次数,$R_2=\frac{6\times0.3}{2\pi}=0.286$;$\Delta E$为管压降,这里应为二个管压降之和$\Delta E=2\times1.5=3(V)$。代入上式得:

$$U_{dL}=460+60\times(0.1+0.286)+3=486.16\text{ V}$$

U_{dL}还可用下式计算:

$$U_{dL}=U_{d\beta\alpha}+I_{dR_1}+\Delta E$$
$$=\frac{3\sqrt{6}}{2\pi}U_2[\cos\beta+\cos(\beta-\gamma)]+I_dR_1+\Delta E=477.1+60\times0.1+3=486.1\text{ V}$$

2.4　谐　波

前面的讨论已经看出,与变流器有关的输出波形差不多都是非正弦的,也就是说这些波形中包含有谐波分量。本节将讨论各种波形的谐波分量分析方法,并讨论谐波对负载及电源的影响。

2.4.1 谐波分析

谐波分析的数学基础是傅立叶级数(Fourier series)。即所有以 2π 为周期的周期函数 $f(x)$ 可表示为傅氏级数形式:

$$f(x) = a_0 + \sum_{n=1}^{\infty} (a_n \cos nx + b_n \sin nx) \tag{2.19}$$

式中:

$$a_0 = \frac{1}{2\pi} \int_0^{2\pi} f(x) \mathrm{d}x; \tag{2.20}$$

$$a_n = \frac{1}{\pi} \int_0^{2\pi} f(x) \cos nx \, \mathrm{d}x \, (n=1,2,\cdots); \tag{2.21}$$

$$b_n = \frac{1}{\pi} \int_0^{2\pi} f(x) \sin nx \, \mathrm{d}x \, (n=1,2,\cdots). \tag{2.22}$$

在波形分析中,函数 $f(x)$ 即为电压或电流的波形,独立变量 x 即为 ωt($x=\omega t$),则式(2.19)~式(2.22)可写成:

$$f(\omega t) = a_0 + \sum_{n=1}^{\infty} (a_n \cos n\omega t + b_n \sin n\omega t) \tag{2.23}$$

式中:

$$a_0 = \frac{1}{2\pi} \int_0^{2\pi} f(\omega t) \mathrm{d}\omega t; \tag{2.24}$$

$$a_n = \frac{1}{\pi} \int_0^{2\pi} f(\omega t) \cos n\omega t \, \mathrm{d}\omega t \, (n=1,2,\cdots); \tag{2.25}$$

$$b_n = \frac{1}{\pi} \int_0^{2\pi} f(\omega t) \sin n\omega t \, \mathrm{d}\omega t \, (n=1,2,\cdots). \tag{2.26}$$

a_0 是函数 $f(\omega t)$ 一个周期内的平均值,称为直流分量或恒定分量。

当 $a_n \cos n\omega t + b_n \sin n\omega t = c_n \sin(n\omega t + \varphi_n)$ 时,则有如下关系式:

$$c_n = \sqrt{a_n^2 + b_n^2}, \tag{2.27}$$

$$\varphi_n = \arctan \frac{a_n}{b_n}. \tag{2.28}$$

在实际分析时,计算可进行一些简化:

(1) 当 $f(\omega t)$ 在 $0\sim 2\pi$ 区间波形正、负面积相等时,$a_0=0$,即 $f(\omega t)$ 平均值或直流分量为零。

(2) 当 $f(\omega t)$ 为偶函数时,即 $f(\omega t)=f(-\omega t)$,波形呈纵轴对称,则系数

$$b_n = 0,$$

$$a_n = \frac{2}{\pi} \int_0^{\pi} f(\omega t) \cos n\omega t \, \mathrm{d}\omega t \, (n=1,2,\cdots). \tag{2.29}$$

即 $f(\omega t)$ 中不含正弦项。

(3) 当 $f(\omega t)$ 为奇函数时,即 $f(\omega t)=-f(-\omega t)$,波形对称于原点,则系数

$$a_0 = a_n = 0,$$

$$b_n = \frac{2}{\pi} \int_0^{\pi} f(\omega t) \sin n\omega t \, \mathrm{d}\omega t \, (n=1,2,\cdots). \tag{2.30}$$

即 $f(\omega t)$ 中不含直流分量及余弦项。

(4) 当 $f(\omega t)$ 为半波对称函数时,即 $f(\omega t)=-f(\omega t+\pi)$,则系数

$$a_0 = 0,$$

$$a_n = \frac{2}{\pi} \int_0^\pi f(\omega t) \cos n \omega t \, \mathrm{d}\omega t \, (n = 1,3,5,\cdots), \tag{2.31}$$

$$b_n = \frac{2}{\pi} \int_0^\pi f(\omega t) \sin n \omega t \, \mathrm{d}\omega t \, (n = 1,3,5,\cdots)。 \tag{2.32}$$

上式中偶次项系数为零,即 $f(\omega t)$ 不含直流分量和 $2,4,6$ 等偶次谐波。

（5）当 $f(\omega t)$ 为 $\frac{1}{4}$ 波对称函数时,即

$$\begin{cases} f(\omega t) = - f(\omega t + \pi) \\ f(\omega t) = f(-\omega t) \end{cases}$$

则系数

$$a_0 = b_n = 0,$$

$$a_n = \frac{4}{\pi} \int_0^{\frac{\pi}{2}} f(\omega t) \cos n \omega t \, \mathrm{d}\omega t \, (n = 1,3,5,\cdots)。 \tag{2.33}$$

上式 a_n 中偶次项为零。即不含直流分量和正弦项,余弦项中只存在奇次谐波。

图 2.16 为上述对称函数波形图举例,其中图 2.16(a)为偶函数,图(b)为奇函数,图(c)为半波对称函数,图(d)为 1/4 波对称函数。显然,简化计算与坐标的选择有关。

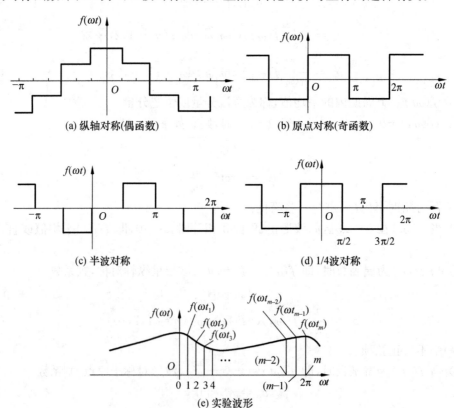

图 2.16　周期函数图形举例

当函数 $f(\omega t)$ 用数学表达式表示较困难时,可根据实际的波形,进行图形分析确定其谐波分量。从式(2.25)可看出:a_n 是函数 $f(\omega t) \cos n\omega t$ 在一个周期内平均值的 2 倍。在一个

周期内,可将周期$(0\sim2\pi)$分成 m 个相等的小间隔 ωt_r,$r=1,2,\cdots,m$,见图 2.16(e),则 ωt_r 所对应的纵坐标值即为 $f(\omega t_r)$,即实际波形对应的幅值。将 $f(\omega t_r)$ 再乘 $\cos n\omega t_r$,得 $f(\omega t_r)\cos n\omega t_r$,则

$$a_n = \frac{2}{m}\sum_{r=1}^{m} f(\omega t_r)\cos n\omega t_r, \quad \begin{matrix} n=1; & r=1,2,\cdots,m \\ n=2; & r=1,2,\cdots,m \\ \cdots \end{matrix} \qquad (2.34)$$

同理

$$b_n = \frac{2}{m}\sum_{r=1}^{m} f(\omega t_r)\sin n\omega t_r, \quad \begin{matrix} n=1; & r=1,2,\cdots,m \\ n=2; & r=1,2,\cdots,m \\ \cdots \end{matrix} \qquad (2.35)$$

$m > n$,m 数越大,则精度越高。

下面举两例说明谐波分析方法的具体应用。

【例 2.2】 对电源角频率为 ω,一周内有 p 次脉动的输出电压波形,当 $\alpha=0°$时如图 2.17 所示。纵坐标选在峰点,则波形的一次脉动范围在 ωt 坐标上为 $-\dfrac{\pi}{p} \sim +\dfrac{\pi}{p}$,输出电压的平均值为:

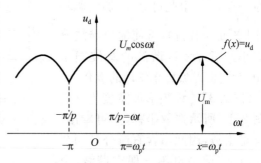

图 2.17 输出电压波形

$$U_d = \frac{1}{2\pi/p}\int_{-\pi/p}^{\pi/p} U_m\cos\omega t\,\mathrm{d}\omega t = \frac{pU_m}{\pi}\sin\frac{\pi}{p}$$

若从谐波分析的观点来看,输出电压的平均值即为傅氏级数公式(2.20)的 a_0 $\Big[a_0 = \dfrac{1}{2\pi}\int_0^{2\pi} f(x)\mathrm{d}x\Big]$。但应注意到,这里 x 是周期函数 $f(x)$ 的独立变量,当在 ωt 坐标上从 $-\dfrac{\pi}{p} \sim +\dfrac{\pi}{p}$ 变化时,对 x 变量而言,它已是周期函数 $f(x)$ 的一个周期,即对应 x 坐标为 $-\pi\sim\pi$ 区间。为了区别于 ωt 坐标,设 $x=\omega_p t$,显然,

$$\omega_p = p\omega,$$

ω_p 为谐波的基波角频率。则利用公式(2.20)计算 a_0 为:

$$a_0 = \frac{1}{2\pi}\int_0^{2\pi} f(x)\mathrm{d}x = \frac{2}{2\pi}\int_0^{\pi} f(x)\mathrm{d}x = \frac{1}{\pi}\int_0^{\pi} U_m\cos\omega t\,\mathrm{d}\omega_p t$$

$$= \frac{1}{\pi}\int_0^{\pi} U_m\cos\frac{\omega_p t}{p}\mathrm{d}\omega_p t = \frac{1}{\pi}\int_0^{\pi/p} pU_m\cos\frac{\omega_p t}{p}\mathrm{d}\Big(\frac{\omega_p t}{p}\Big)$$

$$= \frac{pU_m}{\pi}\sin\frac{\pi}{p}$$

可见计算结果与 $U_d = \dfrac{pU_m}{\pi}\sin\dfrac{\pi}{p}$ 完全相同,即 $a_0 = U_d$。

图 2.17 为偶函数,故 $b_n = 0$,而 a_n 用式(2.29)得:

$$a_n = \frac{2}{\pi}\int_0^{\pi} f(\omega_p t)\cos\omega_p t\,\mathrm{d}\omega_p t$$

$$= \frac{2}{\pi}\int_0^{\pi} U_m\cos\omega t\cos n\omega_p t\,\mathrm{d}\omega_p t$$

$$= \frac{2}{\pi} \int_0^\pi U_m \cos \frac{\omega_p t}{p} \cos n\omega_p t \mathrm{d}\omega_p t$$

$$= \frac{pU_m}{\pi} \sin \frac{\pi}{p} \left[\frac{2}{n^2 p^2 - 1} \right] (-\cos n\pi) \quad (n = 1, 2, 3, \cdots)$$

则　　　$f(x) = u_d = a_0 + \sum_{n=1}^\infty a_n \cos nx = a_0 + \sum_{n=1}^\infty a_n \cos n\omega_p t = a_0 + \sum_{n=1}^\infty a_n \cos np\omega t$

$$= \frac{pU_m}{\pi} \sin \frac{\pi}{p} + \sum_{n=1}^\infty \frac{pU_m}{\pi} \sin \frac{\pi}{p} \left[\frac{2}{n^2 p^2 - 1} \right] (-\cos n\pi) \cos np\omega t$$

从以上计算结果可以看出,输出电压中除直流分量 a_0 外,还有谐波分量 $a_n \cos np\omega t$,谐波分量的幅值 a_n 与直流分量的幅值 a_0 之比为 $\frac{2}{n^2 p^2 - 1}$。由此可见,增加电源相数(即增加 p 数目),可使输出谐波分量减小。当 $n=1$,谐波的基波频率 ($p\omega t$)为电源基波频率(ωt)的 p 倍。

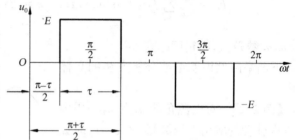

图 2.18　周期函数波形

【例 2.3】　设矩形波宽度为 τ 且如图 2.18 所示选取坐标,则可看出,它是奇函数,因此不含直流分量和余弦项,正弦项中也不含偶次谐波,由式(2.23)及(2.30)得:

$$u_0 = \sum_{n=1}^\infty b_n \sin n\omega t \quad (n = 1, 3, 5, 7, \cdots)$$

式中:

$$b_n = \frac{2}{\pi} \int_{\frac{\pi-\tau}{2}}^{\frac{\pi+\tau}{2}} E \sin n\omega t \mathrm{d}\omega t = \frac{4E}{n\pi} \sin \frac{n\pi}{2} \sin \frac{n\tau}{2}$$

显然,各项谐波的幅值都是 τ 的函数。如以 $n=1$,$\tau=\pi$ 的基波最大值 b_{1m} 为基值,则各项谐波幅值的标幺值 b_{nm}/b_{1m} 与 τ 的关系曲线,如图 2.19 所示。可以看出,谐波的最大幅值 b_{nm} 随谐波次数 n 的增加而减小;不同脉宽 τ 时,同次谐波的幅值也不同。另外,τ 较小时,基波幅值输出减小,而输出中的谐波比例增大。

2.4.2　负载谐波的影响

通过谐波分析可知,在整流电路中,负载直流电压包含有谐波分量,负载电压含谐波的最低次数为 p(p 为在电源一周内的脉动数),此外还有 np 次谐波($n=1,2,\cdots$)。可控整流电路中的谐波分量比不可控整流电路中的谐波分量还高。且谐波成分与电路及负载性质有关。一般说来,谐波次数越高,其谐波分量越小,这从上面所列举的谐波分析两例也说明了这点。

在可控整流电路中,负载电压 u_d 及负载电流 i_d 波形的形状与电路的工作状态及负载性质有关,流过电源的电流波形也是如此。

负载谐波的存在将产生一些不良影响:

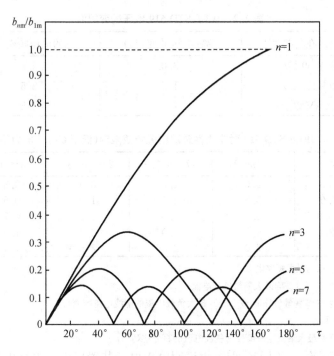

图 2.19 谐波幅值与脉宽的关系

1) 使供电电源电压及电流波形畸变

供电电源波形畸变不但殃及电网的其他用户(这在下面还要作一些详细的讨论),而且也反过来殃及装置本身,例如控制晶闸管的门极触发电路就是交流供电电压作为触发延迟角 α 的参考基准(又称同步电压),这个基准电压发生不规则畸变时,将使触发电路产生延迟角 α 不稳定的脉冲而导致整流波形的抖动。

为了限制负载谐波对电力系统的影响,1991 年欧洲电工技术标准化委员会审定 IEC-555-2 作为欧洲标准(见表 2.1),用来限制 50~600 W,每相电流不大于 16 A 的电力电子设备。

表 2.1　限制电力电子设备谐波的欧洲标准 IEC-555-2D

谐波次数 n	相对限制 (mA/W)	绝对限制 (A)
3	3.4	2.30
5	1.9	1.14
7	1.0	0.77
9	0.5	0.40
11	0.35	0.33
n	$3.85/n$	$15/n$

美国电气与电子工程师协会(IEEE)、工业应用学会及电力工程师学会 1992 年审定新的 IEEE STD 519 限制谐波标准,为电力系统中谐波的起因、影响、测量和控制提供指导意见。它不仅限制供电电压,而且也限制终端用户电流的畸变程度。它们的数值分别见表 2.2、表 2.3。

表 2.2　IEEE STD 519 电压畸变限制

母线电压在公共接点	单独电压畸变(%)	总的电压畸变(%)
低于 69 kV	3.0	5.0
69~138 kV	1.5	2.5
138 kV 以上	1.0	1.5

表 2.3　IEEE STD 519 对非线性负载电流畸变限制(低于 69 kV 电力系统)

I_{sc}/I_L	$n<11$	$11{\leqslant}n<17$	$17{\leqslant}n<23$	$23{\leqslant}n<35$	$35{\leqslant}n$	TDD
<20	4.0	2.0	1.5	0.6	0.3	5.0
20~50	7.0	3.5	2.5	1.0	0.5	8.0
50~100	10.0	4.5	4.0	1.5	0.7	12.0
100~1 000	12.0	5.5	5.0	2.0	1.0	15.0
>1 000	15.0	7.0	6.0	2.5	1.4	20.0

表中：I_{sc} 为在公共接点的最大短路电流；

I_L 为在公共接点每月平均最大需要负载电流；

TDD 为总的要求畸变量(15min 或 30min 最大负载电流的谐波电流畸变)；

n 为奇次谐波数；

表中所列数据是最大谐波电流畸变为基波电流的百分比(%)。

虽然现在还没有统一的标准，但这也说明电力电子装置所引起电网电压及电流的畸变已为人们所关注。

2)使损耗增加,功率因数下降

对负载是直流电动机来说,谐波不能产生负载转矩,它是在电源和负载之间流动的无功电流,无疑是增加了电路损耗,无功电流的存在必然使电路功率因数下降。

3)产生射频干扰

由于电流的快速开关作用及上述波形的抖动等因素,在高电压大电流开关作用下,一定范围内将产生电磁射频干扰,对其他设备有不同程度的影响。

2.4.3　电源中谐波的影响

1)殃及与电网连接的其他用户

晶闸管装置负载中谐波电流的存在,必然要影响电源的波形,这些谐波电流在电源回路中将引起阻抗压降,因此,电源电压也含有高次谐波。这样,整流装置对电源来说是一个谐波源,图 2.20 可进一步说明这个问题。

在图 2.20 中,交流电源用等效电路表示,$u=U_m\sin\omega t$ 为电源空载电压,电源内阻抗为 $R+jX$。由于负载电流中含有高次谐波分量,则谐波电流在电源内阻抗上将引起压降,内阻抗 $R+jX$ 对于不同次数的谐波频率呈现不同的阻抗,因此电源输出端 AO 间的电压 u_A 将会与电源开路电压 u 不同而包含有谐波分量。若电源端 AO 再接其他负载,则这些负载的输入电压就是含有谐波分量的交流电压(非正弦电压),这就相当于晶闸管整流装置使电源畸变而殃及其他用户的情况。

例如,并联在电网上的异步电动机和电源变压器,电源波形的畸变,将使它们的损耗增加,引起发热;对$(3n-1)$次谐波,其相电流表达式为:

$$i_A = I_m \sin[(3n-1)\omega t]$$

$$i_B = I_m \sin\left[(3n-1)\left(\omega t - \frac{2\pi}{3}\right)\right] = I_m \sin\left[(3n-1)\omega t + \frac{2\pi}{3}\right]$$

$$i_C = I_m \sin\left[(3n-1)\left(\omega t + \frac{2\pi}{3}\right)\right] = I_m \sin\left[(3n-1)\omega t - \frac{2\pi}{3}\right]$$

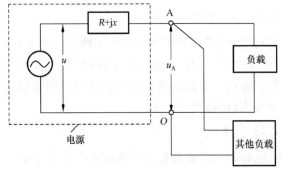

图 2.20 电源谐波的影响

可见对 $(3n-1)$ 次谐波,它与电源的基波相序相反,若含有 $(3n-1)$ 次谐波电流的电源对交流电动机供电,则将产生反(逆序)转矩分量,这也是谐波使交流电动机产生过热及转矩脉动的原因之一。类似的分析可知道,对 $(3n+1)$ 次谐波分量,它与电源基波分量的相序相同,这也使交流电动机产生转矩脉动。

并联在电源上用于补偿功率因数的电容器,也有吸收高次谐波的作用,这将导致电流增大,补偿电容器过热;电源波形畸变也会导致并联运行的晶闸管装置互相干扰而使装置控制失调,等等。

2) 产生中线电流

在带中线的三相星形连接电路中,3 次谐波或 3 的整数倍次谐波电流分量因同相位将在其连接中线(零线)流过,图 2.21 说明了这种情况。

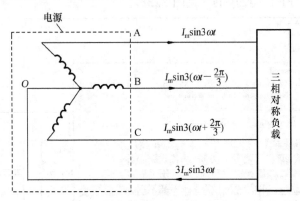

图 2.21 3n 次谐波中线电流

在图 2.21 中,3 次谐波电流为:

$$i_A = I_m \sin 3\omega t$$

$$i_B = I_m \sin 3\left(\omega t - \frac{2\pi}{3}\right) = I_m \sin 3\omega t$$

$$i_C = I_m \sin 3(\omega t + \frac{2\pi}{3}) = I_m \sin 3\omega t$$

中线上的电流 $i_O = i_A + i_B + i_C = 3I_m \sin 3\omega t$，将产生中线电位差，并有可能使电源中线过载(在对称三相负载中，若中线不接，则在电源中就不会有该谐波电流流过，因为没有电流流通路径)。

3）影响电力系统的正常运行

由于谐波的存在，有可能对某次谐波产生共振，加剧电压或电流的畸变，电力系统中的保护继电器和断路器产生误动作，对谐波敏感的元件(如电力系统中的功率因数补偿电容器)击穿损坏等影响系统的运行。为此必须增大电力传输中断路器、传输线、滤波器等的规格，这将使发电机组功率增大，价格上升。

4）使测量仪表的精度降低

电力设备中的电流、电压测量仪表都是用来测量正弦交流电或恒定直流电压的，谐波的介入，必然使得电表指示产生偏差，影响仪表的指示精度。

以上讨论了高次谐波的存在及其影响，实际上还有可能产生低于电源基波频率的谐波(称为亚谐波)，如在电网中某设备周期性运转和停止就会给电源带来低频脉动，这种低频脉动使照明灯光闪烁，这也是不允许的。

为了保证电源电压波形畸变在允许范围内，对设计低谐波的电力电子装置提出了研究课题。

2.4.4　基于 MATLAB 的谐波分析

MATLAB 提供了方便而强大的谐波分析工具，即 FFT(快速傅里叶变换)分析工具包。以第 1 章的单相桥式全控整流仿真电路(见图 1.46)为例，本小节介绍如何通过 MATLAB 中的 FFT 工具包进行谐波分析。

打开图 1.46 中的"powergui"，选择"Tools"选项卡，可以发现在这里 MTLAB 提供了丰富的分析工具，包括"FFT Analysis"(见图 2.22)。

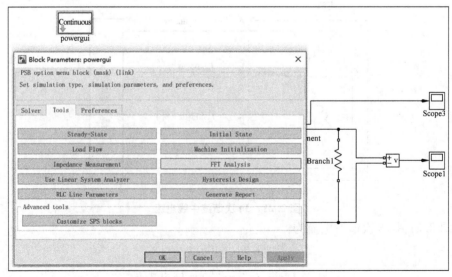

图 2.22　powergui 中的 Tools 选项卡

打开"FFT Analysis"工具包,界面如图 2.23 所示。

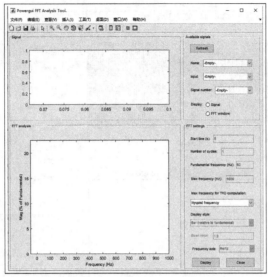

图 2.23　FFT 工具包界面

FFT 工具包界面分为上下两个部分,在上半部分选择信号源,在下半部分设置参数并显示分析结果。

在 MATLAB 中设置相关变量的名称,存储在工作空间(workspace)中,即可作为信号源。以负载电压为例,在示波器 Scope1 中,打开属性设置窗口,在 logging 选项卡中勾选"log data to workspace",将变量名(Variable name)设置为 Ud(见图 2.24)。

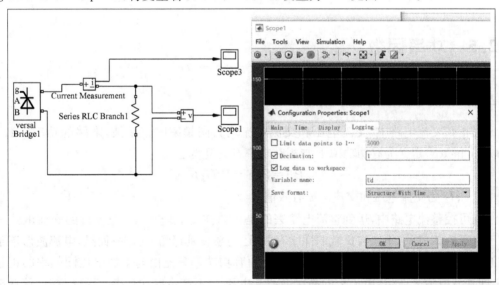

图 2.24　变量设置示意图

重新运行一遍程序,就可以在 FFT 工具包界面找到变量名 Ud(见图 2.25)。需要的时候可以按"Refresh"按钮刷新工作空间中的数据。

下面在"FFT settings"中设置 FFT 参数。这里,选择开始时间(Start time)为 0.4 s,周期个数(Number of cycles)为 15,基波频率(Fundamental frequency)为 100 Hz,然后按"Display"按钮,即会出现分析结果(见图 2.25)。

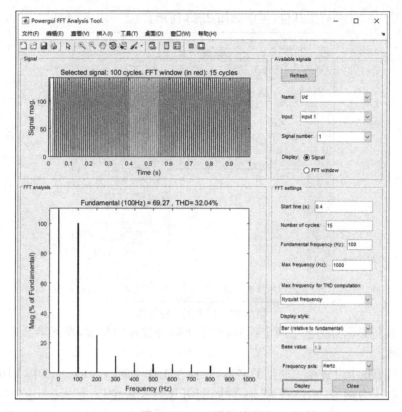

图 2.25　FFT 分析结果

2.5　功率因数

2.5.1　功率因数的基本概念

在正弦交流电路中,交流电压和交流电流均为同频率的正弦波,电路的功率因数 PF (power factor)定义为有功功率 P 与视在功率 S 之比为:

$$PF = P/S = P/U_2 I_2$$

式中:U_2、I_2 为交流电压和交流电流有效值。

在可控整流电路中,送到整流电路去的是正弦波交流电压 u_2,但流过的交流电流 i_2 相对于电压的相位差,不仅与负载的性质有关,还与触发延迟角 α 有关;而且,电流波形不是正弦波,它除基波分量外,还包含有各次谐波,而有功功率只能由与电源电压同频率的正弦电流,即基波电流来产生,电流 i_2 的高次谐波与电压 u_2 不产生有功功率。因此,在计算功率因数时,不能用含有谐波分量的电流有效值,必须用它的基波分量有效值。

设电流 i_2 的基波分量为 i_{21},电压 u_2 为正弦波,设 φ_2 为基波电流 i_{21} 与 u_2 的相位差,则可控整流时的有功功率为:

$$P = U_2 I_{21} \cos\varphi_2$$

式中:I_{21} 为基波电流 i_{21} 的有效值。

可控整流时的视在功率：

$$S = U_2 I_2 = U_2 \sqrt{\sum_{n=1}^{N} I_{2n}^2} = U_2 I_{21} \sqrt{1 + \sum_{n=2}^{N} (I_{2n}^2/I_{21}^2)} = U_2 I_{21} \sqrt{1 + (\text{THD}_i)^2}$$

式中：I_{2n} 为电流 i_2 的第 n 次谐波电流有效值；

$$\text{THD}_i = \sqrt{\sum_{n=2}^{N} (I_{2n}^2/I_{21}^2)}$$ 为总电流谐波畸变率（total harmonic distortion）。

∴ 可控整流电路的功率因数：

$$PF = \frac{U_2 I_{21} \cos\varphi_2}{U_2 I_2} = \frac{I_{21}}{I_2} \cos\varphi_2 = \frac{\cos\varphi_2}{\sqrt{1 + (\text{THD}_i)^2}} \qquad (2.36)$$

式中：$\dfrac{I_{21}}{I_2}$ 称为基波电流畸变因数（distortion factor），$\cos\varphi_2$ 称为位移因数（displacement factor）。可见可控整流电路的功率因数等于基波电流畸变因数与位移因数之积。功率因数低意味着线路损失增加，输电效率和发电机利用率降低。

2.5.2 整流电路的功率因数

从式（2.36）可计算出可控整流电路的功率因数，对电流波形畸变的不可控整流电路也适用，关键在于如何确定其电流畸变因数和位移因数。求畸变因数，必须从电流 i_2 中分解出其基波分量 i_{21}；求位移因数则是要找出电流的基波分量 i_{21} 与电压 u_2 的相位差。一般用图解和分析相结合的办法来求得。

1）基波电流畸变因数

基波电流畸变因数与电流波形形状有关，而可控整流电路的电流波形又与负载的性质有关，现以单相电路为例简要说明这个问题。

单相全控桥式整流电路大电感负载时，其电路及输出波形如图 2.26 所示。图中认为负载电流 i_d 平直，即 $i_d = I_d$，i_2 电流坐标原点 O' 与 u_2 坐标零点 O 相差 α 角，i_2 对于它的坐标原点 O' 是奇函数。为简单起见，设 $\gamma = 0$（见图 2.26(c)），则根据傅氏级数公式，它不含恒定分量和余弦项，i_2 可展开为：

$$i_2(\omega t) = \sum_{n=1}^{\infty} b_n \sin\omega t \qquad (2.37)$$

式中：$b_n = \dfrac{2}{\pi} \displaystyle\int_0^{\pi} i_2(\omega t) \sin n\omega t \, \mathrm{d}\omega t$。

在 $0 \sim \pi$ 区间，$i_2(\omega t) = I_d$，由此可计算出 b_n 并代入式（2.37）得：

$$i_2(\omega t) = \frac{4}{\pi} I_d \left(\sin\omega t + \frac{1}{3} \sin 3\omega t + \frac{1}{5} \sin 5\omega t + \cdots \right) \qquad (2.38)$$

由式（2.38）得电流 i_2 的基波电流有效值，

$$I_{21} = \sqrt{\frac{1}{\pi} \int_0^{\pi} \left(\frac{4}{\pi} I_d \sin\omega t \right)^2 \mathrm{d}\omega t} = \frac{2\sqrt{2}}{\pi} I_d \qquad (2.39)$$

电流 i_2 的有效值 $I_2 = I_d$，所以基波电流畸变因数 $\dfrac{I_{21}}{I_2} = \dfrac{2\sqrt{2}}{\pi} = 0.9$。

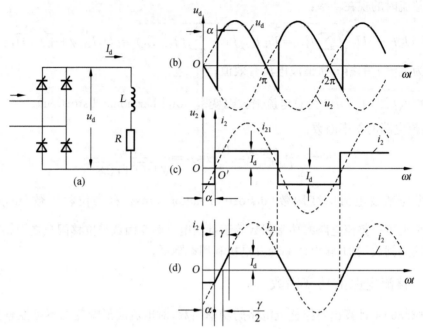

图 2.26　大电感负载时单相全控桥式整流电路

从图 2.26(b)、(c)可以看出,方波电流的基波分量(i_{21})的相位滞后电源电压(u_2)α 角,即 $\varphi_2 = \alpha$。

单相全控桥式电阻负载输出电压 u_d、变压器副方电流 i_2 及它的基波分量 i_{21} 如图 2.27 所示。基波电流 i_{21} 是由电流 i_2 的谐波分析得到。利用式(2.31)、式(2.32)并令式中 $n=1$ 对电流波形 i_2 进行谐波分析得:

$$a_1 = -\frac{I_m}{\pi}\sin^2\alpha$$

$$b_1 = \frac{I_m}{2\pi}(2\pi - 2\alpha + \sin2\alpha)$$

利用式(2.27)、式(2.28)得 i_2 的基波分量 i_{21} 的表达式:

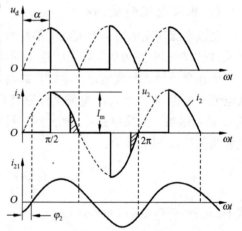

$$i_{21}(\omega t) = \sqrt{\left(\frac{\sin^2\alpha}{\pi}\right)^2 + \left(\frac{2\pi - 2\alpha + \sin2\alpha}{2\pi}\right)^2}$$

$$\cdot I_m \sin\left(\omega t + \arctan\frac{-2\sin^2\alpha}{2\pi - 2\alpha + \sin2\alpha}\right) \tag{2.40}$$

图 2.27　单相全控桥式电路电阻负载输入波形

第 1 章中式(1.22)已经得到电流 i_2 的有效值为:

$$I_2 = \frac{I_m}{\sqrt{2}}\sqrt{\frac{\sin2\alpha}{2\pi} + \frac{\pi - \alpha}{\pi}} \tag{2.41}$$

利用式(2.40)、式(2.41)可计算出 $\alpha = 45°$、$90°$、$150°$ 时的基波电流畸变因数 I_{21}/I_2 分别为 0.97、0.84、0.50;基波电流 i_{21} 滞后电源电压 u_2 的相位 φ_2 相应为 9.9°、32.5°、70°。当 $\alpha = 150°$ 时,变压器副方电流变成正、负交替的尖脉冲形状(图 2.27 中的 i_2 的阴影部分),它的谐

波成分大大增加,使得基波电流畸变因数只有 0.5。

可控整流电路的电容负载较为少见,但带大电容滤波的整流电路用得十分广泛,当负载端并接大电容滤波时,电流 i_2 只有当交流电压 u_2 大于电容器端电压 U_C 时才能产生。而电容器是低阻抗元件,因此电流 i_2 在一个短的导电区间产生一个尖峰电流。这种类型的输入电流含有大量的谐波(见图 2.28),基波电流畸变因数使输入功率因数下降,一般约为 0.4~0.7,且导电区间越窄,功率因数越小。

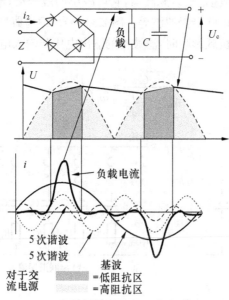

图 2.28　单相非线性负载对电网注入的谐波电流

三相整流电路的基波电流畸变因数可同样分析,其中三相全控桥式整流电路电感负载时基波电流畸变因数 $I_{21}/I_2 = 0.955$。

综上所述,基波电流畸变因数是影响电路功率因数的原因之一。它与电流波形畸变程度有关,输入电流导通角越小,则基波电流畸变因数越小;当可控整流电路在 α 不大时,不论是电阻负载还是电感负载,基波电流畸变因数对功率因数的影响都不很大。

2) 位移因数

位移因数是影响电路功率因数的另一个重要因素。在讨论基波电流畸变因数时不考虑换流重叠角 γ 已经得到 $\varphi_2 = \alpha$;若考虑换流重叠角 α,由图2.26(d)图解分析可得在电感负载时 $\cos\varphi_2 = \cos\left(\alpha + \dfrac{\gamma}{2}\right)$;在电阻负载时,虽然没有 $\varphi_2 = \alpha + \dfrac{\gamma}{2}$ 的比例关系,但随着 α 的增大,φ_2 亦随之非线性地迅速增大,可见位移因数与触发延迟角 α 有关。

综上所述,可控整流电路的功率因数主要取决于延迟角 α,α 越大,功率因数越低,这是可控整流电路缺点之一,亦是要注意解决的一个问题。不可控整流电路的功率因数只取决于基波电流畸变因数。

2.5.3　提高功率因数的途径

1) 减小触发延迟角 α

由于可控整流电路的功率因数随着触发延迟角 α 的增大而下降,因此在设计可控整流

电路时应尽量使 α 最小,以提高电路的功率因数。从原理上,可控整流电路的输出电压通过调节 α 可得到从零电压到期望的最大电压 U_{d0},但在低压输出时,如果输入交流电压过高,则 α 势必过大,为此必须用降压变压器,从降压变压器的低压绕组得到一个合适的交流电压,使 α 减小,这就是使用电源变压器的原因。

2)减小谐波成分提高基波电流畸变因数

减小谐波成分的有效措施是安装滤波器,它可减小谐波分量,消除谐波的不利影响,常用的有电感滤波、电容滤波及串联谐振滤波等。图 2.29(a)、(b)为典型的滤波电路,图 2.29(a)有平滑电流的作用,在不考虑负载影响时,滤波器的输出电压与输入电压之比为:

$$\frac{\dfrac{1}{j\omega C}}{j\omega L+\dfrac{1}{j\omega C}}=\frac{1}{\omega^2 LC-1}$$

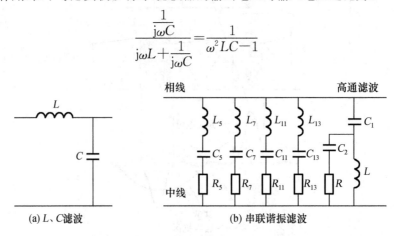

图 2.29 交流电源滤波电路

可见高次谐波能大幅度衰减。图 2.29(b)在滤除相应谐波的同时,电阻上也有谐波损耗,这又是不利因素。

在图 2.28 电路中,若在交流输入加入滤波电路,则可增大导电角,减小电流畸变及谐波,提高基波电流畸变因数,图 2.30 表示加入滤波器后改善的电流波形。图 2.30(a)为加输入电感 L 的滤波,其输入电流 i_2 如图 2.30(e)所示,与不加电感滤波的输入电流 i_2(见图 2.30(d))相比导电角增大;当再并联一谐振滤波(L_3-C_3,谐振频率是 3 次谐波150Hz)时,则输入电流有了更大的改善,如图 2.30(f)所示。

3)研究高功率因数的整流电路

近几年来对高功率因数的整流电路的研究十分活跃,已经从理论和实验证实可得到功率因数为 1 的、具有功率因数校正(power factor correction)的整流电路(简称 PFC 电路)。图2.31(a)为带有一个有源开关的升压整流器主电路。L_1、C_1、C_2 组成高频滤波器。图2.31(b)为功率因数校正按"电流临界连续"控制时 i_L 及 i_2 波形。此波形是当电源电压 u_2 在 $0\sim\pi$ 区间,按照下述规律控制开关 Q_1 的通断获得的:首先 Q_1 接通,电感电流 i_L 上升,$i_L=i_Q$,$i_D=0$;当 i_L 等于其峰值包络值时,Q_1 关断,则 i_L 下降;由于 Q_1 的关断,VD 导通,$i_L=i_D$,$i_Q=0$;当 $i_L=i_D=0$ 时,Q_1 重新接通,VD 断开,如此不断重复而得到 i_L 波形。i_L 经高频滤波器滤去谐波分量而得到在 $0\sim\pi$ 区间的正弦电流 i_2。因而输入电流 i_2 为正弦电流,其相位与 u_2 相同。在 $\pi\sim2\pi$ 区间的控制与 $0\sim\pi$ 相仿。输出电压 u_d 大于 u_{d0},这是升压斩波器原理在这里的应用(详见第 6 章)。

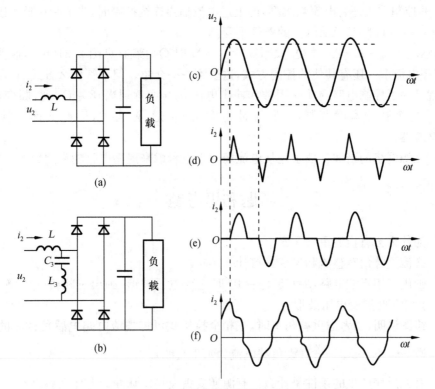

图 2.30 加滤波电路的整流器及输入电流波形

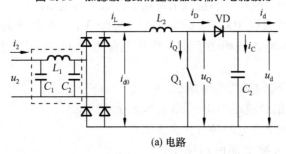

(a) 电路

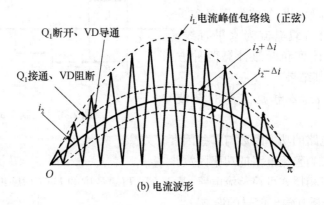

(b) 电流波形

图 2.31 PFC 升压整流器

PFC 的控制方式还有电流断续型,即上述电流临界连续控制时,当 $i_L=0$ 延迟接通 Q_1,电流 i_L 有一段时间为零,关断 Q_1 的条件不变。

当电感电流 $i_L=i_2+\Delta i$ 时 Q_1 关断;$i_L=i_2-\Delta i$ 时 Q_1 接通(见图 2.31(b)),这种控制方式称为滞环电流型。还有其他的控制方式,这里不一一介绍。但不管什么方式,其目的总是相同的,就是为了控制电路的功率因数和输出电压 u_d。注意到当开关 Q_1 通、断变化时,其端电压 u_Q 是个脉冲宽度调制波,其脉冲宽度与 Q_1 通、断有关,因此又称为脉宽调制(PWM)整流器。

此外,无源网络的谐波补偿也是从电流畸变因数考虑来提高电路功率因数的一条途径。

习题和思考题

2.1　为什么会有换流重叠角?

2.2　换流重叠角对整流和逆变各有什么影响?

2.3　画出三相半波电路,$\beta=35°$,$\gamma=10°$ 时逆变电压波形,画出三相桥式电路 $\beta=35°$,$\gamma=10°$ 时逆变电压波形。

2.4　绘图说明,当考虑重叠角 γ 时,三相全控桥式可控整流电路电感负载时的功率因数 $\cos\varphi\approx\cos(\alpha+\dfrac{\gamma}{2})$(设负载电流为水平直线)。

2.5　有源逆变产生的条件是什么? 有源逆变丢失触发脉冲会有什么后果?

2.6　分别绘出三相半波和三相桥式电路逆变失败时的电压波形。

2.7　三相半波可控整流电路,电源电压 $U_2=100$ V,每相电源阻抗为 $R_2=0.07$ Ω,$L_2=1.2$ mH,电源频率为 50Hz,负载电源 $I_d=30$ A,晶闸管管压降为 1.5 V,试求:

(1) 当 $\alpha=30°$ 时的换流重叠角 γ;

(2) $\alpha=30°$ 时的负载端平均电压(要考虑 γ 等因素)。

2.8　谐波对负载和交流电源各有什么影响?

2.9　求三相桥式可控整流电路输出电压为其最大输出电压一半时的功率因数值,忽略管压降和重叠角,设负载电流为水平直线,用精确计算和近似计算两种方法比较其结果。

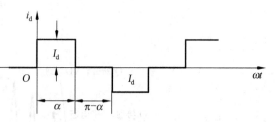

图 2.32　习题 2.10 图

2.10　求图 2.32 电流波形的谐波分量。

2.11　整流电路的功率因数与哪些因素有关?

2.12　如何提高整流电路的功率因数?

2.13　针对三相桥式可控整流电路,基于 *MATLAB* 中的 *FFT*(快速傅里叶变换)工具包,分析其输出信号的谐波。

3 门极触发电路

3.1 概 述

3.1.1 门极触发信号的种类

前面已多次提到晶闸管在正向电压时,导通时刻由门极电压u_G(u_G产生门极电流i_G)触发决定。门极触发信号有直流信号、交流信号和脉冲信号三种基本形式。

1) 直流信号

当晶闸管正向电压时,如在晶闸管门极与阴极间加直流电压(见图3.1(a)、(b)),则晶闸管将导通。这种方式在实际中应用极少,因为晶闸管在其导通后就不需要门极信号继续存在。若采用直流信号将使晶闸管门极损耗增加,有可能超过门极功耗,在晶闸管反向电压时,门极直流电压将使反向漏电流增加,也有可能使晶闸管损坏。但用此方法可判断晶闸管是否损坏。

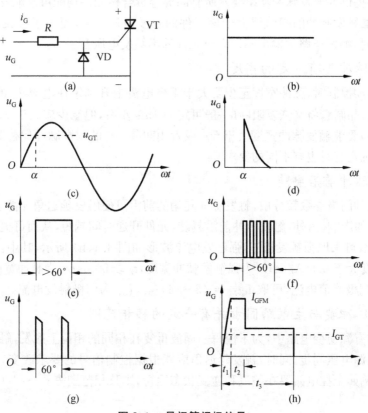

图 3.1 晶闸管门极信号

2）交流信号

如图 3.1(c) 所示,在晶闸管门极与阴极间加入交流电压,当交流电压 $u_G > U_{GT}$ 时,晶闸管导通,U_{GT} 为晶闸管导通时所需的门极电压值,改变 u_G 幅值,可改变触发延迟角 α。此种形式也存在许多缺点,如:在温度变化和交流电压幅值波动时,其触发延迟角 α 就不稳定;由改变交流电压 u_G 幅值来调节 α。α 变化范围较小($0° < \alpha < 90°$),精度低;$\mathrm{d}i/\mathrm{d}t$ 不能太大等。

3）脉冲信号

脉冲信号如图 3.1(d) ~ (h) 所示,其中图(d) 为尖脉冲;图(e) 为宽脉冲;图(f) 为脉冲列;图(g) 为双脉冲;图(h) 为强触发脉冲。

在晶闸管门极触发电路中使用脉冲信号,不仅便于控制脉冲出现时刻,降低晶闸管门极功耗;还可通过变压器的双绕组或多绕组输出,实现信号间的绝缘隔离和同步传输。因此脉冲信号有多种形式并得到了广泛的应用。

需要指出,能产生门极脉冲信号的电路,通常称为触发电路(firing circuit 或 trigger circuit),种类繁多,本章仅介绍几种实用线路,以说明触发电路的基本组成和工作原理。

3.1.2 晶闸管对门极触发电路的要求

晶闸管门极触发电路产生的脉冲应能满足一些基本要求:

1）触发脉冲应有一定的幅值和功率

触发电路提供的触发脉冲功率要使所有同等容量合格元件均能可靠触发而又不至于使元件损坏。所加触发脉冲的幅值要大于该元件的触发电压 U_{GT},而小于最大容许门极电压 U_{GFM}。不触发时,触发电路的输出不得大于元件的不触发电压 U_{GD}。

2）触发脉冲要有一定的宽度

当用窄脉冲控制时,脉冲宽度至少要大于阳极电流上升到擎住电流 I_L 的时间,否则当触发脉冲消失,晶闸管将又恢复阻断(一般可定为 1ms 左右,但至少应大于 6 μs);对于三相桥式全控电路,要求触发脉冲宽度大于 60° 或者用间隔 60° 的双窄脉冲代替宽脉冲。其他晶闸管电路,对脉宽有时也有不同的要求。

3）触发脉冲前沿要陡

晶闸管元件门极参数较分散,触发脉冲陡峭的前沿可使触发延迟角 α 稳定,减小门极参数分散对 α 角的影响。另外,触发脉冲前沿越陡,元件开通时间越短,从而可提供精确的触发延迟角 α。为此,可采取强触发措施,强触发电流波形如图 3.1(h) 所示,其中:t_1 为脉冲前沿时间,上升速度大于 0.5 A/μs;t_2 为强触发脉冲宽度,$t_2 \geqslant 50$ μs;t_3 为脉冲宽度,$t_3 = 0.5 \sim 1$ ms;I_{GFM} 为门极峰值电流,可取 $I_{GFM} = (2 \sim 4)I_{GT}$,$I_{GT}$ 为门极触发电流。

4）触发脉冲要与主电路同步并有一定的移相范围

在整流和有源逆变电路中,为了使每一周波重复在相同的相位上触发,触发信号必须与主电路交流电源电压同步。同时,触发延迟角应能根据控制信号的要求改变,即 α 应有一定的移相范围,例如全控电路要在整流和逆变状态运行,则移相范围需 $0° \sim 180°$。

3.2　晶体管触发电路

利用晶体管开关工作状态构成晶闸管触发电路的形式很多，但这些触发电路一般均由同步与移相电路、脉冲形成与输出电路等几部分组成。列举一例，以说明晶闸管触发电路的组成及工作原理。

3.2.1　正弦波同步、锯齿波移相的晶体管触发电路

图 3.2(a) 为电路图。图中 u_{sy} 是与交流电网同频率且相位一定的正弦交流电压，它作为触发器的同步电压；u_c 为控制电压，它控制触发脉冲的相移，u_c 的极性与幅值作为控制指令。

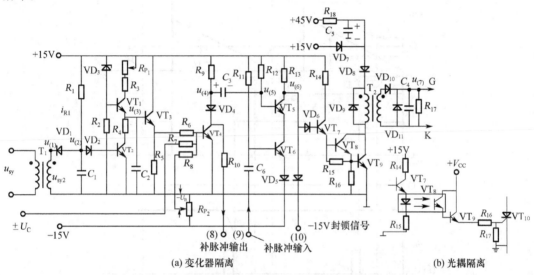

图 3.2　正弦波同步、锯齿波移相的晶体管触发电路

1) 同步

同步信号 u_{sy} 经同步变压器 T_1 输出 u_{sy2} 用来控制 VT_2 的通、断，一般 u_{sy2} 幅值均较大，为讨论方便，对 VT_2 在 u_{sy2} 激励下的线性放大区忽略不计，基极与发射性正向压降忽略不计，这样对 NPN 型晶体管而言，它的基极对发射极为正电压就导通，为负电压就关断。为扩大移相范围，增设了 R_1、C_1、VD_1、VD_2 元件。当 $\omega t = 0$ 时，设 u_{sy2} 进入负半波（见图 3.3(a)），当 ωt 在 $0 \sim \frac{\pi}{2}$ 区间，u_{sy2} 通过 C_1、VD_1 回路产生电流，VD_1 导通，$u_{(2)} > u_{(1)}$，（$u_{(2)}$ 表示(2)端点电位，以下类同），流过 R_1 的电流 i_{R_1} 由于 VD_1 的导通而被 u_{sy2} 旁路，电压 $u_{(2)}$ 与 $u_{(1)}$ 同步变化（见图 3.3(b)）；当 $\omega t > \frac{\pi}{2}$，$u_{(1)}$ 开始上升，$u_{(2)}$ 也开始上升，但 $u_{(2)}$ 同时还受 i_{R_1} 的影响，若 $R_1 C_1$ 时间常数较大，使 $u_{(2)}$ 上升比 $u_{(1)}$ 慢，则 $u_{(2)}$ 负半波将大于 π（见图 3.3(b)）。$u_{(2)} > 0$，VT_2 导通；$u_{(2)} < 0$，VT_2 关断，这样 VT_2 关断将大于 π。

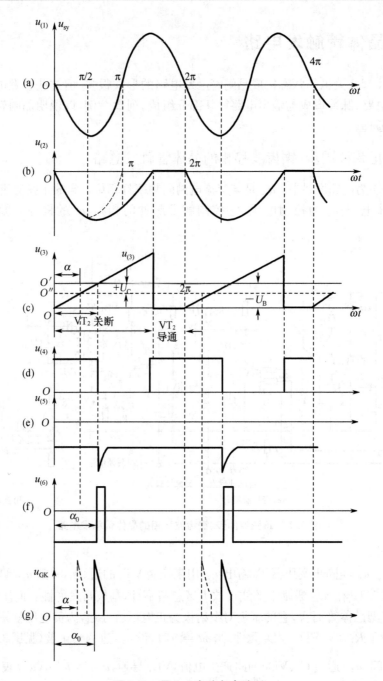

图 3.3　图 3.2 电路各点波形

2）移相

（1）锯齿波形成

图 3.2(a) 中 VT_1、VT_2 串联，VT_1 的基极有一稳压管 VD_3，它使 VT_1 基流恒定，因而流过 VT_1 的集电极电流 i_{C_1} 恒定。当 VT_2 关断时，i_{C_1} 对 C_2 恒流充电，C_2 端电压 $u_{(3)}$ 线性增长，$u_{(3)} = \dfrac{1}{C_2}\displaystyle\int_0^t i_{C_1}\,\mathrm{d}t = \dfrac{I_{C_1}}{C_2}t, i_C = I_C(\text{恒值})$；当 VT_2 导通时，由于 C_2R_4 很小，电容 C_2 通过 R_4、

VT_2 迅速放电,形成锯齿波,其周期与 u_{sy} 同步(见图 3.3(c))。

(2) 移相

VT_3 是射极跟随器,$u_{(3)}$ 锯齿波由 VT_3 射极输出送至 VT_4 基极,注意到 VT_4 基极还有两个信号:一个是控制移相电压 U_C,另一个是偏移电压 U_B,它由 R_{P_2} 引出负偏压。

U_B 的作用是决定初始触发延迟角 α_0(即 $U_C = 0$ 时,触发器的输出脉冲相位角)。当 $U_C = 0$,U_B 为某一具体负电压时(见图 3.3(c)),这时在 VT_4 基极有两个电压作用:一个是锯齿波电压 $u_{(3)}$,另一个是负偏移电压 U_B,这两个电压作用的结果,相当于把锯齿波的 O 水平线上移至 O' 水平线处,也就是说,由于负偏移电压(U_B)的加入,使 VT_4 基极锯齿波电压有正、负变化。而锯齿波由负向正过零时刻就是触发器产生输出脉冲的时刻(见脉冲形成),可见偏移电压在 $U_C = 0$ 时决定了初始触发延迟角,记作 $\alpha = \alpha_0$。

当 $U_C \neq 0$,设 U_C 为正,则在 VT_4 基极加了正 U_C 后,使 O' 下移至 O'' 处,这将使 α 前移(α 变小);同理若 U_C 为负,则使 α 后移(α 变大)。可见 U_C 达到移相控制的目的。在锯齿波线性增长范围内是电路的移相范围,可见该电路移相范围大于 π。

3) 脉冲形成和输出

VT_4、VT_5、VT_6 形成脉冲。当 $U_C = 0$,在锯齿波电压 $u_{(3)}$ 与偏移电压 U_B 作用下,加在 VT_4 基极电压波形如图 3.3(c) 所示,它的零点在 O' 处,即 O' 水平线上方的 VT_4 正基极电压,O' 水平线下方为 VT_4 负基极电压,当 VT_4 负偏压时(负基极电压)VT_4 关断,$u_{(4)} = +15$ V;VT_5、VT_6 由于 R_{12}、R_{11} 的正偏使其均导通,忽去管压降 $u_{(5)}$、$u_{(6)}$ 均为 -15 V,电容 C_3 由电源经 R_9 充电,其极性左正右负(图 3.2(a))。$u_{(6)}$ 负电压,使 VT_7、VT_8、VT_9 关断而无脉冲输出。

当 VT_4 由负向正过渡时,VT_4 由关断转为导通,$u_{(4)}$ 由 $+15$ V 突降至 0 V,由于电容 C_3 原已充电为左正右负电压,而电容器端电压不能突变,$u_{(4)}$ 电压的突降将使 $u_{(5)}$ 电压也突降,VT_5 基极由于 $u_{(5)}$ 的突降,产生负偏压使 VT_5 关断,VT_5 集电极电压 $u_{(6)}$ 由 -15 V 跃变为 $+15$ V,这个正跃变使 $VT_{7\sim9}$ 由原来的关断转为导通,通过脉冲变压器 T_2 而输出脉冲 u_{GK}。

当 VT_4 由关断转为导通电路输出脉冲后,电容 C_3 将由电源 $+15$ V 经 R_{12}—C_3—VD_4—VT_4 反向充电,$u_{(5)}$ 电位将上升,当使 VT_5 重新获得正偏压后 VT_5 又重新导通,从而 $VT_7 \sim VT_9$ 从导通转为关断,输出脉冲消失。$R_{12}C_3$ 时间常数决定输出脉冲宽度,通常为窄脉冲输出(见图 3.3(g))。

为了能在三相全控桥式电路中应用,在(9)端加入迟后 60° 相角的补脉冲输入,这样就可以得间隔 60° 相角的双窄脉冲,而(8)端则是输出一个补脉冲,将其送至比它超前 60° 相角的那个触发脉冲的触发器。(10)端是保护端,当该端加入 -15 V 后即将输出脉冲短路而封锁,触发器无脉冲输出;正常工作时为高电平,输出触发脉冲。

脉冲由变压器隔离输出。VT_8、VT_9 为脉冲功率放大,它的电源单独供给,由 $+45$ V、$+15$ V 两种功率直流电源供给,以期得到输出强触发脉冲(见图 3.3(g))。该电源不需要稳压,只需经简单的整流及电容滤波后即可满足工程应用需要,而电路工作的 ± 15 V 直流电源是有稳压精度要求的。

除用脉冲变压器进行主电压与控制电路之间的电隔离外,还可以用光耦器件完成主电路与控制电路之间的电隔离,例在图 3.2(a) 中将 VT_8、VT_9 换成光电三极管 VT_8、功率放大三极管 VT_9 及主晶闸管 VT_{10},如图 3.2(b) 所示。当有电脉冲到来时,光电三极管 VT_8 导通,从而触

发主晶闸管 VT_{10} 导通。这里应当注意，U_{CC} 正电源必须是单独的隔离电源，它与触发电路的电源不能共地连接，否则就又通过电源公共地线联系在一起了。

3.3　集成触发器

前面介绍的触发电路均由分立元件组装而成。随着电力电子技术及微电子技术的发展，集成化晶体管触发电路已经投入生产并被广泛使用。

与分立元件触发电路一样，集成触发器也有同步与移相，脉冲形成与输出等环节，只是集成触发器将触发电路中的晶体管及电阻等元件利用集成技术做在一块芯片上，然后封装并与外电路有关的端子引出。所以，集成触发器与分立元件电路相比，提高了电路的可靠性和通用性，具有体积小、耗电少、成本低、调试方便等优点。但由于电容、输出脉冲变压器等元件集成化有困难，因此集成触发器必须有适当的外接电路配合使用。在选择和使用集成电路触发器时必须根据它的性能，结合使用需要选择合适型号的集成触发器，并根据外接电路要求，配合使用。

3.3.1　集成触发器原理及应用

先举一例以说明集成触发器的原理及应用。

KJ004 集成电路触发器电路原理图如图 3.4，虚线框内为集成芯片，框外为要外接的分立元件，其工作原理如下：

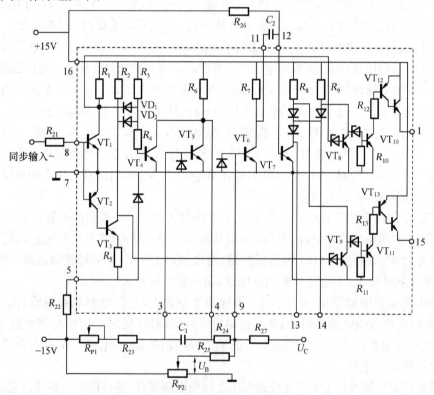

图 3.4　KJ004 集成触发器原理图

　　交流同步电压经外接电阻 R_{21} 至输入端 8 加入 VT_1、VT_2 的基极。当同步电压在零电位附近时，VT_1、VT_2、VT_3 均截止，从而使 VT_4 导通，电容 C_1 通过 VT_4 和 VT_5 射基极间的二极管迅速放电，端 4 电压为零；只要同步电压不过零点，不管是正还是负，VT_4 均恢复截止。电容 C_1 接在 VT_5 的集电极与基极之间组成积分器，积分时间常数为 $(R_{P1}+R_{23})C_1$，积分器输入为负电压（-15 V），因而在 VT_4 截止期间，端 4 形成线性增长的正电平锯齿波，如图 3.5(b) 所示。R_{P1} 用以改变锯齿波的斜率。

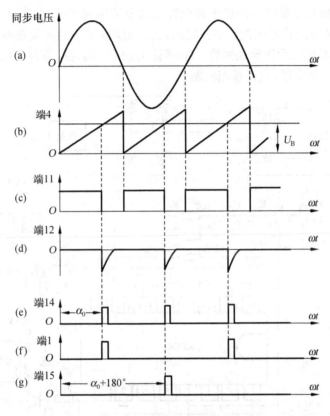

图 3.5　KJ004 集成电路触发器各点波形

　　VT_6 是比较器，工作在开关状态；锯齿波电压和偏移电压 U_B 分别经 R_{24} 和 R_{25} 并联综合加至 VT_6 基极。U_B 为负值，它的作用是决定初始延迟角 α_0，相当于使锯齿波电压的水平轴线的零点垂直平行上移 $|U_B|$。这样，当作用于 VT_6 基极综合电压为正时，VT_6 导通；为负时，VT_6 截止。每当 VT_6 由截止转为导通时，经 C_2 微分电路输出一负脉冲至 VT_7 基极，如图 3.5(c)、(d) 所示。

　　VT_7 的基极无输入信号时，VT_7 导通；当负脉冲到来时，VT_7 截止。VT_7 输出一固定宽度的移相窄脉冲，脉冲间隔为 $180°$，即在同步电压的正、负半波均有移相窄脉冲输出（见图 3.5(e)）。

　　同步电压负半周时，VT_1 截止，VT_8 导通，端 14 脉冲被封锁，VT_{10}、VT_{12} 截止，端 1 无输出，即 VT_8 截去同步电压负半周时的移相脉冲；同步电压负半时，VT_2、VT_3 导通，VT_9 截止，端 14 脉冲经 VT_{11}、VT_{13} 由端 15 输出。同理，VT_9 截去同步电压正半周时的移相脉冲，而只将正半周时的移相脉冲由端 1 输出（见图 3.5(f)、(g)）。它们分别经外接功率放大级后去触发晶闸管。若将控制电压U_C经R_{27}接于端9，即可与锯齿波电压及偏移电压并联综合改变触发延迟角α，U_C为负则使α增加，U_c为正则使α减小，从而实现移相控制。

　　由以上分析可知，$VT_1 \sim VT_7$组成同步与移相控制；$VT_8 \sim VT_{13}$形成两路脉冲，其相位差为$180°$，其中端1在延迟角α时输出脉冲，输出脉冲在同步电压的正半波。端15与端1输出脉冲相位滞后$180°$，电路移相范围约$170°$。

　　综上所述，KJ004集成触发器在同步电源一周内可得到相位差$180°$的两个脉冲，这样仅需一只KJ004集成触发器即可满足单相全控桥式整流电路的需要，其电路如图3.6所示。KJ004的端1脉冲在同步电压的正半波发出，它经3DK4放大后送至晶闸管1、晶闸管3；端15输出脉冲同样经放大后送至晶闸管2、晶闸管4。由R_{P2}确定的偏移电压U_B用以调节初始延迟角α_0；U_C为控制电压，进行移相控制。

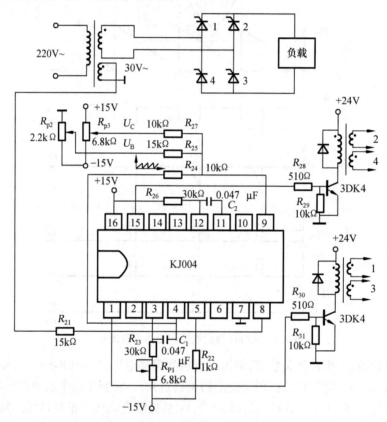

图3.6　集成触发器应用

　　集成触发器使用方便，但要注意外接电阻值的选取应参照使用说明书的规定，否则将使器件损坏或不能正常工作。

　　在三相电路的应用中，仅需三只集成块即可，但应注意，三相全控桥式电路需双窄脉冲或宽脉冲，在应用KJ004集成触发器时，其输出脉冲应拓宽或形成双脉冲才行。

3.3.2　集成触发器类型

　　KJ004是国产集成触发器KJ系列的一种，此外还有：

KJ001 集成触发器在同步电压的负半波有移相脉冲输出,用于单相、三相半控桥式主电路移相触发。

KJ006 集成触发器主要用于双向晶闸管交流调压的移相触发,它由交流电网直接供电,不需外加同步电压、直流工作电源及输出脉冲隔离变压器。

KJ008 过零集成触发器在交流电压(或电流)过零时触发,不能移相,主要用于无触点开关的零触发。

KJ009 集成触发器与 KJ004 集成触发器可以互换使用,主要是提高了抗干扰及触发脉冲的前沿陡度。

KJ041 六路双脉冲形成集成电路,具有 6 路单脉冲输入,6 路双脉冲输出,同时具有输出脉冲控制端,可以控制输出脉冲的有或无。

KJ042 脉冲列调制集成电路,它可将输入宽脉冲调制成脉冲列输出。

除了 KJ 系列外,KC 系列的产品与 KJ 系列具有相同的功能,如 KC01、KC04、KC06、KC09、KC41、KC42 集成触发器产品分别与 KJ001、KJ004、KJ006、KJ009、KJ041、KJ042 集成触发器产品的性能和用途相同。

KC05 集成触发器单路间隔 180° 输出触发脉冲,用于双向晶闸管门极触发,与 KC06 集成触发器不同的是,KC05 集成触发器需外加直流工作电源及隔离输出变压器。

KC07 电流过零触发器。

KC08 电压过零触发器。

KC10、KC11 集成触发器可取代 KC01 集成触发器,分别在同步灵敏度、抗干扰性等方面作了改进。

除集成触发器外还有各种型号的集成触发组件,例 KCZ2 集成化二脉冲触发组件,用于单相桥式主电路;KCZ3 集成化三脉冲触发组件,用于三相半控桥主电路或三相半波主电路;KCZ6 集成化六脉冲触发组件,用于三相全控桥主电路等等。这些组件是将集成触发器及外围电路组装在一块电路板上。

3.4　数字触发器

前面介绍的几种触发器,包括集成触发器,都是利用控制电压的幅值与交流同步电压综合(又称垂直控制)来获得同步和移相脉冲,即用控制电压的模拟量来直接控制触发相位角的,称为模拟触发电路。由于电路元件参数的分散性,各个触发器的移相控制必然存在某种程度的不一致,这样,用同一幅值的电压去控制不同的触发器,将产生各相触发脉冲延迟角(或超前角)误差,导致三相波形的不对称,这在大容量装置的应用中,将造成三相电源的不平衡,中线出现电流。一般模拟式触发电路各相脉冲不均衡度为 $\pm 3°$,甚至更大。

晶闸管触发信号,本质上是一种离散量,完全可由数字信号实现。随着微电子技术的发展,特别是微型计算机的广泛应用,数字式触发器的控制精度可大大提高,其分辨率可达 $0.7° \sim 0.003°$,甚至更高。由于微电子器件种类繁多,具体电路各异,可由单片机或数字集成电路构成,本节仅对数字触发器的基本工作原理作一些介绍。

3.4.1　由硬件构成的数字触发器

由硬件构成的数字触发器原理如图 3.7 所示。它由时钟脉冲发生器、模拟／数字转换器（A/D）、过零检测与隔离、计数器、脉冲放大与隔离等几个基本环节组成，其中核心部分是计数器，它可由计数器芯片或计算机来实现，如图 3.7 中虚框所示。

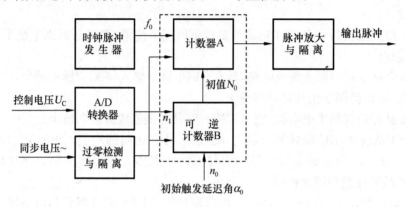

图 3.7　数字触发器

数字触发器各环节的功能如下：

（1）时钟脉冲发生器　　是计数器计数脉冲源，要求脉冲频率稳定，一般由晶体振荡器产生。

（2）A/D 转换器　　它将输入控制电压 U_c 的模拟量（一般是电压幅值）转换为相应的数字量（即脉冲数）。

（3）过零检测与隔离　　过零检测是数字触发器的同步环节，它将交流同步电压过零点时刻以脉冲形式输出，作为计数器开始计数的时间基准；输入隔离是为了使强弱电隔开，以保护集成电路或微型计算机。

（4）计数器　　计数器 A 为加法（或减法）计数器。当为加法计数器时，它从预先设置的初值 N_0 进行加法计数，至计满规定值 N 后输出触发脉冲，计数（$N-N_0$）之差值所需时间决定了触发延迟角 α；当为减法计数器时，由初值 N_0 进行减法计数，待减至零时输出触发脉冲，初值 N_0 直接决定触发延迟角 α。可逆计数器 B 给计数器 A 设置初值 N_0，N_0 由触发器的初始延迟角 α_0 及控制电压 U_c 所决定。

（5）脉冲放大与隔离　　将脉冲放大到所需功率并整形到所需宽度，经隔离送至相应晶闸管。通常输出隔离是必不可少的。

在电路各环节功能了解之后，就不难弄懂电路的工作原理。参照图 3.7，当控制电压 U_c 为零时，A/D 转换器输出亦为零。设可逆计数器 B 送至计数器 A 的初值 $N_0 = n_0$，计数器 A 为减法计数，计数脉冲频率为 f_0，则初始触发延迟角 α_0。

$$\alpha_0 = \omega t = \omega \frac{N_0}{f_0} = \omega \frac{n_0}{f_0}$$

式中：ω 为电源角频率。可见 α_0 由初值 n_0 决定。

当控制电路 U_c 为某一负值时，A/D 有输出脉冲 n_1，它与 U_c 成正比。设控制电压极性"负号"使可逆计数器 B 进行减法运行，则送至计数器 A 的初值 $N_0 = n_0 - n_1$。当过零脉冲到来后,计数器A开始减法计数,显然这使触发延迟角 α 变小;当 $+U_c$ 控制时,使可逆计数器B进行加法计算,送至计数器A的初值 $N_0(N_0 = n_0 + n_1)$ 增加,这样,使触发延迟角 α 变大。

过零检测脉冲是数字触发器输出脉冲时间基准,它使计数器A开始计数。当计数器A减至零(或计满 N)时输出一触发脉冲,并使计数器A清零,为下次置数作准备。同步电压及其输出脉冲波形如图3.8所示。

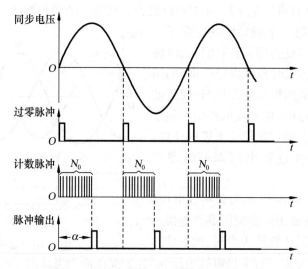

图3.8　减法计数时数字触发器各点波形

数字触发器的精度,取决于计数器的工作频率和它的容量,对 n 位二进制计数器来说,其分辨率 $\Delta\varphi = 180°/2^n$ 。采用8位二进制计数器时,它的分辨率可达 $0.7°$,而采用16位二进制计数器可达 $0.0027°$ 。

3.4.2　微机数字触发器

随着微机的广泛应用,构成计算机控制的系统或装置越来越多。在有计算机参与的晶闸管变流装置中,计算机除了完成系统有关参数的控制与调节外,还可实现数字触发器的功能,使系统控制更加准确与灵活,且省去多路模拟触发电路。

现以MCS-96系列8098单片机构成数字触发器为例说明,其原理框图如图3.9所示。与模拟触发器一样,数字触发器也包括了同步、移相、脉冲形成与输出等四部分。

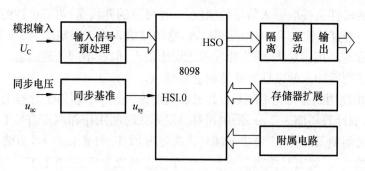

图3.9　单片机数字触发器

（1）脉冲同步

以交流同步电压过零作为参考基准，计算出触发延迟角 α 的大小，定时器按 α 值和触发的顺序分别将脉冲送至相应晶闸管的门极。

数字触发器根据同步基准的不同分为绝对触发方式和相对触发方式。所谓绝对触发方式，是指每一触发脉冲的形成时刻均由同步基准决定，在三相桥式电路中需有六个同步基准交流电压及一个专门的同步变压器；而相对触发方式仅需一个同步基准，当第一个脉冲由同步基准产生后，再以第一个触发脉冲作为下一个触发脉冲的基准，依此类推。对三相桥式电路而言，当用相对触发方式时相继以滞后 $60°$ 的间隔输出脉冲，但由于电网频率会在 50Hz 附近波动，所以 α 角及滞后的 $60°$ 电角度的产生必须以电网的一个周期作为 $360°$ 电角度来进行计算，为避免积累误差必须进行电网周期的跟踪测量。

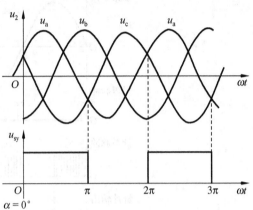

图 3.10　同步基准

同步电压可以用相电压，也可以用线电压，触发器的定相不再需要用同步变压器的连接组来保证相位差，而是在计算第 1 个脉冲（1 号脉冲）的定时值时加以考虑。例如，当以线电压 u_{ac} 作为交流同步电压时，经过过零比较形成的同步基准信号 u_{sy}（见图 3.10）用于三相桥电路，它的上跳沿正好是 $\alpha = 0°$，在 HSI.0 中断服务程序中就是读取当前触发延迟角 α 的基准，而当用相电压 u_a 作同步电压时，其过零点就有 $-30°$ 的相位差。

（2）脉冲移相

当同步信号正跳沿发生时，8098 的 HSI.0 中断立即响应，根据当前输入控制电压 U_C 值计算 α 值。设移相控制特性线性，当 $+U_{Cm}$ 时，$\alpha_{max} = 150°$，当 $-U_{Cm}$ 时，$\alpha_{min} = 30°$，则 $\alpha = 90° + 60°\dfrac{U_C}{U_{Cm}}$。

由于 8098 具有四路 10 位 A/D 转换通道，不需要再外接 A/D 转换电路，但 8098 单片机 A/D 转换器对外加控制电压有一定要求，它只允许 $0 \sim +5\,\text{V}$ 的输入电压进行转换，而实际的输入不仅有幅值的差异而且有极性的不同，因此需设置输入信号预处理电路，它的任务是判断输入信号的极性及提取输入信号的幅值。一种可行的办法是：将有极性的输入控制电压 U_C 分成两路，一路直接输入，另一路反相输入，这两路输入均正限幅值为 $+5\,\text{V}$，负限幅值为 $-0\,\text{V}$；这样不管输入正还是负，均为相应的正电压输入，但在不同的通道输入。这样，可根据不同的通道号来判断输入的极性并获得相应的幅值。

8098 单片机使用的晶振为 12MHz，其机器周期为 $0.25\,\mu\text{s}$，硬件定时器 T_1 是每 8 个机器周期计数一次，故计数周期为 $2\,\mu\text{s}$。采用相对触发方式时利用相邻同步信号上升沿之间的时间差来计算电网周期。设前一个同步基准到来时定时器 T_1 计数值为 t_1，当前同步基准到来时定时器计数值为 t_2，则电网周期 $T = t_2 - t_1$，单位电角度对应的时间为 $T/360°$，α 电角度对应的时间 $T_{1U} = \alpha T/360°$，T_{1U} 即为在同步基准上升沿发生后第一个脉冲的触发时间。改变第一个脉冲产生的时间就意味着脉冲移相。

（3）脉冲形成与输出

利用 8098 软硬件定时器、高速输出通道 HSO 和高速输入通道 HSI 的功能，使用软件定时中断实现触发脉冲的产生和输出。

当同步信号的正跳沿发生时，立即引起 HSI.0 外中断，它根据 α 计算每周期第一个脉冲对应的时间值 T_{1U}，此即触发脉冲的上升沿定时值，脉冲下降沿定时值 T_{1D} 由脉宽决定，设脉宽为 15°，则 $T_{1D} = (\alpha + 15°)T/360°$，将 T_{1U}、T_{1D} 值置入 HSO 的存储区 CAM 中，HSO 通过与定时器 T_1 比较，在 T_{1U} 时刻输出高电平，在 T_{1D} 时刻输出低电平，这样就形成了 1 号触发脉冲。

当 1 号脉冲上升沿到来时，HSO 产生中断，根据当前 α 值，加上两相邻脉冲之间的相位差 $\Delta\alpha$，在三相桥电路中 $\Delta\alpha = 60°$，则 2 号脉冲的定时值为：上升沿定时值 $T_{2U} = (\alpha + 60°)T/360°$。下降沿定时值 $T_{2D} = (\alpha + 75°)T/360°$。

同理，当 2 号触发脉冲至 6 号脉冲的上升沿产生时，也分别引起 HSO 中断，产生 3 号触发脉冲至 6 号触发脉冲。HSI.0 和 HSO 的中断服务程序流程图如图 3.11(a)、(b) 所示。

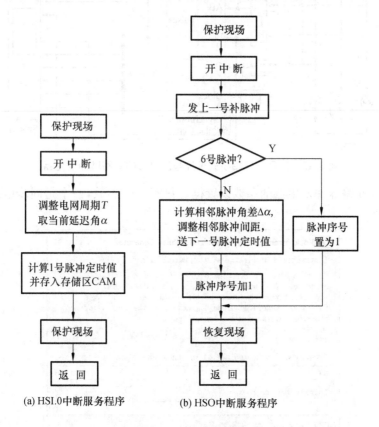

图 3.11　程序流程图

8098 单片机具有六路高速脉冲输出通道 HSO，因此 HSO 六路输出脉冲可分别送至三相桥电路的相应六只晶闸管，但它必须经过光电隔离、功率放大及变压器隔离输出。

8098 单片机具有 64KB 寻址空间，除了 256 个内部特殊存储器外，其余空间均需扩展，用来存放系统控制程序、存储实时采样的数据、各种中间结果及地址缓存等，存储器扩展电路为此而设置。

此外，8098 单片机的附属电路应包括复位电路、模拟基准高精度 5V 电源、12MHz 晶振等。

3.4.3 MATLAB 中的门极触发器

MATLAB 提供了多种使用方便的门极触发器,在第 1 章已经使用了部分。在此,以典型的同步 6 路脉冲发生器(Synchronized 6 - Pulse Generator)为例进行介绍。

6 路脉冲发生器的典型应用是在三相桥式可控整流电路中(见图 3.12)。

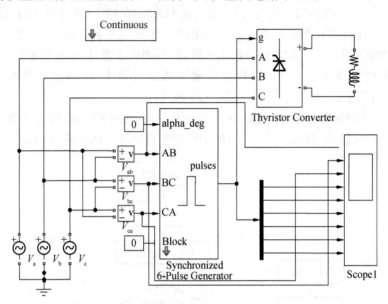

图 3.12 应用于三相桥式可控整流电路的 6 路脉冲发生器

图 3.13 为 6 路脉冲发生器的参数设置框。只有 2 个参数,一个是同步电压频率,另一个是脉冲宽度。

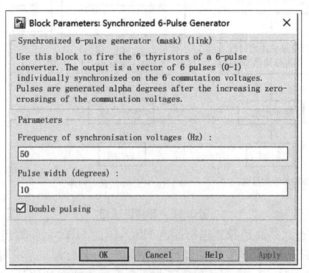

图 3.13 6 路脉冲发生器的参数设置

6 路脉冲发生器的输入信号有 5 个,分别是延迟角设定值,三个交流线电压信号 u_{ab}、u_{bc} 和 u_{ca}(请注意线电压的方向),以及闭锁信号(一般设置为 0)。基于仿真电路 3.12,可以得到延迟角为零($\alpha = 0°$)时,三个线电压与输出的 6 路脉冲的关系,如图 3.14 所示。

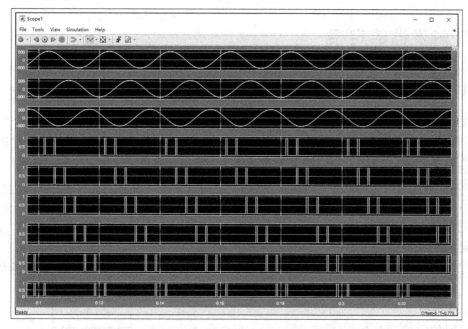

图 3.14 6 路脉冲发生器的输入输出关系($\alpha=0°$)

由图 3.14 可见,6 路脉冲均为间隔 60° 的双窄脉冲,依次滞后 60°。同时,第一个脉冲的起始位置是线电压 u_{ca}(见图 3.14 中第 3 行)由正到负的过零点,也即相电压 u_a、u_c 在正半部分的交点。综上,6 路脉冲发生器的输入输出关系正是三相桥式整流电路需要的,直接接上即可。

当设置延迟角 $\alpha=30°$ 时,对应关系如图 3.15 所示。

类似地,可以研究和应用 MATLAB 提供的其他门极触发器。

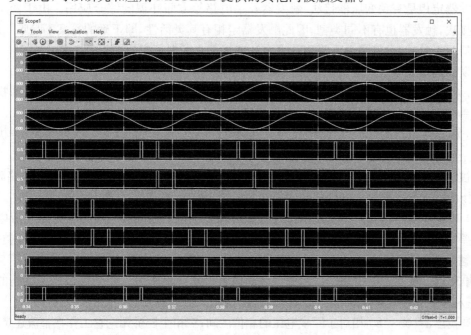

图 3.15 6 路脉冲发生器的输入输出关系($\alpha=30°$)

3.5　触发器的定相

3.5.1　概述

　　触发器输出脉冲要与主电路交流电源同步,为此不论什么类型的触发器均需有一个与主电路交流电源电压频率相同、相位差固定的交流电压(称为同步电压)作为触发器输出脉冲相位的基准,在控制电压不变的情况下使得触发器输出脉冲对于交流电压相位稳定。

　　变流器一般由主变压器、同步变压器、主电路、触发器及控制电路组成,如图 3.16 所示。要求触发器输出脉冲 $\alpha<90°$ 时变流器工作在整流状态;$\alpha>90°$ 时变流器工作在有源逆变状态。

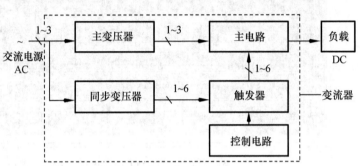

　　触发器的定相就是根据触发器特性、主电路情况、主变压器和同步变压器的连接

图 3.16　触发器定相

组,将触发器与主电路之间、触发器与同步变压器之间、主变压器与主电路之间以及主变压器和同步变压器与交流电源之间正确地连接起来,以保证变流器的正常工作。

3.5.2　触发器的定相方法

　　触发器定相是有关变压器接法、触发器及主电路等方面知识的综合应用。由于变压器有多种接法,触发器也有不同类型,因此触发器定相有其灵活性,即正确的答案不是唯一的,但要求却是一致的,也就是说不管用什么方法连接都必须保证变流器正常工作。

　　触发器的定相方法一般从三个方面来分析与综合:

　　(1) 根据触发器特性,分析触发器输出脉冲相对于它的交流同步电压相位关系,即找出 $\alpha=\alpha_{min}=0°$ 至 $\alpha=\alpha_{max}$ 相对于同步电压的相位区间。

　　(2) 根据主电路图,以主电路中任一只晶闸管(一般以编号为 1 的晶闸管)为例,分析晶闸管 α_{min} 至 α_{max} 时相对于主电路交流电压的相位区间。

　　当触发器 $\alpha=\alpha_{min}=0°$ 与主电路 $\alpha=\alpha_{min}=0°$ 相对应,且触发器最大移相范围能满足主电路需要时,说明该触发器已能满足主电路要求,从而分析出同步电压与主电路交流电压的相位差。

　　(3) 确定主变压器和同步变压器的连接组以保证满足上述同步电压与主电路交流电压的相位差,确定其中一只触发器的同步电压及触发器输出,其余触发器的同步电压可类推,以完成触发器的定相。三相变压器的常用连接组示于图 3.17,供定相参考。

　　【例 3.1】　触发器定相举例。以图 3.2 晶体管触发电路作为三相全控桥式主电路的触发器,三相全控桥主电路元件编号如图 3.18(d)所示。依据触发器定相的一般方法:

　　(1) 找出 $\alpha=0°\sim180°$ 相对于同步电压的相位区间;三相全控桥无论它工作在整流还是有源逆变,移相范围 $\alpha_{max}=180°$ 就能满足。图 3.2 晶体管触发电路的有关波形如图 3.18(a)、

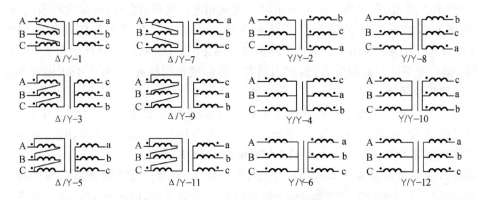

图 3.17　三相变压器常用连接组

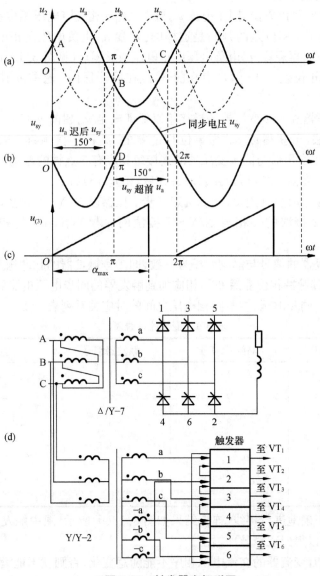

图 3.18　触发器定相附图

(b)、(c)所示。图 3.18(a)为三相全控桥输入交流相电压波形;图 3.18(b)为同步电压,已经知道,在其锯齿波线性增长区间是其移相范围 $\alpha_{max} > 180°$,其移相范围能满足需要。从图 3.18(b)、(c)已清楚看出 α_{max} 相对于同步电压的相位区间:从负半周开始大于 180°区间。

(2) 以主电路 1 号晶闸管为例,找出触发 1 号晶闸管的脉冲 $\alpha = 0° \sim 180°$ 相对于主电路交流电压的相位区间;

如图 3.18(a)所示,对于三相全控桥 1 号晶闸管,它的触发脉冲 $\alpha_{min} = 0°$ 应在 u_a 与 u_c 相电压的交点 A 处,它的 $\alpha_{max} = 180°$ 应在 u_a 与 u_c 的相电压交点 B 处(图 3.18(a)),这就找到了触发脉冲相对于主电路交流电压的相位区间在 A 至 B 区间。

如将 A 点时刻定为 $\omega t = 0$ 时刻,这正如图 3.18(a)所绘。这样画波形图的目的是让触发器的 $\alpha = 0°$ 与 1 号晶闸管所需脉冲 $\alpha = 0°$ 正好同一时刻发生,即触发器满足主电路 1 号晶闸管对触发脉冲相位的要求。

由图 3.18(a)、(b)可以看出,同步电压 u_{sy} 与主电路 a 相交流电压相位差 150°,而且是同步电压 u_{sy} 超前 u_a150°。相位差的判断是这样的:观察 u_a 由负电压向正电压的过零点(见图 3.18(a)中的 C 点),再观察 u_{sy} 由负电压向正电压的过零点(见图 3.18(b)中的 D 点),从而判断 D、C 之间的相位差为 150°,D 点在前,C 点在后,因而 u_{sy} 超前 u_a150°(或者 u_a 迟后 u_{sy}150°)。

(3) 确定主变压器和同步变压器的连接组以保证满足 u_{sy} 超前 u_a150°,根据三相变压器连接组用时钟表示法,可获得以 30°为单位相位差的 12 种连接组别。若要满足 u_{sy} 超前 u_a150°的相位差,则主变压器与同步变压器的连接组就应有 5 点钟的差别(150°/30° = 5),同步变压器连接组时钟在前;主变压连接组时钟在后,相差 5 点钟。

满足这样的连接组有多种连接,比如选定同步变压器以 Y/Y−2 接法,则主变压器应为 △/Y−7,则 Y/Y−2 接法的 a 相与 △/Y−7 接法的 a 相就有 150°的相位差,且前者超前 150°。

如果将六只触发器的编号与晶闸管编号一致,即 1 号触发器的脉冲送至 1 号晶闸管,则触发器号每增加 1,其脉冲相位滞后 60°,相应加到触发器的同步电压也滞后 60°,依此类推,可将晶闸管、触发器、同步电压、主电路相电压之间的对应关系列表 3.1。

表 3.1 变流器接线表

主电路相电压	晶闸管编号	触发器编号	同步电压
u_a	1	1	u_{sya}
$-u_c$	2	2	$-u_{syc}$
u_b	3	3	u_{syb}
$-u_a$	4	4	$-u_{sya}$
u_c	5	5	u_{syc}
$-u_b$	6	6	$-u_{syb}$

根据此表可以正确地进行接线,连接结果如图 3.18(d)所示,图中触发器输入之间的连线为补脉冲连接线,以得到双窄脉冲输出。

从定相分析可知,变流器的交流电源相序不能随意变化,否则就不能满足触发脉冲的同步关系,当相序接反时,整流的输出得不到要求的平滑调节波形,逆变工作甚至会造成设备事故,这在使用中应加以注意,为此,在有的设备中设置了相序指示和保护,当相序不正确时系统不能工作并有指示。

习题和思考题

3.1 晶闸管门极信号有哪些? 最常用的有哪些?

3.2 晶闸管电路对门极信号有什么要求?

3.3 图 3.2 锯齿波移相的晶体管触发电路输出脉冲有什么特点? 它的移相范围会有多大?

3.4 根据补脉冲原理,试设计六路单脉冲输入、六路双脉冲输出电路。

3.5 【例 3.1】中主变压器为 Δ/Y-7 接法,同步变压器为 Y/Y-2 接法,除此之外还有什么接法可满足定相要求? 列举 2 例。试对三相全控桥式主电路进行触发器的定相分析。

3.6 画出用三块 KJ004 集成触发器组成三相全控桥式可控整流主电路的原理框图,并作定相分析。

3.7 晶闸管门极触发电路一般由哪些部分组成?

3.8 晶闸管门极触发电路为什么必须有交流同步信号电压输入?

3.9 试述数字触发器的特点和工作原理。

3.10 晶体管触发电路、集成触发器、数字触发器在输出脉冲形式、移相范围、同步信号要求、适用范围、可靠性、灵活性等方面作一比较。

3.11 数字触发器根据同步基准的不同,绝对触发方式和相对触发方式各有什么优缺点?

3.12 什么是触发器的定相? 触发器如何定相?

3.13 如何能获得强触发脉冲? 试画出其电路图。

3.14 针对第 1 章的单相和三相仿真电路,分析其门极触发器。

4 交流调压和交交变频（AC/AC 变换）

4.1 交流调压

交流调压是指交流电压幅值的变换（其频率不变），广泛应用在台灯和舞台的灯光控制，异步电动机的软起动，有功和无功功率的连续调节以及高压小电流或低压大电流直流电源中调节变压器一次侧电压等场合。交流调压、交流调功和交流开关三者工作方式类似，有时统称为交流电力控制器，它通常是指接在交流电源与负载之间，用以实现调节负载电压有效值、功率调节和开关控制的电力电子装置，相应也称为交流调压器、交流调功器和交流电力开关。它们可以采用相位控制或通断控制。交交变频是指将固定频率的交流电直接变换成另一固定或可调频率的交流电，中间不经过其他环节，是一种直接变频器，目前有相控式和矩阵式两种。

4.1.1 单相交流调压

单相交流调压电路是交流调压中最基本的电路，它由两只反并联的晶闸管 VT_1 和 VT_2 组成，如图 4.1(a)所示。由于晶闸管为单向开关元件，所以必须用两只普通晶闸管分别作正负半周的开关，当一个晶闸管导通时，它的管压降成为另一个晶闸管的反压使之阻断，实现电网自然换流。图 4.1(b)是输入交流电源电压 u_a 波形。

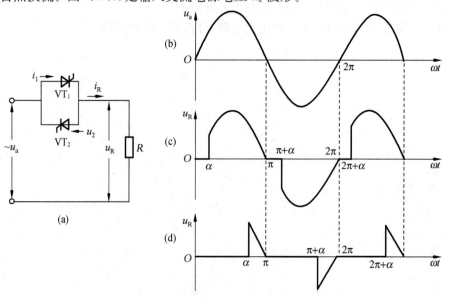

图 4.1　单相交流调压电路和波形

1) 电阻负载

和整流电路一样,交流调压电路的工作情况与负载性质和控制角 α 有很大的关系,图 4.1 中(c)和(d)是电阻性负载下不同 α 的输出交流电压波形。可以看出,改变控制角 α 就可将电源电压 u_a"削去"$0\sim\alpha$、$\pi\sim\pi+\alpha$ 区间一块,从而在负载上得到不同大小的交流电压。

由输出波形可求得负载电压的有效值:

$$U_R = \sqrt{\frac{1}{\pi}\int_\alpha^\pi (\sqrt{2}U_a\sin\omega t)^2 d\omega t} = U_a\sqrt{1-\frac{2\alpha-\sin2\alpha}{2\pi}} = U_a\sqrt{\frac{\sin2\alpha}{2\pi}+\frac{\pi-\alpha}{\pi}}$$

(4.1)

式中: U_a——输入交流电压的有效值。

负载电流有效值:

$$I_R = \frac{U_R}{R} = \frac{U_a}{R}\sqrt{1-\frac{2\alpha-\sin2\alpha}{2\pi}} = \frac{U_a}{R}\sqrt{\frac{1}{2\pi}\sin2\alpha+\frac{\pi-\alpha}{\pi}} \qquad (4.2)$$

输出有功功率:

$$P_R = U_R I_R = \frac{U_a^2}{R}\left(1-\frac{2\alpha-\sin2\alpha}{2\pi}\right) = \frac{U_a^2}{R}\left(\frac{1}{2\pi}\sin2\alpha+\frac{\pi-\alpha}{\pi}\right) \qquad (4.3)$$

有功功率与视在功率($S=U_a I_R$)之比定义为输入功率因数 PF,则

$$PF = \frac{U_R I_R}{U_a I_R} = \frac{U_R}{U_a} = \sqrt{1-\frac{2\alpha-\sin2\alpha}{2\pi}} = \sqrt{\frac{1}{2\pi}\sin2\alpha+\frac{\pi-\alpha}{\pi}} \qquad (4.4)$$

输入功率因数 PF 与控制角 α 的关系如图 4.2 曲线所示,可见,α 越大,输出电压越低,输入功率因数也越低。

另外,从图 4.1 中(c)和(d)波形图上可以看到,输出电压虽是交流,但不是正弦波(波形与横轴对称,没有偶次谐波,而包含有 3、5、7、9 等奇次谐波),这与用调压变压器进行交流调压输出是正弦波不同,所以,只适用对波形没有要求的场合,例如温度和灯光的调节,如果作其他调压器,则要注意负载容许多大的波形畸变。

由此也可以看出,不论是可控整流还是交流调压,电力电子装置中采用移相控制($\alpha \neq 0°$),即使是电阻负载,没有储能元件,也没有无功功率流动,并不像正弦

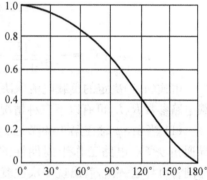

图 4.2　单相交流调压电阻负载输入功率因数与控制角的关系

交流电压、电流电路那样,功率因数为 1,这是因为电流已不是正弦波,这里的无功功率一部分是由基波电流相移产生,另一部分则由谐波电流产生。

2) 感性负载

交流调压电路工作在电感性负载时,由于控制角 α 和负载阻抗角 ψ 的关系不同,晶闸管每半周导通时,都会产生不同的过渡过程,因而出现一些要特别注意的问题。

图 4.3(a)画出了单相交流调压电路电感性负载时的电路,R 和 L 为负载电阻和电感。晶闸管开关可用图 4.3(b)等效电路表示。设 $\omega t=0$ 时晶闸管触发导通,相当于开关 S 闭合,这时控制角为 α,波形如图 4.3(c)选择坐标,则可以列出电路的微分方程式:

$$\sqrt{2}U_a\sin(\omega t+\alpha) = L\frac{di_0}{dt}+i_0 R$$

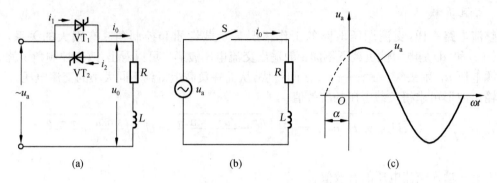

图 4.3　单相调压电感性负载时的等效电路和波形

此方程式的解在第 1.4 节中已解出为：

$$i_0 = i'_0 + i''_0。$$

稳态分量：

$$i'_0 = \frac{\sqrt{2}U_a}{\sqrt{R^2 + (\omega L)^2}} \sin(\omega t + \alpha - \psi) \tag{4.5}$$

式中：$\psi = \arctan \dfrac{\omega L}{R}$，亦称负载功率因数角。

自由分量：

$$i''_0 = -\frac{\sqrt{2}U_a}{\sqrt{R^2 + (\omega L)^2}} \sin(\alpha - \psi)\exp\left(-\frac{R}{L}t\right) \tag{4.6}$$

$$i_0 = i'_0 + i''_0 = \frac{\sqrt{2}U_a}{\sqrt{R^2 + (\omega L)^2}} \left[\sin(\omega t + \alpha - \psi) - \sin(\alpha - \psi)\exp\left(-\frac{R}{L}t\right)\right] \tag{4.7}$$

由式(4.7)决定的负载电流取决于控制角 α 和负载电路参数 R、L，可有以下三种情况：

（1）当 $\alpha > \psi$ 时在第 1.4 节已讨论过，晶闸管的导通角 $\theta < \pi$，电路工作于周期性的过渡过程状态。晶闸管每导通一次，就出现一次过渡过程，依次循环。由于这种情况下相邻两次过渡过程完全一样，这也就是电路的稳定工作状态（见图 4.4）。电源负半波触发脉冲来到前，正半波电流已经为零，晶闸管便自动关断。这种情况输出电压可借改变 α 连续调节，但电流波形既非正弦又不连续。

（2）当 $\alpha = \psi$ 时，由式(4.6)知，i_0 中的自由分量 i''_0 为零，电流直接进入稳态值。这时晶闸管导通角 $\theta = 180°$，负载电流波形变成了连续的正弦波，如图 4.5 所示。这种情况输出电压达最大值，即为输入电压（忽略晶闸管压降），相当于晶闸管已被短接，交流电源直接加于负载。

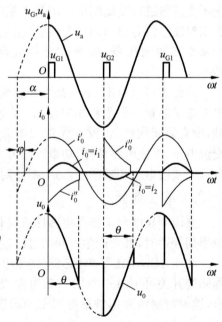

图 4.4　$\alpha > \psi$ 时的电流、电压波形

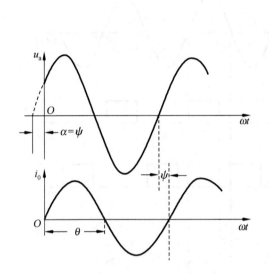

图 4.5　$\alpha=\psi$ 时的波形

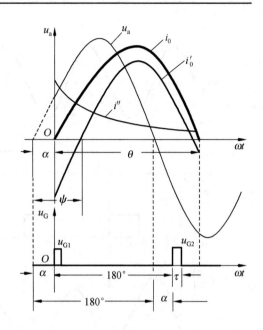

图 4.6　$\alpha<\psi$ 时的波形

（3）当 $\alpha<\psi$ 时，由式（4.5）和式（4.6）可知，这时 i_0' 的初始值为负，i_0'' 为正，它们的波形如图4.6所示。可以看出，电流 i_0 衰减到零的时间拖长，导电角 $\theta>180°$。

在图 4.6 所示 $\alpha<\psi$ 的情况，如果用窄触发脉冲，其宽度 $\tau<\theta-180°$，则当 VT_1 的电流下降到零时，VT_2 的门极脉冲 u_{G2} 已经消失而无法导通，到第二个周期时，VT_1 又重复第一周期的工作，这样电路如同感性负载的半波整流，只有一个晶闸管工作，回路中产生直流分量 I_0（见图4.7）。这对变压器、电机绕组一类负载就会造成铁心饱和，或因线圈直流电阻很小，而产生很大的直流电流，烧断熔断器，甚至损坏晶闸管。

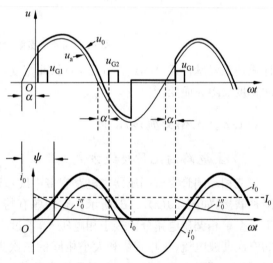

图 4.7　低功率因数窄触发脉冲时的失控现象

如果采用宽触发脉冲，其宽度 $\tau>\theta-180°$，则 VT_1 的电流降为零后，VT_2 的触发脉冲仍然存在，VT_2 可以在 VT_1 之后接着导电，相当于 $\alpha>\psi$ 的情况，VT_2 的导电角 $\theta<180°$。从第二个周期开始，VT_1 的导电角逐渐减小，VT_2 的导电角将逐渐增大，如图 4.8 所示，直到两个晶闸管的 $\theta=180°$ 时达到平衡，过渡过程结束（通常经过几个时间常数 L/R 的时间），这时的电路工作状态与 $\alpha=\psi$ 时相同。

由以上分析可见，当 $\alpha\leqslant\psi$ 时，晶闸管已不再起调压作用；$\alpha=\psi$ 时输出电压达到最大值；单相交流调压电路触发脉冲的最大移相范围为 $180°-\psi$。

触发脉冲宽度如按 $\tau\geqslant\theta-180°$ 选择，则 τ 既与 α 又与 θ 有关，比较麻烦；因此，通常都设

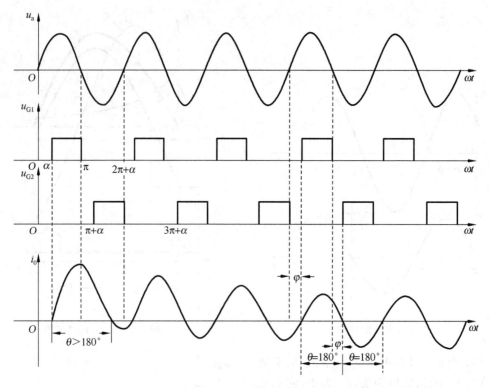

图 4.8　$\alpha < \psi$ 宽触发脉冲时的过渡过程

计成把触发脉冲后沿固定在 π 处,使脉冲宽度不越过工作的半波,即 $\tau = 180° - \alpha$,使触发脉冲宽度仅随 α 而变。

4.1.2　三相交流调压

1) 主电路的几种接线方式

三相晶闸管交流调压器主电路有带中线星形、无中线星形、支路控制和中点控制内三角诸种联接,如图4.9(a)～(d)所示。它们各有特点,分别适应不同的场合。其中:图(a)相当于三个单相调压电路分别接于相电压上,不过三相对称负载时,图(a)的零线中会流过有害的三次谐波电流(各相相位和大小相同的三次谐波值的代数和);图(b)用于"Y"形负载,也可用于"△"形负载,图(c)、(d)只适用△负载,也相当于由三个单相调压电路组成,只是每相的输入电源为线电压。图(c)是一种支路控制△形联结,三次谐波电流只在△形中流动,而不出现在线电流中。

如果图(b)中Y负载为电容器,便构成晶闸管接切电容器(Thyristor Switched Capacitor,TSC),将此并联接于电网,相当于一个无功电流源。采用相位控制,可以调节电网的无功电流。

同样,图(c)的负载如为电抗器,便构成晶闸管控制电抗器(Thyristor Controlled Reactor, TCR),将它并联接于电网,通过对 α 角控制,可以连续调节流过电抗器的电流,从而调节电路从电网中吸收的无功功率。

当 TSC 和 TCR 配合使用,就可以从容性到感性的范围内连续调节无功功率,被称为静止无功补偿装置(Static Var Campensator，SVC)，这种装置在电力系统中广泛用来对无功功率进行动态补偿，以补偿电压波动或内变。

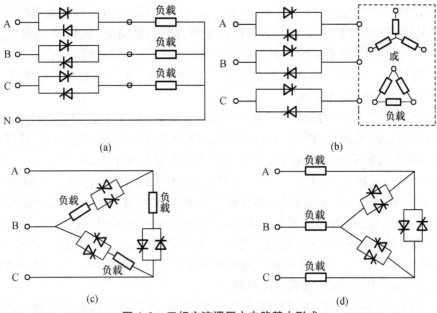

图 4.9　三相交流调压主电路基本形式

2) 波形分析

下面仅对谐波较小用得最多的三相全波 Y 形连接的调压电路进行分析。

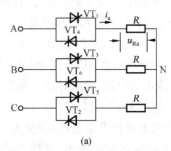

设为电阻性负载，如图 4.10 所示。由于没有中线，如同三相全控桥式整流电路一样，若要负载通过电流，至少要有两相构成通路，即在三相电路中，至少要有一相晶闸管阳极正电压与另一相晶闸管阴极负电压的两只晶闸管同时导通。为了保证在电路工作时能使两个晶闸管同时导通，要求采用大于 60°的宽脉冲或双脉冲的触发电路；为保证输出电压三相对称并有一定的调节范围，要求晶闸管的触发信号，除了必须与相应的交流电源有一致的相序外，各触发信号之间还必须严格地保持一定的相位关系。对图 4.10 (a)主电路，要求 A、B、C 三相电路中正向晶闸管 VT$_1$、VT$_3$、VT$_5$ 的触发信号相位互差 120°，反向晶闸管 VT$_4$、VT$_6$、VT$_2$ 的触发信号相位也互差 120°，而同一相中反并联的两个正、反向晶闸管的触发脉冲相位应互差 180°，即各晶闸管触发脉冲的序列应按 VT$_1$、VT$_2$、…、VT$_6$ 的次序，相邻两个晶闸管的触发信号相位差 60°。所以原则上，三相全控桥式整流电路的触发电路均可用于三相全波交流调压。

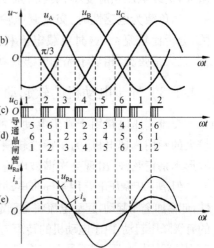

图 4.10　三相全波Y形交流调压主
电路和 α＝0°时的波形

为使负载上能得到全电压,晶闸管应能全导通,因此应选用电源相应波形的起始点作为控制角 $\alpha = 0°$ 的时刻(这一点与三相全控桥式整流电路不同,后者分为共阴极组和共阳极组,是以相电压的交点作为 $\alpha = 0°$)。图 4.10(b)、(c)、(d)示出三相交流电源电压 u_A、u_B、u_C $\alpha = 0°$ 时各晶闸管的触发信号 u_G 以及各个区段晶闸管导通的情况,例如 $0 \sim \pi/3$ 区间,原来 VT$_5$、VT$_6$ 已处导通状态,在 $\omega t = 0$ 时刻给 VT$_1$ 加触发信号 u_G,则这期间 VT$_5$、VT$_6$ 和 VT$_1$ 三个元件都将导电,图(e)为 A 相负载上电压 u_{Ra} 和电流 i_a 的波形,B 相和 C 相负载上的电压和电流分别与之相差 120° 和 240°。

当 α 为其他角度时,有时会出现三相均有晶闸管导通,有时只有两相晶闸管导通。对于前种情况,三相负载 Y 连接的中点 N 与三相电源的中点 O 等电位;对于后种情况,导通的两相每相负载上的电压为其线电压的一半,不导通相的负载电压为零。

例如:$\alpha = 30°$(见图 4.11(a)),$0 \sim \pi/6$ 期间,5、6 两元件导通,VT$_1$、VT$_4$ 均阻断,所以 A 负载上无电压,$u_{Ra} = 0$;$\omega t = \pi/6$ 时刻,晶闸管 VT$_1$ 被触发导通,$\pi/6 \sim \pi/3$ 期间,5、6、1 三个元件导通,负载上的电压为电源相电压,即 $u_{Ra} = u_A$;至 $\omega t = \pi/3$ 时刻,$u_C = 0$,VT$_5$ 阻断,直至 VT$_2$ 得到触发信号,$\pi/3 \sim \pi/2$ 期间只有 6、1 元件导通,$u_{Ra} = u_{AB}/2$;$\pi/2 \sim 2\pi/3$ 期间,又是三个元件导通,$u_{Ra} = u_A$;$2\pi/3 \sim 5\pi/6$ 期间则是 VT$_1$、VT$_2$ 导通,$u_{Ra} = u_{AC}/2$;其后至 π 的 30° 区间,$u_{Ra} = u_A$。负半周时,情况依此类推。

$\alpha \geqslant 60°$ 开始,当给 VT$_1$ 触发信号时,VT$_5$ 已经关断,所以任何瞬时只有两个元件导通,这时负载电压不为零的期间总是导通两相线电压一半,见图 4.11(b)和(c)。至 $\alpha > 90°$,就有一区段内三个元件均不导通,例如图 4.11(d),在 $\omega t = \pi/2$ 后,$u_B > u_C$,5、6 便因反压而关断,直到 $\alpha = 2\pi/3$,VT$_1$ 受到触发信号时,才与 VT$_6$ 构成电流通路。在 $\alpha > 150°$ 后再给 VT$_1$ 触发脉冲就没有作用了,因为此时即使有 VT$_6$ 的触发脉冲,但由于 $u_A < u_B$,VT$_1$ 和 VT$_6$ 都处于负偏压状态而无法导通。所以图 4.10(a)所示三相交流调压电路电阻负载时触发角最大移相范围为 0° ~ 150°。

由以上分析可以看出,交流调压所得的负载电压和电流波形都不是正弦波,且随着 α 角增大,负载电压相应变小,负载电流开始出现断续。

当负载为电感性时,交流调压输出的波形及谐波既与 α 有关,也与负载的阻抗角 ψ 有关,分析比较复杂,这时负载电流和施加电压的波形也不再同相。当 $\alpha = \psi$ 时,负载电流最大,且为正弦波,相当于晶闸管被短接。

4.1.3 异步电动机的软起动

交流调压电路用于异步电动机的平滑调压调速,但由于其调速范围很小;要用转子内阻较大的专用调速电机;为了特性较硬,还必须采用速度反馈;再加之调压电路移相控制,电压波形不是正弦波,出现高次谐波电流,对电机和电网均有害,因此现在已很少使用。

但是三相调压电路用于异步电动机的起动已越来越普遍。这是因为依据异步电动机的特性,如突加全压起动,起动电流将是额定电流的 4~7 倍,对电网及生产机械会造成冲击;如用传统的有级降压起动,由于电动机的转矩与所加电压平方成正比,而电动机拖动的负载有轻有重,不区别情况施加电压,则不是电能浪费就是电机起动不了。当采用晶闸管交流调压电路对电动机供电,起动时使电压平滑上升则可避免这种情况,这种起动方式便称为软起动,其控制框图如图 4.12 所示,三相调压电路采用电流、电压反馈组成闭环系统,起动性能由控制器实现。

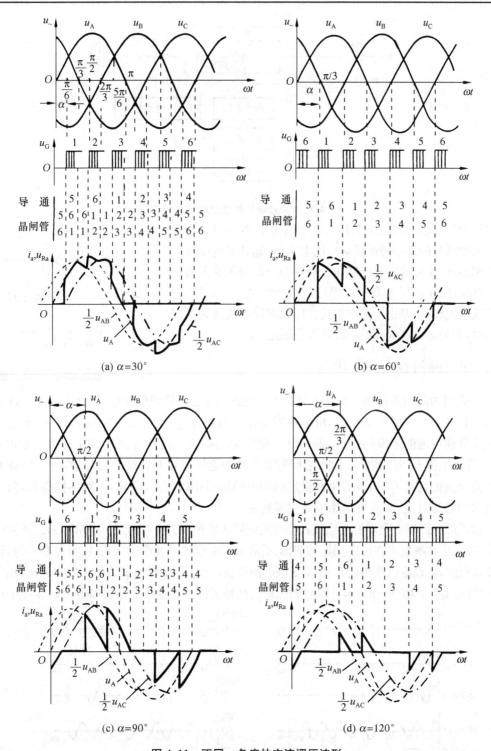

图 4.11 不同 α 角度的交流调压波形

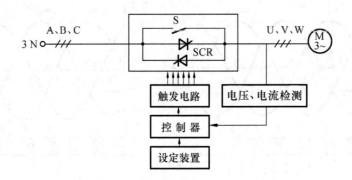

图 4.12　异步电动机软起动控制框图

最常用的软起动方式电压上升曲线如图 4.13 所示,U_S 为电动机起动需要的最小转矩所对应的电压值,起动时电压按一定斜率上升,使传统的有级降压起动变为三相调压的无级调节,初始电压及电压上升率可根据负载特性调整。此外,还可实现其他起动、停止等控制方式。用软起动方式达到额定电压时,开关 S 接通,电动机 M 转入全压运行。

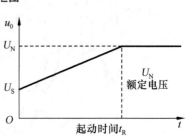

图 4.13　软起动电压上升曲线

4.1.4　晶闸管交流调功器

交流调功器的主电路与交流调压一样,但采用的是不是相位控制,而通断控制。这种控制方式是在设定的周期范围内,将电路接通几个周波,然后断开几个周波,通过改变晶闸管在设定周期内通断周波的比例,来调节负载两端的功率。这种方式相当于相位控制时的 $\alpha = 0°$,所以也称为"零触发"。由于晶闸管是在电源电压过零时就被触发导通,所以负载上得到的是完整的正弦波,调节的是在设定周期内的通断比(亦称占空比)。对感性负载,为了防止过大的暂态电流,有时也采用电流过零触发。

过零触发可以有全周波连续式和全周波间隔式两种,前者在设定的周期内,输出正弦波分布集中,输出功率集中在设定周期的前部;后者又称断续式或波序控制式,波形分布均匀,输出功率较稳定,若设定周期中包含 N 个工频电压周波,导通周波数为 n,为保证均匀分布,相应导通波之间间隔应为 $(N-n)/n$,并取整数波形。两种工作方式的波形分别如图 4.14(a)和(b)所

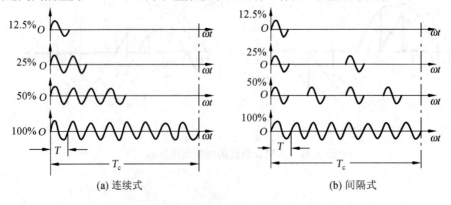

(a) 连续式　　　　　　　　　　(b) 间隔式

图 4.14　调功器的两种工作方式

示,图中各表示四种通断比。T_c 为设定的周期,它是交流电源周期 T(50 Hz 时,$T=20$ ms)的整数倍,$T_c=NT$,这里 $N=8$。

调功器的输出电压有效值:

$$U_O = \sqrt{\frac{1}{T_c}\int_0^{nT} u_N^2 dt} = \sqrt{\frac{nT}{T_c}} U_N \tag{4.8}$$

输出功率:

$$P_O = \frac{U_O^2}{R} = \frac{nT}{T_c}\frac{U_N^2}{R} = \frac{nT}{T_c} P_N \text{ 或 } P_O = \frac{n}{N} P_N \tag{4.9}$$

式中:U_N 和 P_N 为设定周期 T_c 内全部周波都导通时的输出有效值电压和输出功率。可见,只要改变导通周波数 n,就可改变输出电压和输出功率。

调功器触发电路构成框图如图 4.15(a)所示。在同步信号电路作用下,交流电源电压每次过零时,过零触发电路都输出一个脉冲。该脉冲要经过电子开关 S 才能加于晶闸管。电子开关受通断比调节信号 u_c 控制。而 u_c 由锯齿波 u_t 和给定电压 u_r 经信号综合电路比较后得出。u_t 的周期为设定周期 T_c。设 $u_r > u_t$ 时,S 闭合,允许脉冲通过。可以看出,只要改变 u_r 的大小就可改变 u_r 与 u_t 的交点,也就是 S 的闭合时间,从而控制加于晶闸管的脉冲数量,图 4.15(b)为波形图。

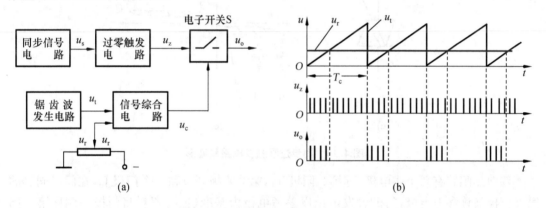

(a)　　　　　　　　　　　　　　　(b)

图 4.15　调功器触发电路构成和波形

通断控制方式晶闸管在电压过零的瞬间开通,波形为正弦波,克服了相位控制时会产生谐波干扰的缺点,但调功器输出电压为断续波,只适用于有较大时间常数的负载,而且晶闸管导通时间是以交流电的周期为基本单位,所以输出电压和功率的调节不太平滑。一个设定周期 T_c 中所包含的正弦波个数 N 越多,即 $N=T_c/T$ 越大,则过零触发调功的最小量化单位(P_n/N)就越小,即功率调节的分辨率越高,能达到的调功稳态精度也就越高。

4.1.5　双向晶闸管

交流电力控制器中反并联的两只普通晶闸管可由双向晶闸管(triac)来代替,它是一种派生的晶闸管器件,由 n 型硅片两侧扩散形成 pnp,再在两侧设置 pn 结,形成 npnpn 五层结构。它对外也是三端器件,是双向交流开关,其结构示意图、等效电路、电路符号及阳极伏安特性分别如图 4.16(a)~(e)所示。

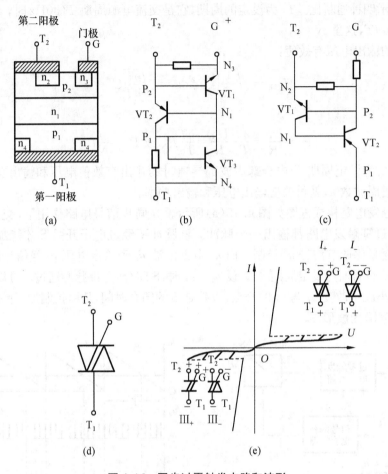

图 4.16　同步过零触发电路和波形

　　双向晶闸管有两个主电极(称第 1 阳极 T_1,第 2 阳极 T_2)和一个门极 G,在门极同侧的第 2 阳极又称参考电极,门极触发电位以参考电极为基准(也有资料将门极一侧称第 1 阳极,这时第 1 阳极就是参考电极)。

　　双向晶闸管在主电极正、反两个方向,门极加正、负脉冲都能触发导通,阳极伏安特性在 Ⅰ、Ⅲ 象限对称(见图 4.16(e)),共有 4 种触发方式:$Ⅰ_+$、$Ⅰ_-$、$Ⅲ_+$、$Ⅲ_-$。这一结论,可用等效电路的概念来进一步解释。图 4.16(b)、(c)是从双向晶闸管既可以看成五层三端器件,也可以看成四层三端器件分别引伸出来的等效电路。图 4.16(b)说明,当第 2 阳极 T_2 电位是正、第 1 阳极 T_1 电位是负、门极 G 加负脉冲信号(用 $Ⅲ_-$ 表示),则由门极信号产生的 VT_1 基极电流经 VT_1、VT_2、VT_3 的放大和正反馈作用将使其迅速导通,产生由 T_2 流向 T_1 的电流;图 4.16(c)等效电路就是普通晶闸管等效电路,第 1 章已经讨论过,在 T_1 电位正、T_2 电位负条件下,G 加正脉冲(即 $Ⅰ_+$),将产生由 T_1 流向 T_2 的电流,因此双向晶闸管能流过两个方向的电流,$Ⅰ_-$、$Ⅲ_+$ 的导通过程读者可根据(b)、(c)等效电路自行分析。4 种触发方式的主电极和门极的正、负电压极性如图 4.16(e)所示。4 种触发方式的灵敏度各不相同,其中 $Ⅲ_+$ 方式最低。所以在实际使用中,当用直流或同向门极信号触发时,宜用 $Ⅰ_-$ 和 $Ⅲ_-$ 方式(即用负门极信号触发),而用交流门极信号触发时,宜用 $Ⅰ_+$ 和 $Ⅲ_-$ 方式。

不难看出,双向晶闸管不论从结构还是从特性,都可把它看成是一对反并联的普通晶闸管。由于只有一个门极,且正负脉冲均能触发,所以在交流开关和交流调压、调功应用中能使主电路大大简化,触发电路设计也比较灵活。

由于双向晶闸管常用在交流电路中,所以额定通态电流不用平均值表示,而是以交流电流有效值表示,这点与普通晶闸管不同。例如,100 A 的双向晶闸管,其峰值电流为 $100 \times \sqrt{2} = 141$ A,而普通晶闸管的通态电流是以正弦半波平均值表示,一个峰值电流为 141 A 的正弦半波电流,它的平均值为 $141/\pi = 45$ A。可见,一个 100 A 的双向晶闸管与两个反并联 45 A 的普通晶闸管电流容量相当。当用双向晶闸管(KS)器件代替两只反并联普通晶闸管(KP)器件,须按下式进行换算:

$$I_{T(KS)} = \frac{\pi I_{T(KP)}}{\sqrt{2}} = 2.22 I_{T(KP)} \tag{4.10}$$

式中:$I_{T(KS)}$——KS 双向晶闸管的额定电流(交流有效值);

$I_{T(KP)}$——KP 普通晶闸管的额定电流(半波平均值)。

双向晶闸管使用时依次承受正反两个半波的电压和电流,它在一个方向导通结束时,管心硅片各层中的载流子还没有复合,在反向电压作用下,这些剩余载流子可能作为晶闸管反向工作时的触发电流而使之误导通,从而失去控制能力,或者说换流失败。因此,双向晶闸管重新施加 du/dt 的能力较差。另外,双向晶闸管的关断时间 t_{off} 也较普通晶闸管长。

双向晶闸管工作时,由于正反向的触发灵敏度不同,可能会出现正负电流波形不对称,存在直流分量,因此,最好采用强触发。

双向晶闸管器件参数的含义与普通晶闸管相同,其主要电参数如表 4.1 所示。

表 4.1 KS 系列双向晶闸管主要电参数

参 数	型 号							
	KS1	KS10	KS20	KS50	KS100	KS200	KS400	KS500
额定通态电流 I_T(A)	1	10	20	50	100	200	400	500
断态重复峰值电压 U_{DRM}(V)	100~2 000							
断态电压临界上升率 du/dt(V/μs)	≥20				≥50			
换流电流临界下降率 di/dt(A/μs)	≥0.2%I_T							
门极触发电流 I_{GT}(mA)	3~100	5~100	5~200	8~200	10~300	10~400	20~400	20~400
门极触发电压 U_{GT}(V)	≤2	≤3		≤4				
通态平均电压 U_T(V)	$U_{T1}+U_{T2}$≤2.5, $U_{T1}-U_{T2}$≤0.5							
浪涌电流 I_{TSM}(A)	8.4	84	170	420	840	1 700	3 400	4 200

4.1.6 单相交流调压电路仿真

基于 MATLAB 的单相交流调压仿真电路(电阻负载)如图 4.17 所示。

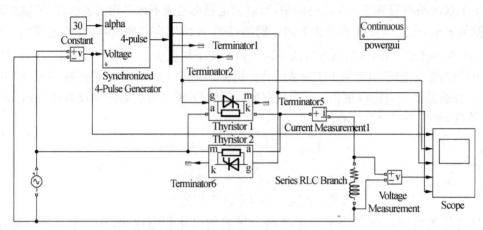

图 4.17 单相交流调压仿真电路(电阻负载)

图 4.17 中,有关模块的说明和参数设置如下:

(1) 电源参数设置:

50 Hz,峰值电压 311 V(有效值 220 V)的交流电源。

(2) 脉冲触发模块介绍:

同步 4 路脉冲触发器,取其中的第 1、2 路脉冲给正、反两个方向的晶闸管门极。

(3) 电阻电感电容(RLC)负载模块

设置为电阻(R)负载,电阻值设置为 10 Ω。

当 $\alpha=30°$ 时,仿真结果如图 4.18 所示。

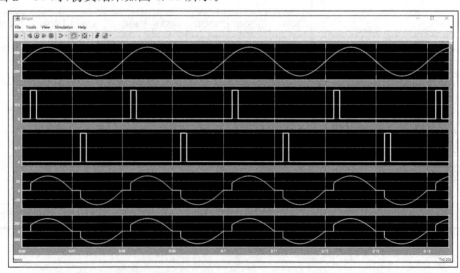

图 4.18 $\alpha=30°$ 时的仿真波形

仿真波形从上到下分别为电源电压,两个触发脉冲,负载电流和负载电压。

当 $\alpha=120°$ 时,仿真结果如图 4.19 所示。

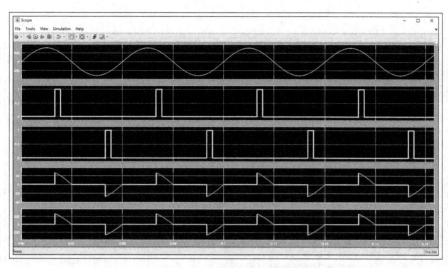

图 4.19 $\alpha=120°$ 时的仿真波形

图 4.20 和 4.21 为负载电压 FFT(快速傅里叶变换)分析结果。由仿真结果可以看出，随着 α 角的增大，谐波含量明显增加。同时，对于单相交流调压电路，没有偶次谐波，只有奇次谐波。

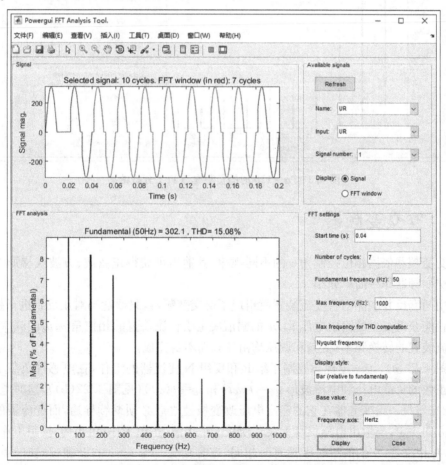

图 4.20 $\alpha=30°$ 时的负载电压 FFT 分析结果

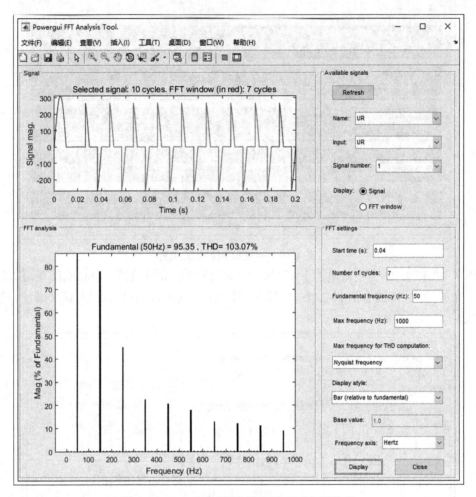

图 4.21　$\alpha = 120°$时的负载电压 FFT 分析结果

4.2　交交变频器

　　交交变频器依据相位控制角 α 的不同规律,其输出可获得正弦波、方波或梯形波,这里仅对交交变频器作一简单介绍。

　　利用两套反并联晶闸管变流装置就组成了交交变频器,只要适当对正反组进行控制,在负载上就能获得交变的输出电压 u_o。u_o 的幅值决定于整流装置的相控角 α;u_o 的频率决定于两组整流装置的转换频率;变频和调压均由变频器本身完成。

　　如图 4.22(a),按一定规律控制正组 P 和反组 N 变流器的工作,在电感性负载下,假设可得到正弦的负载电压和电流波形 $u_o = f(\omega t)$ 和 $i_o = f(\omega t)$(见图 4.22(b)),这时电流滞后电压,意味着每一组变流器在它的输出电压改变极性之后必须继续导通,而变流器的通、断由电流方向决定,与输出电压极性无关。所以 i_o 正半波,正组工作;负半周,反组工作。由于 i_o 与 u_o 有相位差,它们的瞬时极性有时相同,有时相反。当 u_o、i_o 的极性相同时,瞬时功率为正,一组变流器工作在整流状态,功率从交流电网送入负载;反之,瞬时功率是负的,变流

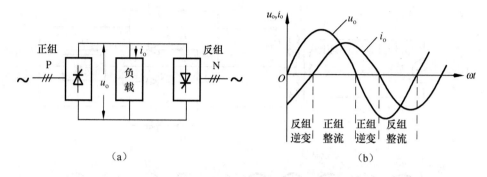

图 4.22 交交变频器的构成和输出波形

器工作在逆变状态，吸收电能，功率被送回电网。这里的"整流"和"逆变"有广泛的含义，交交变频中每组变流器工作在整流状态还是逆变状态，由输出电压和输出电流是同向还是反向决定。

图 4.23(a) 是由变压器中间抽头的两组晶闸管单相全波电路反并联构成的单相交交变频器。设电阻负载，令正组和反组变流器依次各导通五个电源半周期，其波形如图4.23(b)。可以看出，这时输出交流的频率为电网频率的1/5，波形为脉动方波，这就是方波型交交变频器，含有大量低次谐波。各晶闸管流过的电流，如图 4.23(c)。如适当设计触发电路，使变流器晶闸管的导通有不同延迟角，让每电网半波的输出平均电压 U_d 按正弦变化，则可获得近似正弦的输出波形，如图4.23(d)。图 4.23(e) 是这时流过各器件和电网的电流波形。

交交变频器中如果正反两组同时导通，电流将不经过负载而通过两组晶闸管形成环流。为了避免这一情况，可以在两组之间接入限制环流的电抗器，或者合理安排触发电路，当一组有电流时，另一组不发触发脉冲，使两组间歇工作。这类似于直流可逆系统中的有环流和无环流控制（见第 9.1 节的分析）。

交交变频器多由三相电网供电，图 4.24 是由两个三相半波晶闸管电路反并联构成的单相无环流交交变频器，它形式上与三相零式可逆整流电路完全一样。当分别以不同 α，即半周期内 α 由大变小，再由小变大（例由 90° 变到接近 0°，再由 0° 变到 90°）去控制正反组的晶闸管时，只要电网频率相对输出频率高出许多倍，便可得到由低到高，再由高到低接近正弦规律变化的交流输出。图 4.25 是电感性负载有最大输出电压时的波形，其周期为电网周期的五倍，电流滞后电压，正反组均出现逆变状态。可以看出，输出电压波形是在每一电网周期控制相应晶闸管开关在适当时刻导通和阻断，以便从输入波形区段上建造起低频输出波形，或者通俗地说，输出电压是由交流电网电压若干线段"拼凑"起来的。而且，输出频率相对输入频率越低和相数越多，则输出波形谐波含量就越少。

三相交交变频电路由三套输出电压彼此差 120° 的单相交交变频器组成，它实际上包括三套可逆电路。图 4.26 和图 4.27、图 4.28 分别为由三套三相零式和三相桥式可逆电路组成的三相交交变频器主电路，每相由正反两组晶闸管反并联三相零式和三相桥式电路组成。它们分别需要 18 只和 36 只晶闸管元件。

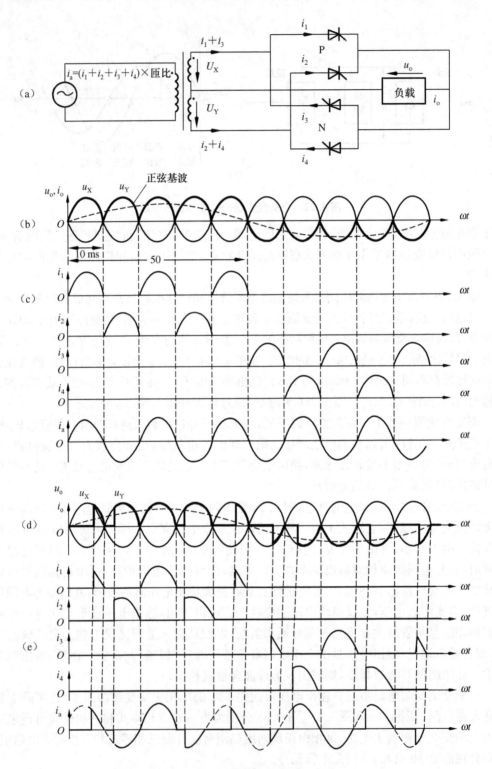

图 4.23 单相交交变频器电路和波形

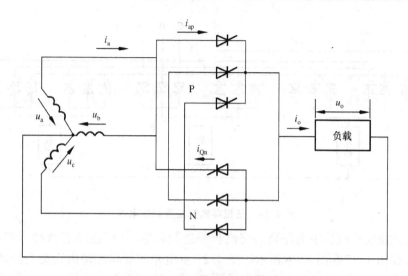

图 4.24　三相半波电路反并联构成的单相交交变频器

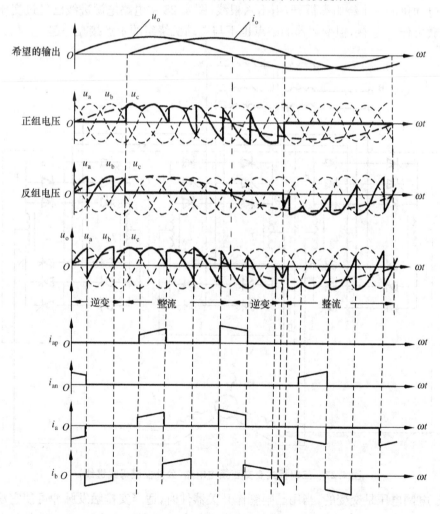

图 4.25　交交变频电感性负载时的波形

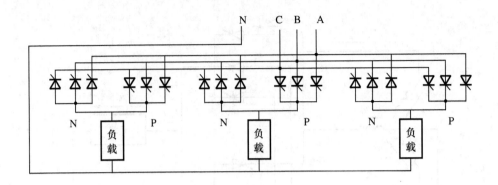

图 4.26　三相零式交交变频主电路

　　三相桥式交交变频器主电路公共交流母线进线和输出"Y"连结有两种方式,分别用于中、大容量,如图 4.27 和图 4.28 所示。图 4.27 主电路三套单相输出交交变频器的电源进线接在公共母线上(图 4.27 设有公共变压器 T,其二次侧为公共母线),三个输出端必须互相隔离,电动机的三个绕组需拆开,引出六根线;图 4.28 主电路电源进线已经过变压器互相隔离,负载可作 Y 连接,但变频器的中点也不与电动机绕组的中点接在一起。

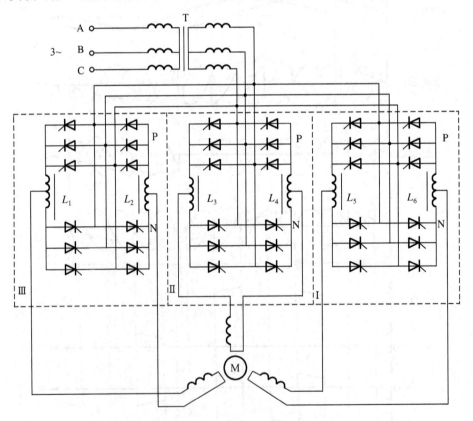

图 4.27　三相桥式交交变频主电路(公共交流母线进线)

　　由于电网电压是交变的,当用晶闸管作开关器件时,适当安排触发脉冲可使它承受反压而关断,所以大多数交交变频电路采用电网换流。由于采用相位控制,晶闸管的触发脉冲总

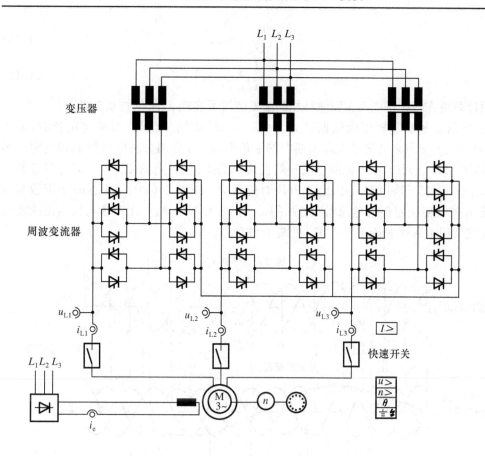

图 4.28 三相桥式交交变频主电路(输入"Y"连结)

是滞后,所以不论是电阻负载、电感负载或电容性负载,交流电源输入电流总是滞后于相应的电压。另外,用半控型器件晶闸管组成的交交变频器最高输出频率一般不超过电网频率的1/3~1/2(视整流相数而定),否则输出波形畸变太大,会降低装置的效率和功率因数。

交交变频器的控制也有电压控制型和电流控制型两种。电压型变频器的输出是电压,其输出电压跟随给定信号变化,受负载电流变化影响小;电流型变频器的输出是电流,其输出电流跟随给定信号变化,受负载电压变化影响小。

电压源型变频器容易实现电压控制。余弦交点法是常用的方法之一。其移相角控制的规律,应使得整流输出电压的瞬时值最接近于理想正弦电压的瞬时值,即使得每一瞬时整流电压值和理想输出电压相等。而整流输出电压 U_{do} 是由延迟角 α 的余弦 $\cos\alpha$ 决定的,即晶闸管整流装置的平均输出电压:

$$u_o = U_{do}\cos\alpha \tag{4.11}$$

欲获得正弦输出电压:

$$u_o = U_{om}\sin\omega_0 t \tag{4.12}$$

将此式代入上式,得:

$$\cos\alpha = \frac{U_{om}}{U_{do}}\sin\omega_0 t \tag{4.13}$$

则正反组的移相角分别为:

$$\alpha_p = \arccos\left(\frac{U_{om}}{U_{do}}\sin\omega_0 t\right) \qquad\qquad (4.14)$$

$$\alpha_n = \arccos\left(-\frac{U_{om}}{U_{do}}\sin\omega_0 t\right) \qquad\qquad (4.15)$$

利用计算机在线计算或用正弦波移相的触发装置可实现 α_p、α_n 的控制要求。

图 4.29 就是触发装置以余弦曲线（$u_c = U_m\cos\omega t$）作同步信号，由给定正弦波（$u_r = U_m\sin\omega_0 t$）与它的交点来确定各电源周期中的 α 角度（ω_0、ω 分别为输出角频率和电网角频率）。如以图 4.29（a）、（c）中各晶闸管的自然换流点为坐标点，则图 4.29（b）即为对应的三相余弦同步信号，其下降段对应正组，上升段对应反组。图 4.29（b）中，各相 u_c 下降段与给定正弦波 u_r 的交点决定正组电源周期各相的 α_p 角（图 4.29（a））；u_c 上升段与给定正弦波 u_r 的交点决定反组电源周期各相的 α_n 角（见图 4.29（c））。

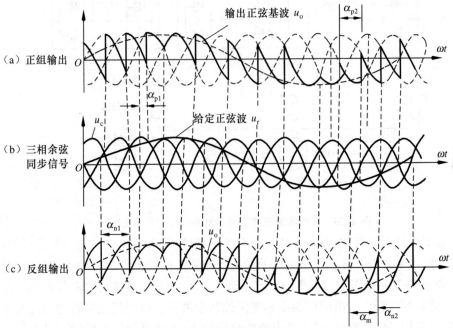

图 4.29　确定交交变频器触发角的余弦交点法

可以看出，交交变频器的频率就由给定正弦波的频率所决定。

图 4.29 在输出峰值 u_{om} 处 $\alpha = 0°$，是最大可能输出的波形。当改变给定波 u_r 的幅值和频率时，它与余弦同步信号的交点也改变，从而改变正、反组电源周期各相中的 α，达到调压和变频的目的，如图 4.30 就是降低输出电压时的触发角控制和输出电压波形（图中只画了正组输出）。

图 4.31 示出一种使两组按间歇方式工作的交交变频器控制框图。由期望输出正弦波与余弦同步信号的交点建立时基信号送到正反组触发电路。电流检测作禁止信号，即一组电流尚在流过时，另一组不得导通。

交交变频与后面要介绍的直交变频相比，省去了中间直流环节和换流电路，因而减少了损耗，效率高；但由于用晶闸管作功率开关器件时，其最高频率受输出电流谐波及电动机转矩脉动的限制（三相交交变频器一般不能超过电网频率的 1/3），功率因数低，主回路器件数量多，故适用于低速、大容量的场合，低速运行设备可省去机械减速箱。

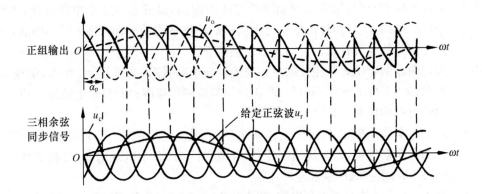

图 4.30 降低电压时的控制角和输出电压波形

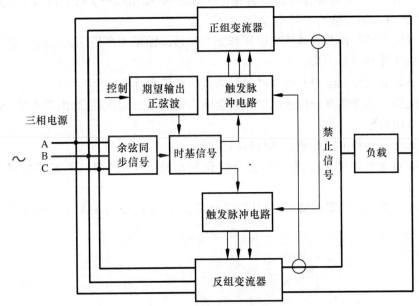

图 4.31 交交变频器的控制框图

习题和思考题

4.1 交流调压和可控整流有何异同?

4.2 交流调压电路用于变压器类负载时,对触发脉冲有何要求? 如果两半周波形不对称,会导致什么后果?

4.3 交流调压电路的通断控制和相位控制各有什么优缺点? 零触发的交流调压电路适于何种场合?

4.4 双向晶闸管与普通晶闸管在元件参数上有哪些不同?

4.5 单相交流调压电路,输入电压 $U_i=220$ V,负载电阻 $R=5$ Ω,采用两晶闸管反并联及相位控制,如 $\alpha_1=\alpha_2=2\pi/3$,求:(1)输出电压及电流有效值;(2)输出功率;(3)晶闸管电流的平均值和有效值;(4)输入功率因数。

4.6 上述电路和负载,采用双向晶闸管和通断控制,设开通 100 个电源周期,关断 80 个电源周期,求:(1)输出电压有效值;(2)输出平均功率;(3)输入功率因数;(4)双向晶闸管的电流有效值;(5)选双向晶闸管。

4.7 采用两晶闸管反并联相控的单相交流调压电路,输入电压 $U_i=220$ V,负载为 RL 串联,$R=1$ Ω,$L=5.5$ mH。求:(1)控制角移相范围;(2)负载电流最大值;(3)最大输出有功功率;(4)输入功率因数。

4.8 采用双向晶闸管的三相交流调功电路,线电压 $U_i=380$ V,对称负载电阻 $R=2$ Ω,三角形连接,若采用通断控制,导电时间为 15 个电源周期,负载平均功率为 43.3 kW,求控制周期和通断比。

4.9 图 4.10(a)三相交流调压电路,线电压 $U=380$ V,负载 $R=1$ Ω,$\omega L=1.73$ Ω,计算晶闸管电流最大有效值和 α 角的控制范围(提示:$\alpha=\psi$ 时电流最大,这时每相负载电流为完整的正弦波)。

4.10 交交变频如何改变其输出电压和频率?最高输出频率受什么限制?交交变频适用于什么场合?为什么?

4.11 三相交交变频电路有哪两种接线方式?它们有什么区别?

4.12 说明交交变频器采用余弦交点调制输出电压波形的原理,画出图 4.25 反组输出电压波形。

4.13 交交变频和可控整流电路有哪些异同?

4.14 针对带电阻电感负载的单相交流调压电路,用 *MATLAB* 实现仿真电路,并分析。

4.15 针对交流调功器的特点,设计门极触发器,以及相应的 *MATLAB* 仿真电路。

5 全控型电力半导体器件

电力半导体器件的特性直接影响到电力电子装置和系统的体积、重量、价格和性能。

前面各章分析的变流电路,主要是以普通晶闸管构成。普通晶闸管属于一种半控型器件。当它用于斩波、逆变这类直流输入电压的变流器时,就存在如何将器件关断这一突出问题。为此必须附加强迫换流电路,这样不但使装置变得复杂、笨重、效率低,而且大大限制了工作频率的提高,设计计算也较麻烦。

门极不仅可以控制导通,而且可以控制关断的全控型器件(亦称自关断器件),从根本上解决开关切换或换流问题。

本章专门对目前已获实际应用的几种全控型器件进行介绍。

5.1 门极可关断晶闸管(GTO)

门极可关断晶闸管(gate turn-off thyristor,GTO)是在普通晶闸管的基础上发展起来的全控型电力半导体器件。

5.1.1 结构特点和关断原理

图 5.1 给出 GTO 的结构示意图(a)和电路符号图(b)。GTO 可看成是多个小的 SCR 并联而成,这些小 SCR 共有阳极,门极和阴极则形成多个独立的 pn 结单元。每个门极和阴极单独引线,成为单胞 GTO(例如,一个 700A 的 GTO 有 300 多个单胞 GTO,一个 2 500A 的 GTO 有 1 200 多个单胞 GTO)。一个单胞 GTO 阴极与门极的面积差不多,阴极是被门极包围的条状小岛,条状阴极的宽度越窄,通态电流越容易被关断。

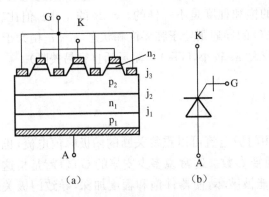

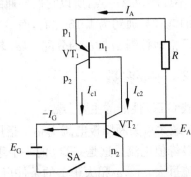

图 5.1　GTO 晶闸管的结构示意图和符号　　　图 5.2　GTO 晶闸管的双晶体管模型

GTO 的开通过程与 SCR 一样,这里不再重述。

GTO 的关断过程也可用双晶体管模型来分析,如图 5.2。如果在门极相对阴极加负电压时,晶体管 $p_1n_1p_2$ 集电极电流 I_{c1}(也是维持晶体管 $n_1p_2n_2$ 导通的基极电流)的一部分被抽出,形成了门极负电流 I_G。由于 I_{c1} 被抽走,$n_1p_2n_2$ 晶体管基极电流减小,因而它的集电极电流 I_{c2}(也是晶体管 $p_1n_1p_2$ 基极电流)也减小,于是引起 I_{c1} 的进一步下降。因为 GTO 导通时 α_1 远小于 1,所以 $p_1n_1p_2$ 晶体管电流 I_{c1} 只是发射极电流(也即 GTO 阳极电流 I_A)的很小一部分,抽走了这部分电流就可以使两个晶体管截止,即 GTO 关断。相比之下,SCR 之所以不能用门极关断,从结构上说,是因为它的阴极面积太大,当门极相对于阴极加负电压时,只有靠近门极的那部分电流(如图 5.3 中的电流 I_1)能从门极抽走,而远离门极的那部分电流(如图 5.3 中的 I_2 和 I_3),由于 p_2 区的横向电阻很大而不能被抽走。

图 5.4 为 GTO 关断时阳极电流 i_A 和门极电流 $-i_G$ 的波形,当 i_G 达到最大值 $-I_{GM}$ 时,阳极电流 i_R 开始下降,于是 α_1 和 α_2 也不断减小,当 $\alpha_1+\alpha_2 \leqslant 1$ 时,器件内部正反馈作用停止(此点为临界关断点)。GTO 的关断条件为 $\alpha_1+\alpha_2 < 1$。图中 t_s 为存储时间,这时 GTO 仍在导通状态,t_f 为 i_A 下降时间,t_{Rt} 为尾部拖流时间,u_A、$-u_G$ 分别为阳极和门极点上承受的电压,p_{Aoff} 和 P_{Goff} 分别为阳极和门极关断损耗。

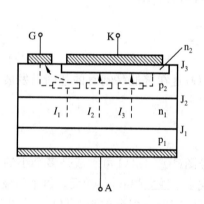

图 5.3 SCR 结构示意图

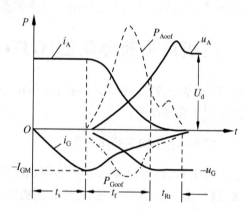

图 5.4 GTO 关断时的电压、电流和功耗

GTO 和 SCR 导通条件虽然一样,都是 $\alpha_1+\alpha_2 > 1$,但由于 GTO 要兼顾到关断的性能,而 SCR 不要顾及这一点,所以它们导通的饱和程度是不一样的。SCR 的 $\alpha_1+\alpha_2$ 值比较大,是深度的饱和导通约为 1.15 左右,而 GTO 的导通则处于临界饱和状态,$\alpha_1+\alpha_2$ 稍大于 1,而且要更严格地控制 α_1 与 α_2 的分配。(α_2 较大、α_1 较小,GTO 控制灵活且容易关断)

5.1.2 主要参数

反映 GTO 性能的主要参数:

(1) 最大可关断阳极电流 I_{ATO}　指用门极电流可以重复关断的阳极峰值电流,也称可关断阳极峰值电流。这是 GTO 的一个重要参数。通常说多少安培的 GTO 就是指这一电流。电流过大,$\alpha_1+\alpha_2$ 稍大于 1 的条件可能被破坏,使器件饱和程度加深,导致门极关断失效。I_{ATO} 与工作频率、阳极电压上升率 du/dt、门极负电流的波形及电路参数等因素有关。

(2) 额定通态平均电流 I_{Tav}　指一个周期内方波电流的额定平均值。它可根据该方波电流(重复 $f < 100\text{Hz}$)的占空比来计算。这是衡量工频稳态下 GTO 载流能力的参数。

GTO 的稳态载流能力,也可用额定通态电流有效值 $I_{T(rms)}$ 表示。该值指一周期内方波

电流的有效值。

GTO 的 I_{ATO} 与 I_{Tav}（或 $I_{T(rms)}$）间无固定的数学关系，其原因是这些电流与单元 GTO 的阴极图形有关，在阴极条长度不变的条件下，宽度愈窄，则 I_{ATO} 越大，$I_{T(rms)}$ 越小。一般 $I_{ATO}=(2\sim3)I_{T(rms)}$。

（3）反向电压 反向电压和 SCR 一样用反向重复峰值电压 U_{RRM} 表示。GTO 有逆阻型和阳极短路型（亦称无反压 GTO）两种。前者可承受正反向电压，但正向压降大，快速性差；后者不能承受反向电压，但正向压降低，快速性好，热稳定性优良，适用于电压型逆变电路和斩波电路，可工作于较高频率。

（4）门极关断电流 I_{GM} 指 GTO 从通态转为断态所需的门极反向瞬时峰值电流的最小值。

$$I_{GM}=I_{ATO}/\beta_{off} \tag{5.1}$$

式中：β_{off} 称为关断增益，为了折衷 GTO 的开通和关断特性，一般 $\beta_{off}=3\sim5$。也即门极负脉冲的电流幅值 $I_{GM}\geqslant I_{ATO}/\beta_{off}$，GTO 才能关断。由于电流关断增益很小，所以关断 GTO 所需的门极瞬时负电流很大。不过由于管子关断只要负窄脉冲，所以门极平均功率并不大，GTO 的功率增益仍然很大。

当 I_{ATO} 一定时，β_{off} 随门极负电流上升率的增加而减小；而门极负电流上升率一定时，β_{off} 随 I_{ATO} 的增加而增加。

此外，GTO 的下列参数与 SCR 也有些差别：

（1）由于 GTO 的门、阴极成梳状结构，窄长阴极单元，与门极以叉指状相配，围界很长，因此 GTO 加门极正脉冲触发导通时，初时导通区域很大，导通非常迅速，载流能力强，并能承受高的 di/dt。

（2）GTO 导通之前，α_1 和 α_2 较小，灵敏度差，结电容引起的位移电流影响也较小，所以承受 du/dt 能力比 SCR 大。

（3）擎住电流是双晶体管模型中 $\alpha_1+\alpha_2=1$ 时的阳极电流，因 GTO 处于临界饱和状态，所以擎住电流 I_L 和维持电流 I_H 比 SCR 大得多。

（4）由于 GTO 工作于临界饱和状态，管压降要大一些，约为 $2\sim4.5$ V，相应地，直流通态损耗也大些。

（5）因为 GTO 的关断是由门极负脉冲完成的，所以 GTO 门极功耗 p_G 比 SCR 大。

5.1.3 缓冲电路

电力半导体器件作功率开关元件，在导通状态下虽流过大电流，而管压降很小；在关断状态下，元件承受高电压，然而漏电流却很小，因此在稳定的开通和关断状态，器件本身的损耗都很小。但在动态过程中：开通时，电流的建立和电压的下降都有个过程；关断时，电流的衰减和承受阳极电压也有个过程（如图 5.4 所示 GTO 关断过程波形）。这期间，元件上的电流和电压有重叠，会引起很大的关断损耗 P_{Aoff}。开关频率越高，这种开关损耗占的比例越大。

电力半导体器件的可靠性与它在电路中承受的热应力、电应力有关（热、电应力分别指热量和电压、电流的变化）。所受应力越小越可靠。为了减小开关损耗以及降低 di/dt、du/dt 和浪涌电压，电力半导体器件使用时一般均需采取一些措施，其中之一便是加缓冲

（snubber）电路。

　　缓冲电路的形式很多,其基本思路是:设法使开通中的阳极电流缓升;关断中的阳极电压缓升。这样就能避免 GTO 导通和阻断过程中同时承受大电流和高电压。

　　利用电感阻止电流变化和电容端电压不能突变特性组成的基本缓冲电路如图 5.5 虚线框内所示,其中,与器件串联的电感 L_{S1} 用以抑制 $\mathrm{d}i/\mathrm{d}t$（L_{S1} 可视为附加电感和主电路布线电感之和）;抑制过压和 $\mathrm{d}u/\mathrm{d}t$ 则采用与器件并联的 RCD 典型回路,其中 C_S 延缓 GTO 阻断时端电压的建立;R_S 限制 GTO 导通时 C_S 的放电电流,同时对 L_{S2} 缓冲电路的布线电感 L_{S2} 以及电容 C_S 的内电感、C_S 的谐振起阻尼作用;R_S 上并接一快速二极管 $\mathrm{VD_S}$ 是为了减小在 C_S 充电过程它对 i_T 分流的影响。阳极电流 i_T 和阳极电压 u_T 缓升程度取决于缓冲电路中储能元件 L_{S1} 和 C_S 的数值,其值大,则缓冲能力强,GTO 的开关损耗也小。

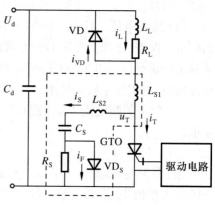

图 5.5　GTO 的基本缓冲电路

　　这里需要说明,快速二极管 $\mathrm{VD_S}$ 在开通和阻断时仍有个过程,其特性如图 5.6(a)、(b) 所示。即:开通初期会出现较高的瞬态压降(见图 5.6(a) 中 u_f),表现出一种电感效应;开通电流上升率 $\mathrm{d}i_f/\mathrm{d}t$ 越大,峰值压降 U_{fm} 就越高,正向恢复时间 t_{fr} 也愈长;加反压 E 关断时

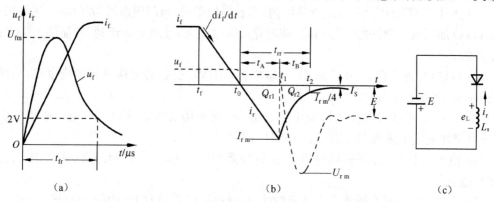

（a）　　　　　　　　　　　　　（b）　　　　　　　　　　　（c）

图 5.6　二极管的开关特性

(见图 5.6(c)),在未恢复阻断能力(t_1)之前(见图 5.6(b)),二极管仍处于正偏状态;只有待电荷 Q_{r1} 被抽走,反向电流从最大值 I_{rm} 下降,二极管才开始恢复阻断能力;且由于反向电流下降迅速,在线路电感 L_S 中产生较高的电势 $e_L = L_S \dfrac{\mathrm{d}i_f}{\mathrm{d}t}$,在其极性如图(c),与 E 一道加在二极管上,使之承受很高的反向 u_{rm};当 Q_{r2} 也被抽完,二极管承受静态反压 E。反向恢复电荷 $Q_r = Q_{r1} + Q_{r2}$,$t_{rr} = t_2 - t_0$ 为反向恢复时间。快速二极管的这些特性与普通整流二极管不同,在分析缓冲电路和逆变器工作时要特别注意。

5.1.4 对门极信号的要求

1）开通与关断过程的波形

GTO 开通与关断过程典型的电压、电流波形如图 5.7 所示，其中，开通时间为：

$$t_{on} = t_d + t_r \tag{5.2}$$

式中：t_d——触发延迟时间，为门极触发电流从 $0.1I_{FGM}$ 上升开始，至 GTO 开始导通、阳极电压下降至 $0.9U_d$ 的时间间隔；

t_r——阳极电流上升时间，为阳极电压从 $0.9U_d$ 下降到 $0.1U_d$ 之间的时间间隔。

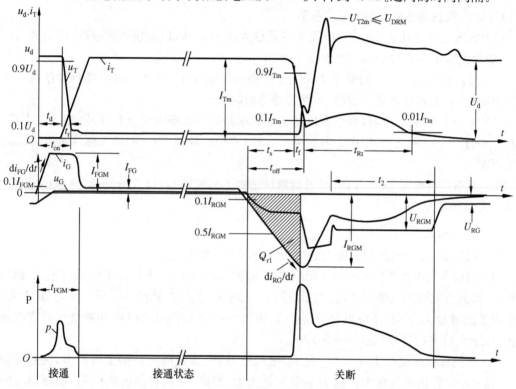

图 5.7 GTO 开通与关断过程的电压、电流波形

GTO 的关断时间为：

$$t_{off} = t_s + t_f \tag{5.3}$$

式中：t_s——存储时间，为负门极电流从 $0.1I_{RGM}$ 开始上升，到 GTO 开始关断、通态电流下降至 $0.9I_{Tm}$ 的时间间隔，它实质上是 GTO 等效的 pnp 和 npn 两个晶体管退出饱和导通向放大区过渡的时间，如导通时饱和程度越深，则 t_s 越长。

t_f——下降时间，通态电流 i_T 从 $0.9I_{Tm}$ 下降至 $0.1I_{Tm}$ 之间的时间间隔。在这段时间内，GTO 两个等效晶体管迅速通过放大区并进入截止状态。

GTO 的正向触发导通过程与普通晶闸管的开通过程相同，但 GTO 用门极控制关断的过程却是普通晶闸管所没有的，因而也带来一些特殊现象。

在存储时间 t_s 内，从门极抽出反向结 j_2 两侧 n_1 基区和 p_2 基区内多余的非平衡少数载流子，GTO 的导通区不断被压缩，但总的电流几乎不变，GTO 仍处于平稳导通，其门极也是低阻状态;从下降时间 t_f 开始,结 j_3 附近形成耗尽层,并从靠近门极区域向阴极迅速扩展,门极内阻开始增加;在 t_f 时间内,GTO 的阳极电流 i_T 急剧下降,阳极电压 u_T 则随之上升;到临近 t_f 结束,p_2 基区的存储电荷为零,结 j_3 处的耗尽层已全部形成,门阴结开始恢复,门极内阻急速升高,并承受反向电压;尔后门极电流相应下降,过剩的电荷便难以向外排出,剩余的 n_1 基区的存储电荷靠内部复合消失,形成阳极尾部电流,其衰减速度取决于基区少子寿命,对应的时间称为尾部时间 t_{Rt}。同时,结 j_2 也恢复了反向阻断能力而承受主电路的电压,GTO 由通态转入断态。

2) 对门极触发信号的要求

GTO 门极触发电流有四个主要参数:

(1) 电流上升率 di_{FG}/dt　GTO 要求有足够大的 di_{FG}/dt,以加快导通速度,缩短开通时间,一般对大容量 GTO 的 $di_{FG}/dt > (5\sim10)\text{A}/\mu\text{s}$。

(2) 脉冲幅度 I_{FGM}　一般要求 I_{FGM} 大于门极触发电流 I_{FG} 的 $2\sim3$ 倍,强触发使成百上千的单元 GTO 有良好开通一致性,并缩短导通时间 t_{on}。

(3) 脉冲宽度 t_{FGM}　门极强触发电流 I_{FGM} 必须持续到阳极电流上升到最大值 I_{Tm} 之后,一般为开通时间 t_{on} 的几倍,以保证所有单元 GTO 充分地导通,当主回路为感性负载时,t_{FGM} 应该更宽。

(4) 通态门极电流 I_{FG}　GTO 导通后继续施加 I_{FG},能使 GTO 充分导通,并减小通态压降和开通损耗。

3) 对门极关断信号的要求

GTO 的门极关断电流和门极关断电压也有四个主要参数:

(1) 门极关断电流下降率 $-di_{RG}/dt$　它的值越大,$p_1 n_1 p_2$ 晶体管之集电极电流 I_{c1} 越易被抽走,因此存储时间 t_s 短,门极关断时间 t_{off} 也越短,关断损耗越小。但 $-di_{RG}/dt$ 太大,会导致关断增益 β_{off} 下降,一般可取 $-di_{RG}/dt$ 为 $(10\sim30)\text{A}/\mu\text{s}$,GTO 串并联使用时宜取偏大值,对于大功率 GTO 可取 $(40\sim50)\text{A}/\mu\text{s}$。

(2) 负门极电流幅度 I_{RGM}　I_{RGM} 越大,显示出 GTO 阳极电流被抽走得越多,关断时间越短,被关断的阳极电流越大。但 I_{RGM} 值不能太大,否则,虽然存储时间缩短,而尾部时间会增长,同样对 GTO 运行不利,I_{RGM} 一般取被关断阳极电流的 $1/5\sim1/3$。

(3) 门极关断电压 U_{RGM}　门极关断电压是用来产生门极关断电流 I_{RGM} 所需要的门极反向电压,其幅值与 I_{RGM}、GTO 门极反向伏安特性有关。GTO 要求 U_{RGM} 有一定的大小,以确保抽走足够的阳极电流而利于 GTO 关断。U_{RGM} 越高,可关断的阳极电流越大。但 U_{RGM} 的上限受到门极反向峰值电压的限制。当 U_{RGM} 超过门阴极 pn 结反向耐压(约 30 V)时,将产生雪崩电压击穿,门阴极间会产生较大的雪崩电流,引起门极功耗增加,乃至引起 pn 结的毁坏。多数情况下取 $U_{RGM} = (10\sim20)$ V,而且 U_{RGM} 必须维持到尾部时间 t_{Rt} 之后,以确保 GTO 可靠关断,一般取 U_{RGM} 持续时间大于 $2t_{off}$。

(4) 负门极偏压 $-U_{RG}$　$-U_{RG}$ 对于防止刚刚关断的 GTO 再次导通是必要的,它能确保阳极耐压能力在一定范围内不受 du/dt 增长的影响。在正向阻断电压高或关断过程中 du/dt 大而容易造成关断失败的场合,这是必须采取的措施。它还能提高 GTO 的抗干扰能力。此外,在门阴极间跨接电阻亦可起到门极负偏压同样的作用。

顺便指出,不论 SCR 还是 GTO,在开通和关断过程中,电流、电压的急剧变化,可能通过杂散电场和磁场在门极引线回路上产生寄生脉冲,这种脉冲可能导致 GTO 的误导通或关断失败。为了防止这种现象,门极引线应量短并电磁屏蔽或门极采用双绞引线,且使门极电流与主电流共同流过的引线长度要尽可能短。

5.1.5 门极驱动电路

GTO 器件的合理使用在很大程度上取决于门极驱动电路的设计。门极驱动电路不仅关系到器件的可靠导通和关断,而且直接影响器件的通断时间、开关损耗、工作频率、最大可关断电流等重要参数。如果说用半控型器件构成强迫换流变流器的主要技术问题在于换流环节的话,那么将全控型器件用于这类变流器,其门极驱动电路便是主要技术问题之一。

由上面分析可以看出,GTO 是一种电流注入型自关断器件,其门极驱动电路应包括门极开通、门极关断和门极反偏三部分电路,以分别提供门极需要的正向触发电流、反向关断电流和一定的反偏电压。由于内部结构的原因,GTO 的门极控制要比 SCR 复杂得多。

由于 GTO 的关断增益 β_{off} 很低,I_{ATO} 与门极关断峰值电流间只差 3~5 倍,而 GTO 的容量等级范围很大,从几十安到几千安,因此驱动电路的容量、产生门极关断电流的方式也有所不同。

驱动电路应实现低压控制信号与 GTO 主电路间的电隔离。它的输出方式可以是直耦式或是磁耦式;输入端信号除这两种耦合方式外,通常用光耦式。驱动电路的直流控制电源有公共电源和独立电源两种。

小容量 GTO 由于关断电流较小,常采用驱动电路与 GTO 门极直接耦合的方式。在主电路中门极具有不同的电位时,必须采用独立电源供电,而驱动电路输入端则必须采用光耦或磁耦方式实现电隔离。对大容量 GTO,因为需要门极关断电流较大,驱动电路输出端与门极间常采用磁耦方式,通过脉冲变压器的匝比来提供上百安培的关断电流并作电隔离,此时可以用公共直流控制电源,驱动电路输入端与控制信号间可直耦。

根据上述要求,可以设计出各种各样的驱动电路,这里仅举一例。

图 5.8(a)是由大功率低内阻的场效应管 VM_3 作为 GTO 的门极驱动级,它可驱动大容量 GTO。脉冲变压器 TP 在 VM_1 控制下,以开关频率 $f=1MHz$ 工作,由于频率高,TP 的体积很小。TP 的二次侧绕组 N_2 用于产生正向门极电流,绕组 N_3 提供反向关断电流。能量由直流电源 E_C 提供。u_2、u_3 为开通控制信号(u_3 形成触发脉冲 u_G 的高度),u_f 为关断控制信号。

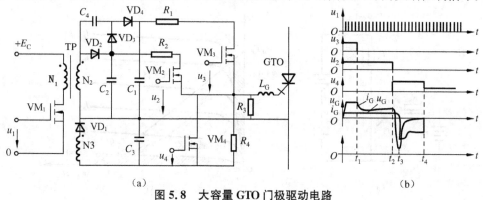

图 5.8 大容量 GTO 门极驱动电路

开通控制：当开通信号 $u_3=0$ 时，$u_{C2}=5$ V，由 C_4、VD_4 组成的倍压整流回路使 $U_{C1}=2U_{C2}$ $=10$ V；当 $u_2>0$，$u_3>0$ 时，VM_3、VM_2 导通，由于 U_{C1} 电压较高，VM_3 中电流上升较快，使 GTO 有较大的 di_{FG}/dt（受几个 μH 的 L_G 限制）和 I_{FGM}，其宽度由 u_3 的宽度决定；I_{FGM} 结束后，u_3 $=0$，VM_3 关断；u_2 仍大于零，VM_2 继续导通，通态门极电流 $I_{FG} \approx U_{C2}/R_2 =$ 常数。

关断控制：反向电压 U_{C3} 由 TP 的二次侧绕组 N_3 提供。U_{C3} 选择得尽可能接近 GTO 门极反向击穿。当关断 GTO 时，$u_2=0$，$u_3=0$，$u_4>0$，C_3 中储能沿 GTO 门极和 VM_4 释放，形成反向关断电流，di_{RG}/dt 由 U_{C3} 和 L_G 决定，L_G 还可延长关断的时间。当 GTO 完全关断时，$u_4=0$，VM_4 断开，GTO 门极加上反偏电压 $-U_{RG}=-\dfrac{R_3}{R_3+R_4}U_{C3}$。图 5.8(b) 是门极脉冲波形。

GTO 由于具有自关断能力，又可达 SCR 同等的电压、电流容量，目前主要用于大功率逆变器、斩波器、无功功率补偿装置、有源滤波器、直流断路器、激光电源、核聚变等离子加热电源、新能源发电和电能储存用的各种逆变器。

5.2 大功率晶体管(GTR)

大功率晶体管(giant transistor,GTR)，是一种具有发射极(e)、基极(b)和集电极(c)区的三层三极器件，又称双结型晶体管(bi-junction transistor,BJT)。它有 npn 和 pnp 两种结构，其工作原理在电子学中已介绍过。只是用于信息处理的晶体三极管，注重的是单管放大系数线性度频率响应以及噪声、温漂等性能参数；而对 GTR 关心的却是耐压高、通态电流大、开关特性好等要求。对于高电压大电流场合，由于 npn 晶体管易于制造而被广泛采用，所以这里仅介绍 npn 型 GTR 在大功率情况下作为电力半导体开关应用的一些问题。

5.2.1 特性和参数

晶体管通常连接成共发射极电路，npn 晶体管的共射连接和伏安特性如图 5.9(a)、(b)所示。特性的截止区、饱和区和放大区相应于晶体管工作在断态、通态和线性放大状态。乘积 I_cU_{ce} 代表晶体管中的损耗(图中虚线表示最大允许的功率损耗线)。断态时只有很小的漏电流，通态时管压降很小，这两种状态的损耗均很小，而放大区的损耗则很大。所以，在电力电子装置中用 GTR 作功率开关器件时，只允许它工作在截止、饱和状态，而不允许运行于放大区。晶体管必须用基极连续的电流驱动信号才能维持在通态，当移去这个信号时，GTR 便自动关断。

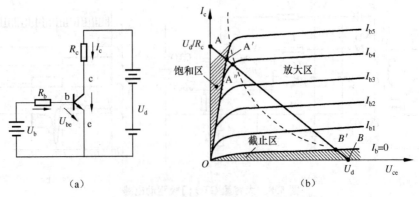

图 5.9 npn 晶体管的共射连接和伏安特性

GTR 是一种电流控制器件,在放大区,集电极电流 I_c 与基极电流 I_b 成正比,即

$$I_c = \bar{\beta} I_b, \quad \Delta I_c = \beta \Delta I_b \tag{5.4}$$

式中,$\bar{\beta}$ 和 β 分别称为共射电路的静态电流(直流)和动态电流(交流)放大系数,当穿透电流(漏电流)I_{CEO}($I_b = 0$,集结反偏、射结正偏时的集极电流)较小时,$\bar{\beta} \approx \beta$,手册中一般用 h_{FE}、h_{fe} 表示。

在临界饱和时,I_c 记为 I_{cs},U_{ce} 记为 U_{ces},相应的基极电流为:

$$I_{bs} = I_{cs}/\beta \tag{5.5}$$

当 GTR 工作于开关状态,为降低 U_{ce},以减少导通损耗,必须使实际 I_b 大于 I_{bs},即采用过驱动,使 GTR 进入深饱和;为了可靠而迅速地关断,通常在关断时使基极反偏,注入反向基流。不过注意,式(5.5)中的 β 不是放大区的 β 值,它随集电极电流 I_c 而变,且不同结温 T_j,β 与 I_c 的关系不同,如图 5.10 所示。

GTR 的集电极最大允许电流 I_{cm} 可按如下方法之一定额:

(1)直流电流增益 h_{FE} 随集电极电流下降到测试值的 $1/2$ 或 $1/3$ 时的集电极电流;

(2)集电极电流与饱和压降 U_{ces} 的乘积等于允许功耗时的集电极电流;

(3)引起内部引线熔断的集电极电流;

(4)引起集电结毁坏的集电极电流。

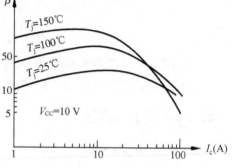

图 5.10 晶体管放大倍数 β
与 I_c 和 T_j 的关系

前两项决定直流最大允许电流,后两项决定最大脉冲允许电流。大多数厂家以(1)定额 I_{cm},以(3)定额脉冲 I_{cm},或根据经验,后者为前者的 $1.5 \sim 3$ 倍。但不管怎样,定额 I_{cm} 在使用中都不应超过并注意有些厂家产品目录中的电流是样品测试结果,而可用的连续导通的 I_{cm},在额定结温下,仅是目录中所给数值的 $60\% \sim 70\%$。

GTR 的电压定额有:

(1)BU_{cbo}——发射极开路,c-b 极之间的最高允许电压,即 cb 结反偏电压。这是晶体管的最高电压定额。

(2)BU_{ce}——共射极雪崩击穿(亦称一次击穿)电压。它与 b-e 极间状况有关。基极开路、b-e 间并电阻、b-e 短路和 b-e 间外加反偏时的 c-e 极最高允许电压分别表示为 BU_{ceo}、BU_{cer}、BU_{ces} 和 BU_{ceu},它们之间关系如图 5.11 所示。这是因为基极开路时,反偏的 c-b 中漏电流 I_{cbo} 流过内部 b-e 结,由于晶体管效应,产生集电极电流 βI_{cbo},总的集电极漏电流 $I_{ceo} = I_{cbo}(1+\beta) \gg I_{cbo}$,所以,$BU_{ceo}$ 最低;当 b-e 间并电阻 R 时,I_{cbo} 被分流,晶体管放大作用减弱,R 越小,分流越多;直至 b-e 短路,BU_{ce} 逐渐提高;当 b-e 加反偏时,能实现 I_{cbo} 更有效转移,所以 BU_{ceV} 最高。

这些电压是在小集电极电流下不损坏 GTR 的阻断电压。当 c-e 击穿后,它们都塌陷到相同的数值,称为基极开路时的维持电压 $U_{ceo(sus)}$,此为一次击穿后经负阻过程的谷点电压,这时集电极电流增加。虽然一次击穿后只要引起的损耗未使结温超过最大允许值,GTR 不致损坏,然而在使用中电源电压和瞬态电压均不宜超过 $U_{ceo(sus)}$,且温度升高时,此值亦下降。

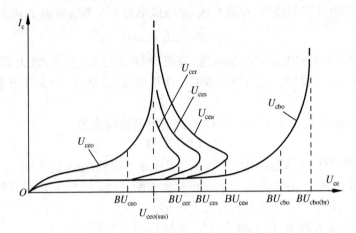

图 5.11　晶体管 c-e 极雪崩特性

（3）BU_{ebo}——集电极开路，b-e 极间最高允许反向电压，一般约为 6 V。

需要指出，GTR 的 c-e 之间不能承受反向电压，

5.2.2　安全工作区

1）二次击穿（SB）

先介绍 GTR 运行中的特有现象——二次击穿。

若在一次击穿之后继续使 I_c 增大，GTR 将发生二次击穿（second breakdown，SB）。二次击穿也存在负阻过程，但与一次击穿不同，在负阻过程结束时，集电极电流剧增，端压下降。二次击穿的持续时间极短，一般在纳秒至微秒的数量级。二次击穿会发生在正偏和反偏两种的情况，且击穿点随 I_b 的不同而改变。开始出现 SB 现象的各击穿临界点（如图 5.12 中 a、b、c、d、e 各点）的 I_{SB}、U_{SB} 轨迹称为直流二次击穿（DCSB）临界曲线。

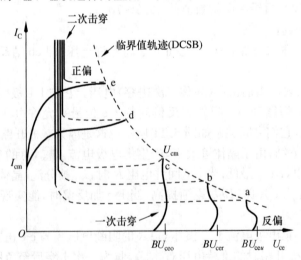

图 5.12　GTR 不同基极状态的二次击穿曲线

二次击穿通常认为是由于流过 GTR 的电流不均匀，形成结面局部过热点，引起芯片熔

化、穿通,从而造成永久性失效,或者说,产生热击穿所致。热点的形成需要能量的积累,因此凡是对 GTR 电压、电流、导通时间有关的因素,如负载性质、脉冲宽度、电路参数、材料、工艺及基极驱动电路的形式等都会影响二次击穿。

2) 正偏安全工作区(FBSOA)

GTR 也和其他电力半导体器件一样,其过载能力很低。为了保证 GTR 能安全工作,且有较高的稳定性和较长的寿命,GTR 的电流、电压和功率均有一定的限制,这些限制用 I_c-U_{ce} 坐标平面表示,便构成 GTR 的安全工作区(safe operating area,SOA)。

GTR 基极正偏置(forward-biased)时的 SOA 曲线如图 5.13 所示(用双对数坐标表示)。可以看出,FBSOA 有①、②、③、④四段明显的工作区界。

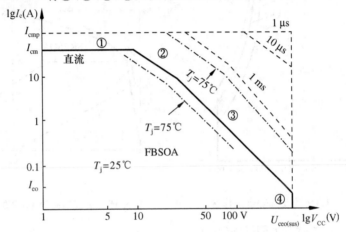

图 5.13 GTR 的正偏安全工作区

① —表示最大集电极电流 I_{cm};②—表示最大热耗散功率 P_{cm};
③ —表示二次击穿 P_{SB}曲线; ④ —表示最大集电极电压 BU_{ceo}

最大允许功耗:

$$P_{cm} = \frac{T_{jm} - T_C}{R_{TjC}} = \frac{T_{jm} - T_A}{R_{TjA}} \tag{5.6}$$

式中:T_{jm}——GTR 的额定结温,代表元件的耐热能力;

   T_C 和 T_A——外壳温度和环境温度;

   R_{TjC} 和 R_{TjA}——分别为结至壳和结至周围环境的稳定热阻。

其中,T_C 和 R_{TjC}、T_A 和 R_{TjA} 代表元件的散热能力。可见 P_{cm} 与散热状况有关,这是因为温度升高将使 U_{ces} 升高,I_c 增大,功耗增加,输出功率下降,P_{cm} 和 I_{SB}、U_{SB} 也均要下降,结果 SOA 面积缩小,如图中点划线所示。正确使用 GTR 必须采取有效的散热措施,选择适当的散热器,根据容量等级采用不同的冷却方式,或环境温度超过规定值(25℃)时降额使用。

另外,当单次功率脉冲加于 GTR 时,由于存在热容,在脉冲末了,芯片未能上升到最高结温。脉冲持续时间越短,允许脉冲功率幅度越大。图中用虚线表示单脉冲为 1 ms、10 μs、1 μs 情况下的 FBSOA。I_{cmp} 为最大允许脉冲电流。可以看出,直流安全工作区是 GTR 可以安全运行的最小范围。随着导通时间的缩短,二次击穿耐量和允许的最大功耗均随之增大。

3) 反偏安全工作区(RBSOA)

GTR 的反偏(reverse-biased)安全工作区形状如图 5.14 所示,基极关断反向电流越大,其安全工作区越窄。图中 I_{cmp} 为关断前的最大脉冲电流;电压 U_{ce} 同样必须受基极反偏时集电极维持电压 $U_{cev(sus)}$ 的限制。

正偏二次击穿是 GTR 工作于放大区的二次击穿,反偏二次击穿则是 GTR 工作于截止区的二次击穿。若反向基流维持不变,GTR 的 RBSOA 电流耐量 I_{SB} 随 U_{ce} 的增加而降低;对于相同的 U_{ce},$|-I_b|$ 越大,I_{SB} 越小。可见,从保障 GTR 的安全关断出发,$|-I_b|$ 不宜选得过大。

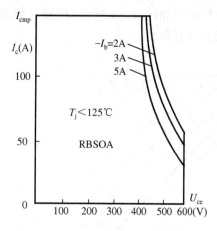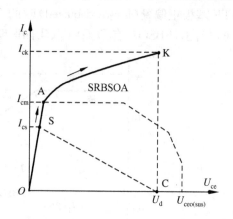

图 5.14　GTR 的反偏安全工作区　　　　图 5.15　负载短路时 GTR 的工作点

4) 短路安全工作区(SRBSOA)

当负载突然短路时,尽管 GTR 具有恒流特性,短路电流不致无限增大,但如图 5.15 所示,由于短路下 $U_{ce}=U_d$(直流电源电压),GTR 工作点将由 S 移至 K,相应的短路电流为 I_{ck},该点显然落在 FBSOA 以外,若不加控制,GTR 将过热损坏。

但是,如果 GTR 所在的电路具有较完善的保护功能,当负载短路时能迅速切断正向基流,并使 GTR 立即转为反偏,短路电流迅速得到抑制,则就有可能避免失效。这种保障 GTR 在负载短路状态下安全工作的范围称为短路安全工作区。

图 5.16 为一种 GTR(型号为 EVK71-050)的几种安全工作区,安全条件规定短路持续时间 $t_w \leqslant 50~\mu s$、$-I_b=3~A$,这时,GTR 能够经受的短路电流峰值为 $I_{cmk}=400~A$。由图可见,SRBSOA 远大于 RBSOA 和 FBSOA。图中 τ 为脉冲宽度,ρ 为信号占空比。

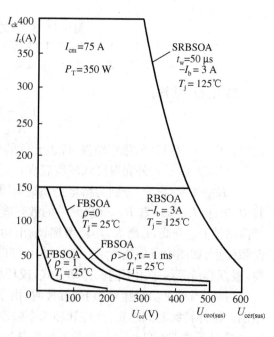

图 5.16　EVK71-050 安全工作区

5.2.3　缓冲电路和续流二极管的影响

1) 动态负载线

我们先以 I_c-U_{ce} 平面中的动态负载线来分析 GTR 的开关性能。

在共射电路中(图 5.9),如果负载为纯电阻,则负载线为 AB,负载线方程为:

$$I_c = \frac{U_d - U_{ce}}{R_c} \tag{5.7}$$

其中,A'、A'' 为饱和状态工作点,B' 为截止状态工作点。在 GTR 开关过程中,工作点沿负载线 $A'B'$ 移动,只要 A'、B' 两点都在安全工作区内,开关过程就不会超出。

当负载为感性时,见图 5.17(a),负载电路的时间常数 $T_L = L_L/R_L$,若 T_L 与 GTR 的开关周期 T 相近或 $T_L < T$,则电流 I_c 可能断续,I_c 能降到零,这时开关过程工作点移动的轨迹如图 5.17(b) a-b-c-d-a。这是因为:当基极加入驱动电流使 GTR 导通时,集电极电压很快降到饱和压降值,而集电极电流 I_c 则只能按时间常数为 T_L 的指数规律逐渐增加,因此工作点不可能沿直线 $B'A'$ 移动,而是沿曲线 B'-d-a 过渡到 A' 点;当基极电流由正变为负时,晶体管关断,但因 I_c 突然减小会在 L_L 上产生极高的自感电势 e_L,极性如图所示,它将 GTR 击穿,从而维持 I_c 继续流通,其时间极短,可认为工作点由饱和区很快沿 I_c 恒定曲线 b 进入击穿区;此后,I_c 减小过程一直位于击穿区,$U_{ce} = BU_{ceo}$,工作点沿曲线 c 到达截止区;最后当 $I_c \approx 0$,$U_{ce} = U_d$,工作回到 B' 点。

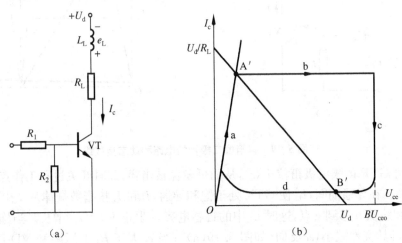

　　　　　　(a)　　　　　　　　　　　　　　　　　　(b)

图 5.17　GTR 电感电阻负载电路和动态负载线

当 T_L 较大($T_L \gg T$)而使 i_c 连续即电流不会降到零时(见图 5.18(a)),GTR 的工作点在开关过程中将沿着图 5.18(b) 中的 e-f-g-h 回线移动,电流在 i_{c1} 和 i_{c2} 之间变化,既达不到饱和工作点 A',也回不到截止点 B'。在 GTR 关断期间,工作点也一直位于击穿区,$U_{ce} = BU_{ceo}$。

由以上分析表明,当 GTR 带 R-L 负载时,不论 I_c 是连续还是断续,其工作点都可能超出安全工作区。为了保证 GTR 安全工作,必须消除负载电感中自感电动势击穿 GTR 的可能性。常用的方法之一是在负载两端并一个二极管 VD,如图 5.19(a)所示。当 GTR 关断时,自感电势 e_L 使 VD 正向导通,给负载电流提供一个续流回路(因此称 VD 为续流二极

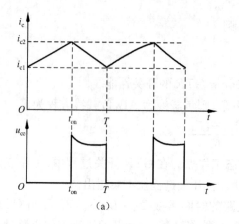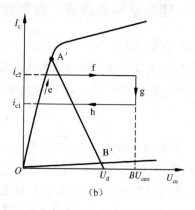

图 5.18　电流连续时的波形和动态负载线

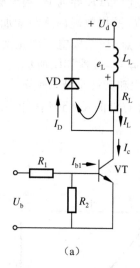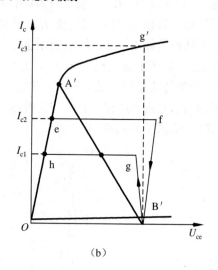

图 5.19　有箝位二极管的电路和动态负载线

管),同时将 GTR 的集电极箝位于 U_d,从而可避免被击穿,此时开关过程工作点移动轨迹如图 5.19(b)。在导通期间,I_{b1} 使 GTR 处于饱和导通,I_c 和 I_L 按指数规律从 I_{c1} 增加到 I_{c2},工作点沿饱和线从 h 移到 e 点,这时 L_L 中的自感电势 e_L 阻止 $I_L(=I_c)$ 增长。当施加反向驱动电流时,I_c 开始突然减小,e_L 反向(如图 5.19(a));当 e_L 大于 R_L 上压降和 VD 正向压降时,VD 导通,$U_{ce}=U_d$,工作点基本上瞬时地由 e 点过渡到 f 点;接着 I_c 下降,工作点由 f 向 B′ 下降,VD 中的电流按 $I_D=I_L-I_c$ 的关系增大;至 B′ 点时,负载电流 I_L 全部转移至二极管回路。在截止时间内,工作点位于 B′ 点,I_c 几乎为零,I_L 经 VD 由 I_{c2} 减小到 I_{c1}。当再次加 I_{b1} 时,因 VD 处于正向导通状态,U_{ce} 仍为 U_d,在 I_{b1} 驱动下,I_c 增长,I_D 减小,I_L 基本不变,工作点由 B′ 提高到 g 点。在 g 点,$I_c=I_{c1}=I_L$,$I_D=0$,VD 阻断。

在图 5.19(b)中,当 VD 续流尚未结束,而 VT 又导通时,VD 便承受反压,由于 VD 阻断时有反向恢复电流,这一附加电流有可能使 GTR 集电极电流短时间冲到 I_{c3}(如图 5.19(b)中 g′ 点);恢复电流终止后,工作点再回到 g 点,随后立即跳到 h 点而进入饱和状态。

图 5.5 中与负载并联的续流二极管也有同样的情况。

2) 缓冲电路

加了续流二极管虽然能在关断过程中把 U_{ce} 限制在电源 U_d 值，但由于在关断瞬间 I_c 不变，工作点仍有冲出安全工作区的危险。为了保证 GTR 的安全工作，还需设置缓冲电路。GTR 的缓冲电路除和 SCR 和 GTO 缓冲电路一样能降低附加于器件的浪涌电压、du/dt 和 di/dt，减少器件的开关损耗外，还可改变开通和关断轨迹即动态负载线，以避免 GTR 的二次击穿。

GTR 常用的基本缓冲电路和 GTO 的一样，如图 5.20 所示，其中 L_s 是串联缓冲电感，用以限制 GTR 开通时的电流上升率，起到改善开通负载动态轨迹的作用；C_s、R_s 和

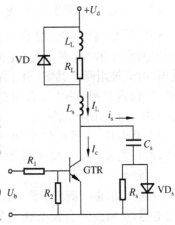

图 5.20 GTR 基本缓冲电路

VD_s 构成 RCD 型并联缓冲器，主要在 GTR 关断时限制 u_{ce} 的上升率，以便使工作点轨迹在安全工作区内。

假定在关断过程中负载电流 I_L 不变，并假定 i_c 线性地下降，GTR 关断时间为 t_{off}，则

$$i_c = I_L(1 - \frac{t}{t_{off}}) \tag{5.8}$$

$$i_s = I_L - I_c = I_L \frac{t}{t_{off}} \tag{5.9}$$

这段时间内电容 C_s 上的充电电压：

$$u_{cs} = \frac{1}{C_s} \int_0^t i_s dt = \frac{I_L}{2C_s t_{off}} t^2 \tag{5.10}$$

当 $t = t_{off}$ 时，GTR 完全关断，

$$u_{cs} = \frac{I_L}{2C_s} t_{off} \tag{5.11}$$

式(5.11)表明，在已知负载电流 I_L 和 GTR 参数 t_{off} 条件下，u_{cs} 的高低取决于缓冲电容 C_s 的数值。C_s 越大，u_{cs} 上升越缓慢；$u_{cs}(t_{off})$ 越小，表示缓冲电路的作用越强。据此而将缓冲电路分为强、中、弱三种类型。

令中等关断时，

$$u_{cs}(t_{off}) = U_d, \quad C_s = \frac{I_L}{2U_d} t_{off} = C_{sn} \tag{5.12}$$

则储能元件 $C_s < C_{sn}$ 或 $C_s > C_{sn}$，便分别称为弱型或强型。不同 C_s 值下，关断时 u_{ce} 的建立过程，也即 u_{cs} 的变化情况如图 5.21(b)、(c)、(d)所示，图 5.21(a)为无缓冲电路时的 i_c、u_{ce} 波形。图 5.22 则是相应的关断负载线轨迹。可见，加了缓冲电路后关断时可抑制过压现象。

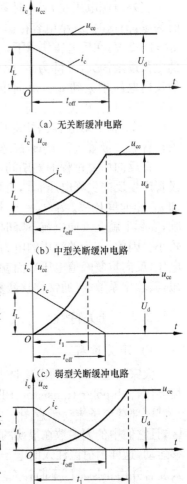

(a) 无关断缓冲电路

(b) 中型关断缓冲电路

(c) 弱型关断缓冲电路

(d) 强型关断缓冲电路

图5.21 缓冲电容 C_s 对 u_{ce} 缓升的影响

3）续流二极管反向恢复特性的影响

众所周知，半导体二极管只有一个 pn 结，具有单向导电的静态特性，即正偏（正向）能通过电流，反偏（反向）电流被阻断。其实，由于结电容的存在，二极管在正、反偏置互相转换时，必须存在一个过渡过程，在这过程中，pn 结的区域需要一定时间来调整其带电状态，因而其电压、电流特性是随时间变化的，此乃为动特性，而且主要是指反映通断之间转换的开关特性，如图 5.6 所示。

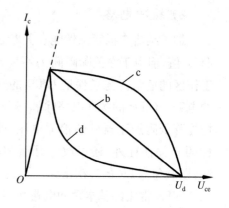

图 5.22　不同等级缓冲电路时的 GTR 关断曲线
b —中型；c —弱型；d —强型

开通初期，由于载流子要一定时间来储存及器件自身的电感，正向压降会先出现一个过冲，经过一段落时间才趋于接近稳态压降的某个值（如 2 V），这一动态过程时间 $t_{\rm fr}$ 称为正向恢复时间，开通电流上升率 $di_{\rm f}/dt$ 越大，峰值压降 $V_{\rm fm}$ 就越高，$t_{\rm fr}$ 也越长。

当外电源电压在 $t=t_{\rm f}$ 时刻（见图 5.6(b)）突然反偏时，二极管电流开始下降，到 $t=t_0$ 时为零，但这时 pn 结电容存储存电荷 Q 并不能立即消失，二极管仍然具有导电性电压约为 $u_{\rm f}\approx1\sim2$ V；在反电压作用下，电流反向，$i_{\rm r}$ 从零增加到最大值 $I_{\rm rm}(t=t_1)$，反向电流 $i_{\rm r}$ 使存储电荷逐渐消失，$u_{\rm f}$ 降为零；此后 pn 结反向阻断能力逐渐恢复，反向等效电阻迅速增大而使反向电压增大到 $u_{\rm rm}$，反向电流 $i_{\rm r}$ 则从 $I_{\rm rm}$ 迅速衰减到二极管反向饱和电流值 $I_{\rm s}$（微安级）。如将反向电流衰减到 $10\%I_{\rm rm}(t=t_2)$ 的时段定义为反向恢复时间 $t_{\rm rr}$，则 $t_{\rm rr}=t_2-t_0=t_{\rm A}+t_{\rm B}$。$t_{\rm rr}$、$I_{\rm rm}$ 与结电容、$i_{\rm f}$ 所对应的存储电荷 $Q(Q=Q_{\rm r_1}+Q_{\rm r_2})$，电路参数以及 d_{ir}/dt 等都有关。普通二极管 $t_{\rm rr}>1$ μs，快速二极管 $1\mu s>t_{\rm rr}>100ns$，超快恢复二极管 $t_{\rm rr}<100ns$。

在反向恢复过程的 $t_{\rm B}$ 期间，$i_{\rm r}$ 减小时，在线路电感 L 上产生反电势（见图 5.6(c)），对二极管产生反向尖峰电压 $u_{\rm rm}$，有可能将二极管反向击穿，为此应减小 $i_{\rm r}$ 下降时的变化率或增加 $t_{\rm B}/t_{\rm A}$ 时间比率。$t_{\rm B}/t_{\rm A}=S_{\rm r}$ 被称为软化系数或恢复特性软度，$S_{\rm r}$ 越大则称恢复特性越软，实际上就是反向电流下降时间相对较长，在同样的外电路条件下，产生的反电压过冲 $u_{\rm rm}$ 较小。因此，作为整流用的电力二极管，关心的参数是额定电流（通态半波平均电流）和额定电压（反向重复峰值电压），而就开关特性的高频性能而言，希望二极管的反向恢复时间 $t_{\rm rr}$ 短，其软化系数大（通常称软恢复）。

5.2.4　开关特性

1）开关过程

大家知道，GTR 的电流是由电子、空穴两种载流子同时参与导电形成的（所以又称为双极晶体管(bipolar transistor，BPT))，对 npn 晶体管，n 发射区中电子是多数载流子，图 5.23 是其内部载流子流动示意图。发射极作为载流子源，由于浓度差异，电子由射区扩散到基区，且它们中的大多数在很薄的基区继续扩散到达 cb 结，此时在外加电压 $U_{\rm d}$ 作用下产生漂移运动，这样由射区注入的电子进入集区便形成集电极电流 $I_{\rm c}$，而另一些电子在基区与空穴复合并由正偏基区不断补充空穴形成基流 $I_{\rm b}$（由于基区的空穴浓度比发射区电子浓度小得多，空穴电流很小，因此可忽略）。GTR 的开关过程实际上就是电荷的建立和消失的过程，该过程均需要一定的时间。

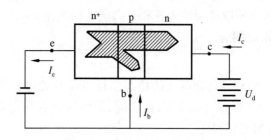

图 5.23　npn 晶体管中的电子流

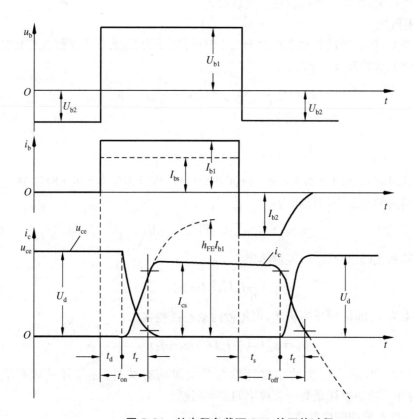

图 5.24　纯电阻负载下 GTR 的开关过程

图 5.24 是纯电阻负载下 GTR 的开关过程,比较 i_b 和 i_c 波形不难发现,即使在纯电阻负载即无惯性负载下,GTR 也存在开关过程,它包括下列各项时间:

(1)延迟时间 t_d　t_d 取决于射结的势垒电容大小、初始正向基流和上升率以及跳变前反向偏压大小。

(2)上升时间 t_r　t_r 与过驱动系数(I_{b1} 与 I_{bs} 之比)及 I_{cs} 有关。过驱动系数越大,I_{cs} 越小,都使 t_r 缩短。

t_d 与 t_r 之和称为开通时间 t_{on}。

（3）存储时间 t_s t_s 正比于过驱动系数，反比于反向驱动电流 I_{b2}。

（4）下降时间 t_f t_f 主要取决于结电容和正向集电极电流。

t_s 与 t_f 之和称为关断时间 t_{off}。

2）开关损耗

GTR 功率损耗包括饱和导通和截止的稳态损耗以及开关过程中开通和关断动态损耗四部分。饱和导通时，管压降只有 0.7 V；截止时，漏电流只有几毫安，损耗都很小，因此动态损耗是开关工作状态的主要损耗。

开关过程包括开通过程和关断过程。开通过程，在 t_d 时间内，i_c 很小，损耗主要在集电极电流的上升时间 t_r；关断过程，在 t_s 内，GTR 仍处于饱和状态，与 t_f 期间内损耗比也可忽略；因此动态损耗主要是 t_r 和 t_f 两段时间内的开关损耗。由于在开关过程中，i_c 和 u_{ce} 的变化规律与负载性质有关，所以开关损耗也因负载而异。

（1）纯电阻负载

这时负载线为直线，当过驱动系数大于 1.5 时，可以认为 U_{ce} 和 i_c 都是线性变化的，因而开通过程的电流 i_{cr} 和电压 u_{cer} 分别为：

$$i_{cr} = I_{cs} \frac{t}{t_r}, \quad u_{cer} = U_d \left(1 - \frac{t}{t_r}\right) \tag{5.13}$$

关断过程：

$$i_{cf} = I_{cs} \left(1 - \frac{t}{t_f}\right), \quad u_{cef} = U_d \frac{t}{t_f} \tag{5.14}$$

上述方程的时间坐标均分别从 t_r 和 t_f 时区开始计算，也分别仅在 t_r 或 t_f 时区中成立。

在一个周期内的动态平均损耗为：

$$p_d = \int_0^{t_r} i_{cr} u_{cer} dt + \int_0^{t_f} i_{cf} u_{cef} dt \tag{5.15}$$

将式（5.13）和式（5.14）代入，经演算得：

$$p_d = \frac{1}{6} I_{cs} U_d (t_r + t_f) \tag{5.16}$$

设开关频率为 f，即每秒开关 f 次，则每秒的动态损耗共为：

$$P_d = p_d f = \frac{1}{6} I_{cs} U_d f (t_r + t_f) \tag{5.17}$$

由式（5.17）可知，动态开关功率损耗除与开关时间有关外，还与开关频率成正比。GTR 能容许的开关功率损耗是对开关频率的主要限制。

（2）带箝位二极管的感性负载

假定：箝位二极管具有理想的恢复特性，其反向恢复电荷 $Q = 0$；负载电流 I_L 连续、平滑，在换流期中可视为恒值；GTR 集电极电流 i_c 在开、关过程中均线性变化。

由图 5.19(b) 可知，在这种情况下，i_c 的增长和减小都是在 $U_{ce} \approx U_d$ 的条件下进行的，一个开关周期内的动态损耗为：

$$p_d = \int_0^{t_r} U_d I_{cs} \frac{t}{t_r} dt + \int_0^{t_f} U_d I_{cs} \left(1 - \frac{t}{t_f}\right) dt = \frac{1}{2} I_{cs} U_d (t_r + t_f) \tag{5.18}$$

每秒的动态损耗为：

$$P_{\mathrm{d}}=\frac{1}{2}I_{\mathrm{cs}}U_{\mathrm{d}}f(t_{\mathrm{r}}+t_{\mathrm{f}}) \tag{5.19}$$

这时动态功率损耗仍与开关时间和开关频率成正比。但在$(t_{\mathrm{r}}+t_{\mathrm{f}})$和$f$都相同的情况下,动态损耗是纯电阻负载时的三倍。加了缓冲电路以后,动态损耗将减小,且与电容大小有关,在中型缓冲电路时,电感负载的动态损耗与电阻负载时相当,强型缓冲时则小于电阻负载的动态损耗。

如果负载中除电阻和电感外,还有电动势E,动态损耗并无变化。这是因为在开关过程中,续流二极管 VD 将负载短路,GTR 的集电极电压仍为U_{d}。

5.2.5　驱动电路

GTR 所需的正向和反向基流由驱动电路提供,而且 GTR 的开关特性与驱动电路的性能密切相关。优良的驱动电路能减小开关损耗和提高 GTR 的工作可靠性。

1) 期望的基极电流波形

理想的基极电流波形如图 5.25 所示,它应具有如下特性:

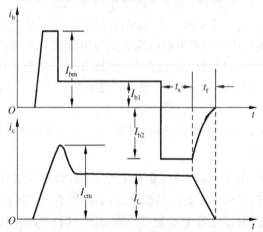

图 5.25　期望的 GTR 基极电流波形及其对应的集电极电流波形

(1) 开通时快速的上升沿,并有一定的过冲,以加速开通过程,缩短开通时间;

(2) 导通期间提供的基流在任何负载情况下都能保证 GTR 处于饱和导通状态,使饱和压降U_{ces}较低,导通损耗较小,而在关断前使 GTR 处于临界饱和状态,以减小存储时间;

(3) 关断瞬间提供足够的反向基流,以迅速抽出基区的剩余载流子,减小t_{s},并加反偏电压,使集电极电流迅速下降,以减小下降时间t_{f},而在 GTR 开通前 be 间反偏压应为零或很小。

开通时使初始基流幅值$I_{\mathrm{bm}}>I_{\mathrm{b1}}$,是考虑电感性负载时,如对图 5.19 所述,存在由二极管 VD 向 GTR 换流时,VD 的反向恢复电流会使I_{c}出现过冲;又如图 5.26(a)所示为桥路的一臂,当 $\mathrm{VD_1}$ 向 $\mathrm{VT_2}$ 或 $\mathrm{VD_2}$ 向 $\mathrm{VT_1}$ 换流时,由于二极管存在反向恢复电流,所以在换流期间 GTR 会流过电流尖峰I_{cm},$I_{\mathrm{cm}}=I_{\mathrm{L}}+I_{\mathrm{rm}}$,$I_{\mathrm{L}}$为负载电流,$I_{\mathrm{rm}}$为参与换流的二极管反向电流峰值,图 5.26(b)中示出了 $\mathrm{VD_1}$ 向 $\mathrm{VT_2}$ 换流的有关波形。

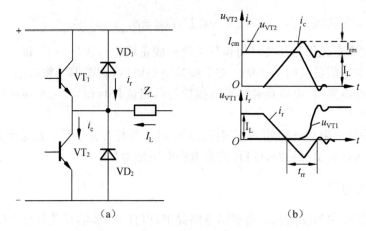

图5.26 桥臂中二极管反向恢复电流的影响

为了保证 GTR 能在尖峰电流下仍进入饱和导通状态,需要驱动电路提供的初始电流为 $I_{bm}=I_{cm}/\beta$。

应当指出,实际的驱动电路中,上述诸点要求很难都能满足,而要根据变换器的情况作妥善的设计。此外,驱动电路还必须与主电路实施隔离,且驱动电路本身损耗也要小。

基极驱动电路按正向基流与集电极电流关系有恒流式和比例式两种。前者正向基流保持恒定,不随主电路 GTR 集电极电流的大小(反映负载电流的大小)而变化。这种驱动电路较简单,但当负载变化时,GTR 的正向饱和程度将随之变化,导致轻载下饱和过深,t_s 增长,影响开关频率的提高,而重载或过载时又可能驱动不足,GTR 进入线性工作区;后者正向基流与集电极电流幅值保持恒定比例,这时饱和深度不随负载变化,但电路较为复杂。

2)比例驱动电路

在恒流驱动电路中,由于基流不变,随着集流下降,将使饱和深度加深,t_s 增大,此时部分基流成了多余且有害,如果将多余的基流从集极引出,使 GTR 在不同集流情况下都处于浅饱和(或准饱和)状态,而集结处于零偏或轻微正偏,这种电路便称为抗饱和电路或临界饱和电路。

抗饱和电路的基本类型如图5.27所示,图中 VD₁、VD₂ 为抗饱和二极管,VD₃ 为反向基流提供回路。当轻载时,GTR 的饱和程度加深而使 U_{ce} 减小,A 点电位高于集极电位,VD₂ 导通,将 I_b 分流,使流过 VD₁ 的基流 I_{b1} 减小,从而减小 GTR 的饱和深度。设 U_{VD_1}、U_{VD_2} 是 VD₁、VD₂ 的正向压降,且 $U_{VD_1}=U_{VD_2}$,则在通态时,

$$U_{VD_1}+U_{be}=U_{VD_2}+U_{ce} \qquad (5.20)$$

因而

$$U_{ce}=U_{be} \quad 或 \quad U_{cb}=0 \qquad (5.21)$$

即集结处于零偏。

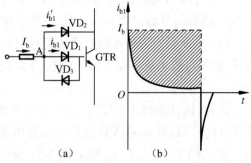

图5.27 抗饱和电路和基极电流波形

抗饱和电路可以缩短 t_s,使在不同负载情况下或使用离散性较大的 GTR 时 t_s 趋向一致,但需增加两个二极管,且其中 VD₂ 的耐压性能必须和 GTR 的耐压相当。此外,加了抗

饱和电路引起饱和压降 U_{ces} 增加,增大了导通损耗。因此对 t_s 和 U_{ces} 的要求存在矛盾,要折衷考虑。

图 5.28 是输入端采用变压器隔离的临界饱和驱动电路的例子,被驱动的功率开关由 $VT_8 \sim VT_{10}$ 三管并联,并与 VT_7 成达林顿(Darlington)连接。

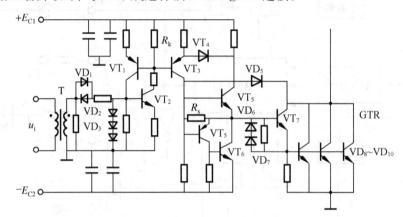

图 5.28 GTR 基极比例驱动电路

当输入端 u_i 有正脉冲时,由 VT_1、VT_2 构成的具有正反馈的开关电路由断态立即转为通态,且当正脉冲消失时仍能维持其导通状态,通态电流在电阻 R_k 上建立的压降使 VT_3 导通,并由此使 VT_4、VT_7 导通,向 $VT_8 \sim VT_{10}$ 提供正向基流;电阻 R_s 上的压降将 VT_5 截止,反偏电路断开。

当输入端 u_i 有负脉冲时,VT_2 反偏截止,VT_1 和 VT_3 相应截止,R_s 上压降消失,$-E_{c2}$ 使 VT_5 流过基流导通,从而使 VT_6 导通,$-E_{c2}$ 沿 $VT_8 \sim VT_{10}$ 和 VD_7、VD_6、VT_6 流过反向基流,功率开关由通态转为断态。由于 VT_1、VT_2 构成的开关电路具有双稳态性质,因而尽管负脉冲消失,也可一直维持断态,使 $VT_8 \sim VT_{10}$ 在输入端正脉冲出现之前一直处于截止状态。

图 5.27(a)所示抗饱和措施中,GTR 除了在开通瞬间需提供一个较大的初始基流外,在整个导通期间,由于饱和深度变浅,只需一个较小的基流。图 5.27(b)表示了加抗饱和电路后 GTR 基流 I_b 的波形。驱动电路输出电流 I_b 的大部分电流 i'_{b1}(即图中虚线阴影部分)经 VD_2 流到了集极,只少量电流作为 GTR 的基流 i_{b1},造成了驱动电路的损失。为此可将 VD_2 加至前级驱动管的基极,而利用前级驱动管的 be 结代替 VD_1,如图 5.28 中的 VD_5 加至 VT_4 的基极,就是改进后的抗饱和电路。此种电路的驱动电路损失可大大减小,约为基极抗饱和电路的 $1/\beta_1$(β_1 为前级驱动管 VT_4 的电流放大倍数)。这对大功率的驱动电路是有实际意义的,既减小了驱动电路的损耗,又节省了器件。

3)专用驱动电路

GTR 的驱动电路形式繁多,不胜枚举。现在国内外也已有多种专用的厚膜或集成驱动电路。这些集成驱动电路可以对 GTR 实现最优驱动,并具各种保护功能。这里仅对 UAA4002 集成电路芯片作一介绍。

UAA4002 是 16 脚双列直插集成芯片,其内部结构如图 5.29(a)所示。它接受电平或脉冲形式的导通信号,按比例驱动提供 GTR 的正基极电流(输出电流由端 15 与 V_{cc} 间的外

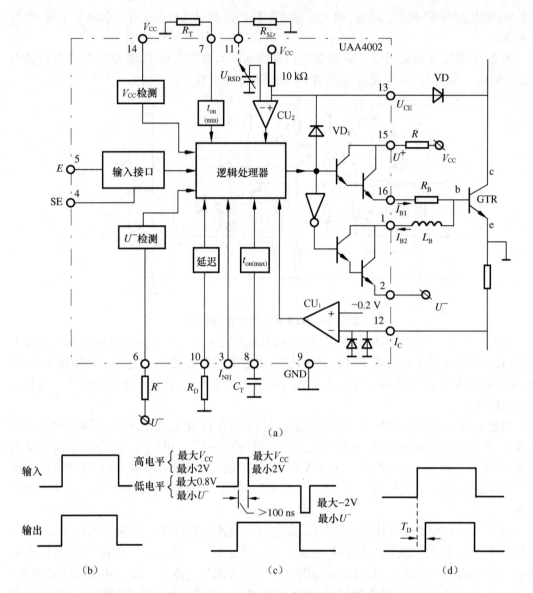

图 5. 29　UAA 4002 的内部结构和有关波形

接电阻 R 值决定,最大为 0.5A);关断时,能产生 3A 的反向电流。正、反电流也可借外接晶体管放大。同时,内部的高速逻辑处理器能实现多种保护,包括监控 GTR 的 ce 极饱和压降、集电极电流、集成电路本身的正负电源和芯片温度(芯片温度超过 150℃,能自动中断输出脉冲,直到下个周期;片温一旦下降到限制温度以下,输出脉冲立即恢复),还可根据需要,确定最小和最大导通时间,并能存储和保持故障信息,直到导通结束,避免反复开关现象。

UAA4002 的正负电源推荐使用 $V_{CC}=10$ V,$U^{-}=-5$ V。GTR 基极输入信号引自端 16。根据选择输入端 4 的 SE 逻辑电平,可以选用电平或脉冲两种输入模式:前者 4 为高电平(通过大于 4.7kΩ 电阻接 V_{CC} 或浮空);后者 4 为低电平(直接接地或接端 9)。两种模式的输入、输出波形见图 5.29(b)、(c)。

端 7 通过电阻 R_T 接零,R_T(kΩ)值决定最小导通时间:

$$t_{\text{on(min)}} = 0.06R_{\text{T}}(\mu\text{s}) \tag{5.22}$$

可在 $1\sim12~\mu\text{s}$ 之间调节,以确保缓冲电路中的电容 C 能充分放电(一般 $t_{\text{on(min)}}$ 是 RCD 缓冲电路时间常数的 4 倍)。在 $t_{\text{on(min)}}$ 期间没有其他保护级能中止导通。

端 8 通过电容 C_{T} 接零,$C_{\text{T}}(\text{nF})$、$R_{\text{T}}(\text{k}\Omega)$ 值决定最大导通时间:

$$t_{\text{on(max)}} = 2R_{\text{T}}C_{\text{T}}(\mu\text{s}) \tag{5.23}$$

$t_{\text{on(max)}}$ 可用于限制斩波器的输出功率或者防止脉冲输入模式中偶然的干扰引起的连续导通;如不需要 $t_{\text{on(max)}}$ 功能,可将 C_{T} 短接。

端 10 通过电阻 $R_{\text{D}}(\text{k}\Omega)$ 接零,可以使输出电压相对输入电压前沿推迟 T_{D},如图 5.29(d) 所示,

$$T_{\text{D}} = 0.05R_{\text{D}}(\mu\text{s}) \tag{5.24}$$

T_{D} 可在 $1\sim20~\mu\text{s}$ 之间调节;如不需要该功能,可将端 10 接 V_{cc}。

过流保护信号是负极性,从端 12 引入 I_{e}。当该信号低于 -0.2 V 时,将引起比较器 CU1 翻转,通过逻辑处理器送出命令,封锁输出脉冲,直至输入信号下次正跳变,从而实现 GTR 的电流限制;如不需限流,端 12 可直接接地。

端 13 通过快恢复二极管 VD 与集电极连接,可对 GTR 的基极电流进行自动调节和对 U_{ce} 进行监控。GTR 越倾向饱和,VD_1、VD 支路分流越大;如果 U_{ce} 高于门限电压 U_{RSD},则比较器 CU2 翻转,通过逻辑处理器封锁输入,直到下个导通周期。该环节可防止 GTR 退饱和引起的损害,不管这是由基极驱动不足还是集流过大所引起。门限电压 U_{RSD} 可通过端 11 与地间接电阻 $R_{\text{SD}}(\text{k}\Omega)$ 来设定,

$$U_{\text{RSD}} = 10R_{\text{SD}}/R_{\text{T}} \quad (\text{V}) \tag{5.25}$$

可在 $1\sim5.5$ V 间变化。如端 11 开路,其电位限定在 5.5 V;如不要退饱和保护,可将端 11 接 U^-。

对 V_{CC}、U^- 电源进行监控,可确保 GTR 的正常通断。当 V_{CC} 低于 7 V 时,一个内部比较器将封锁输出信号。由端 6 通过电阻 R^- 接 U^- 来决定负电源的欠压保护门限 $|U^-|_{\text{min}}$,

$$R^- = \frac{R_{\text{T}}}{2}(1 + \frac{|-U^-|_{\text{min}}}{5}) \tag{5.26}$$

负电源的监控还能防止脉冲输入模式中,由于负的关断脉冲幅度被箝位太低而引起的连续导通;如不使用负电源监控,可将端 6 接地或接 U^-。

端 3 为封锁端,当 I_{NH} 为高电平时,完全封锁输出信号;零电位时解除封锁,可用于装置的各种保护。

使用中,如果发现基极电流有振荡,可在 I_{B1} 支路接一小电阻 R_{B}(1 Ω 左右,大了会增加 GTR 的饱和压降)。如欲限制反向电流变化率 di_{B2}/dt,可在 I_{B2} 支路串一小电感 L_{B}。

5.3　电力场效应晶体管(P-MOSFET)

场效应晶体管(field-effect-traasistor,FET)是利用改变电场通过沟道来控制半导体的导电能力的器件,其通过的电流随电场信号而改变,它有结型和表面型两大类,前者是以 pn 结上的电场来控制所夹沟道中的电流,后者是以表面电场来控制沟道中的电流。

用外加电压控制绝缘层的电场来改变半导体中沟道电导的表面场效应,因而又称为绝

缘栅场效应晶体管。根据绝缘层所用材料不同,绝缘栅场效应管有各种类型。目前应用最广泛的是金属－氧化物－半导体(Metal-Oxide-Semiconductor)场效应管(MOSFET)或简称 MOS 管。

5.3.1　结构和工作原理

1) 结构

MOSFET 有 n 沟道和 p 沟道两种。n 沟道中载流子是电子,p 沟道中载流子是空穴,都是多数载流子。其中每一类又可分为增强型和耗尽型两种。所谓耗尽型就是当栅源间电压 $U_{GS}=0$ 时存在导电沟道,漏极电流 $I_D \neq 0$;所谓增强型就是当 $U_{GS}=0$ 时没有导电沟道,$I_D=0$,只有当 $U_{GS}>0$(n 沟道)或 $U_{GS}<0$(p 沟道)时才开始有 I_D。

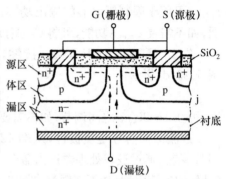

图 5.30　功率 MOSFET 单元结构示意图

电力(或功率)MOSFET(power MOSFET 或简写成 P-MOSFET)绝大多数做成 n 沟道增强型。这是因为电子导电作用比空穴大得多,而 p 沟道器件在相同硅片面积下,由于空穴迁移率低,其通态电阻 R_{on} 是 n 型器件的 2～3 倍。

电力 MOSFET 和小功率 MOSFET 导电机理相同,但结构有很大差别,且每一个电力 MOS 都是由许多($10^4 \sim 10^5$)个小单胞 FET 并联而成。图 5.30 是垂直沟道一个 MOSFET 单胞的结构示意图。

2) 工作原理

当 D、S 加正电压(漏极为正,源极为负),$U_{GS}=0$ 时,p 体区和 n 漏区的 pn 结 j 反偏,D、S 之间无电流通过;如果在 G、S 之间加一正电压 U_{GS},由于栅极是绝缘的,所以不会有栅流流过,但栅极的正电压却会将其下面 p 区中的空穴推开,而将少数载流子电子吸引到 p 区表面;当 U_{GS} 大于某一电压 U_T 时,栅极下 p 区表面的电子浓度将超过空穴浓度,从而使 p 型半导体反型成 n 型半导体(称为反型层);这个反型层形成了源极与漏极间的 n 型沟道,使 pn 结 j 消失,源极和漏极导电,流过漏极电流 I_D,其前状态称为夹断。U_T 称为开启电压或阈值电压,U_{GS} 超过 U_T 越多,导电能力越强,I_D 越大。

当 D、S 间施加负电压(源极为正,漏极为负)时,pn 结为正偏置,相当于一个内部反向二极管(不具快速恢复特性),即 MOSFET 无反向阻断能力,可视为一个逆导元件。

由 MOSFET 工作原理可以看出,它导通时只有一种极性的载流子参与导电,所以也称单极型晶体管。

顺便说一下,按垂直导电结构的差异,采用垂直 V 形沟道的 MOS 称为 VMOS,而对于垂直沟道双扩散 MOS 管(称为 VDMOS),由于各国生产厂家的工艺和芯片图形不同,也有着不同的名称,如 HEXFET(IR)、TMOS(Motorola)、SIPMOS(Siemens)、VD²MOS(NEC)等。

5.3.2　静态特性和参数

静态特性主要指 P-MOSFET 的输出特性和转移特性,与静态特性相关的参数有最大漏极电压、最大漏极电流、通态压降和跨导等。

1）输出特性

由于漏极电流 I_D 受栅源电压 U_{GS} 的控制，以 U_{GS} 为参量，反映漏极电流 I_D 与漏源电压 U_{DS} 间关系的曲线称为 P-MOSFET 的输出特性。图 5.31(a) 是 n 型沟道增强型 P-MOSFET 的电路符号和共源电路，符号中箭头表示电子载流子移动的方向，与漏极电流 I_D 方向相反；图 5.31(b) 是输出特性，它除 $U_{GS} < U_T$，沟道被夹断 $I_D = 0$ 为截止区外，分为三个区域，即：可调电阻区Ⅰ，饱和区Ⅱ，雪崩区Ⅲ。

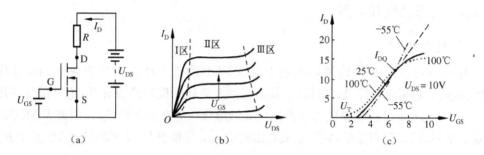

图 5.31　n 沟道增强型 P-MOSFET 的共射电路、输出特性和转移特性

在可调电阻区Ⅰ，器件电阻值的大小由 U_{GS} 决定，U_{GS} 高，沟道电阻小，I_D 随 U_{GS} 增大而增大，是变化的。饱和区Ⅱ内 I_D 趋于稳定不变，所以亦称恒流区。不过要注意，这里的"饱和"与双极晶体管的"饱和"不同，而是对应于双极晶体管的放大区。$U_{DS} = U_{GS} - U_T$ 是可变电阻区与饱和区的分界线，如图 5.31(b) 中左边虚线所示，它与输出特性的交点称为预夹断点。饱和区后，如继续增大漏源电压，当漏极 pn 结发生雪崩击穿时，I_D 突然剧增，曲线转折进入雪崩区Ⅲ，直至器件损坏。

与输出特性密切相关的参数有：

（1）漏源击穿电压 BU_{DS}　这是为了避免器件进入雪崩区而设的极限参数，它决定了 P-MOSFET 的最高工作电压。

（2）漏极直流电流 I_{Dm} 和漏极脉冲电流幅值 I_{Dmp}　这是 MOSFET 的标称电流定额参数，确定 I_{Dm} 的方法与 GTR 不同，后者 I_c 过大时，h_{FE} 或 β 迅速下降，因此 h_{FE} 的下降程度限制了 I_c 的最大允许值 I_{cm}，而 MOSFET 的漏极载流能力主要受温升的限制。

（3）通态电阻 R_{on}　通常规定，在确定的 U_{GS}，P-MOSFET 由可调电阻区进入饱和区时的直流电阻为通态电阻，这是影响最大输出功率的重要参数。在开关电路中，它决定了信号输出幅度和自身损耗。R_{on} 还直接影响着器件的通态压降；击穿电压越高，通态电阻也越大。

（4）栅源击穿电压 BU_{GS}

为了防止很薄的绝缘栅层因栅源电压过高而发生电击穿，规定了最大栅源电压 BU_{GS}，其极限值一般定为 ± 20 V。

2）转移特性

输出漏极电流 I_D 与输入栅源电压 U_{GS} 之间的关系称作转移特性，n 型沟道增强型 P-MOSFET 的转移特性，如图 5.31(c) 所示。它表示 P-MOSFET 在一定 U_{DS} 下，U_{GS} 对 I_D 的控制作用和放大能力。由于 MOS 管是电压控制器件,与电流控制器件 GTR 中的电流增益 β 相仿,可用跨导这一参数来表示电压控制作用和能力。跨导的定义为:

$$g_m = \frac{\partial i_D}{\partial U_{GS}}\bigg|_{U_{DS}=\text{常数}} \tag{5.27}$$

即转移特性曲线的斜率,单位为西门子(S)。

转移特性曲线与横坐标线的交点即为开启电压 U_T。U_T 随结温 T_j 而变化,并且具有负的温度系数。

5.3.3　动态特性和参数

1) 等效电路

由图 5.30 可以看出,n 沟道增强型 P-MOSFET 的基本结构相当于一个 npn 晶体管(源、栅、集极分别相应于射、基、集极)。其栅极到源极和漏极用绝缘分开,绝缘层分别形成电容 C_{GS} 和 C_{GD};npn 三极管集极与基极,由 pn 结形成一个寄生电容 C_{DS}。所以 P-MOSFET 的等效电路如图 5.32(a)所示,它可看成是由寄生 npn 三极管与 MOSFET 并联,其中 R_{be} 是射区与基区的电阻。

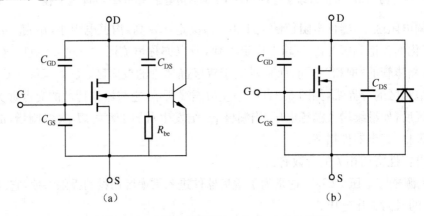

图 5.32　n 沟道增强型 P-MOSFET 寄生模型

由于制造时芯片上三极管的基、射极被源极金属电极短路,而射区与基区电阻 R_{be} 又特别小,因此一般 MOSFET 可看成内部为一个寄生二极管与 MOSFET 并联,等效电路可简化成图 5.32(b)。

在应用中,常用输入电容 C_i、共源极输出电容 C_o 和反馈(或反向转移)电容 C_r 的概念,它们与极电容的关系为:

$$\begin{cases} C_i \approx C_{GS} + C_{GD} \\ C_o \approx C_{DS} + C_{GD} \\ C_r \approx C_{GD} \end{cases} \tag{5.28}$$

2) 开关特性

P-MOSFET 典型的开关波形如图 5.33 所示。由于 MOSFET 存在输入电容 C_i,所以当加上栅极控制电压 u_c 时,C_i 有充电过程,栅极电压 u_{GS} 呈指数曲线上升;当 u_{GS} 上升到开

启电压 U_T 时,开始出现漏极电流 i_D;从 u_c 前沿到 $u_{GS}=U_T$ 这段时间主要决定于输入电容的充电,称为开通延迟时间 $t_{d(on)}$;此后,i_D 随 u_{GS} 上升而增大;u_{GS} 从 U_T 上升到 MOSFET 进入可变电阻区的栅压 U_{GSP}(亦即预夹断电压),这段时间称为上升时间 t_r,i_D 达到稳态(i_D 的稳态值由外加电源电压 U_{DS} 和漏极负载电阻 R 所决定);U_{GS} 的值到达 U_{GSP} 后,在控制电压 u_c 的作用下继续升高,直至到达稳态值 U_1,但 i_D 已不再变化。

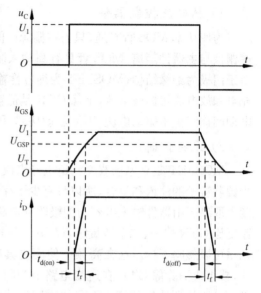

图 5.33 功率 MOSFET 的开关波形

当控制电压 u_c 下降到零或反向时,C_i 通过栅极信号源内阻 R_S 和外接栅极电阻 $R_G(\gg R_S)$ 开始放电,u_{GS} 按指数曲线下降;当下降到 U_{GSP} 时,i_D 才开始减小,这段时间与输出电容有关,称为关断延迟时间 $t_{d(off)}$(这里用 $t_{d(off)}$ 符号是为了强调与 GTR 中由超量存储电荷引起的存储时间 t_s 根本不同);此后,C_i 继续放电,u_{GS} 从 U_{GSP} 继续下降,i_D 减小,到 $u_{GS}<U_T$ 时沟道消失,i_D 下降到零,这段时间与输出电容有关,称为下降时间 t_f。

MOSFET 的开通时间 $t_{on}=t_{d(on)}+t_r$,关断时间 $t_{off}=t_{d(off)}+t_f$,它们与 MOSFET 的开启电压 U_T 和输入电容 C_i 有关,也受信号源内阻 R_S 的影响。为了加快开关速度,应设法减小栅极回路的充放电时间常数。

3) du/dt 限制

P-MOSFET 的动态性能还受到漏源电压变化速度即 du/dt 耐量的限制,过高的 du/dt 可能导致电路性能变差或引起器件损坏。例如:在关断状态或即将关断的情况,过高的 du/dt 经过漏栅寄生电容耦合到栅极;如果驱动电路内阻抗较大,C_{DS} 的充电电流在内阻抗上引起的 U_{GS} 可能升高到 U_T 而引起误开通(鉴此,特别应防止 P-MOSFET 在使用过程中栅极开路);另外,在 du/dt 快速变化的情况下,使 C_{DS} 充电,此充电电流在内部基射电阻 R_{be} 上的压降超过寄生晶体管的基射之间的门限电压,可能导致寄生三极管的导通,破坏 P-MOSFET 的工作;在具有电感负载的电路中,高速开关情况下,器件同时受到高的漏极电流、漏极电压和寄生电容中位移电流的作用,将导致器件损坏;P-MOSFET 内部的二极管若在反向恢复期间存储电荷迅速消失,将增大电流密度和电场峰值,对器件安全也有很大威胁。

为防止上述现象,可在栅源之间并接阻尼电阻或并接约 20 V 的稳压管,以适当降低栅极驱动电路的输出阻抗;漏源间应采取稳压器箝位、RCD 或 RC 抑制电路等保护措施。

5.3.4 功率 MOSFET 的特点

与双极晶体管相比,功率 MOSFET 有如下一些特点:

1) 属电压控制器件

为使功率 MOS 管导通,只需在栅源极间加一电压(一般为 8～10 V)即可;由于氧化硅使栅极与主器件隔离,MOS 管具有高输入阻抗(10^9～10^5 Ω)和实际上无穷大的直流增益;由于门极为绝缘结构,MOSFET 为纯容性输入阻抗,只需在开通和关断的短期间为电容的充电和放电流过栅极电流,不像 GTR 是低输入阻抗(10^3～10^5 Ω)、电流控制,必须在整个导电期间连续供给驱动电流,因而驱动功率可忽略不计,驱动电路较简单。

2) 无存储时间

MOSFET 是靠电场改变沟道电导来改变漏极电流,属多数载流子导电器件,而不是靠少数载流子的注入和复合,所以没有少子存储效应和固有的开关延迟时间,开关特性很大程度上取决于由器件输入电容与栅极驱动电路输出阻抗形成串联 RC 电路的时间常数。开关速度比 GTR 快一、二个数量级,仅为(10～100)ns,工作频率可达 100kHz 以上,开关损耗也几乎可以忽略不计。这在高频下使用更具有优越性。无存储时间能够提高电路的利用系数,减小或消除像 GTR 在逆变电路中为防止直通而必须设置的那种"死区"。无存储时间还能使器件对过载和故障情况作出更快的响应。

3) 安全工作区宽

因多子密度与温度无关,而迁移率随温度增加而减少,所以功率 MOS 管有正的电阻温度系数和负的电流温度系数。如果沟道某点电流密度增加使该点温度增加,电流便会减少,可避免形成局部热点和二次击穿,因而热稳定性好,安全工作区增大(见图5.34);此外,导通电阻正的温度系数使 MOS 管容易并联使用,只要将开启电压近似相等的两只或多只

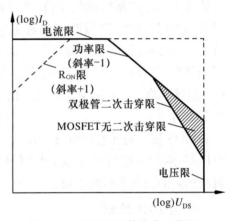

图 5.34 MOSFET 的安全工作区

管子并装在同一散热器上,就可自动均流,不像双极管不仅要饱和压降 U_{ces}、放大系数 h_{FE}、基射电压 U_{be}、驱动电流 i_b 等匹配,还要开关时间相近。另外,如果 P-MOSFET 的通态电阻较大,自身导通功耗也较大,所以在 U_{DS} 较低时,安全工作区不仅受最大漏极电流的限制,还受通态电阻 R_{on} 限制,见图 5.34 左侧虚线。

4) 通态电阻与电压有关

在双极型器件中包括 SCR、GTO、GTR,由于是两种载流子参与导电,当 pn 结正偏通过大电流时,相应有大量少子被注入基区,维持半导体电的中性条件。其多子浓度也相应大幅度增加,使得其电阻率明显下降,也就是电导率大大增加,这种效应称之为电导调制。正是由于电导调制效应,使得 pn 结在正向电流较大时压降自然很低,约为 1 V 左右,而 MOSFET 只有多子一种载流子运动,电子流经源极 S→n 沟道→n^-→n^+→漏极,没有穿过任何 pn 结,不存在电导调制,n 区导电率不变化,而是表现为导通电阻 R_{on},不像双极型器件在导通期间呈现一定的导通压降。而为了提高能承受的电压,只好在低阻衬底 n^+ 硅片上外延伸一层高阻层 n^-,使电阻率增大,R_{on} 也随之提高,电流大时,饱和压降就高,这就是很少出现 1 kV 以上高压 P-MOSFET 的原因。

但是随着掌上电子设备和器具的发展,已要求供电电压越来越低,例如从 3 V 到 1 V 甚至 0.5 V,而电流都仍要很大,例如几安到几十安,如此在 MOSFET 的制造工艺上采取了一系列新措施,现在生产出 30~250 V 低阻 MOSFET,其通态电阻 R_{on} 只有几 mΩ,为计算机电源及汽车电子等供给低压大电流应用场合提供了优良的开关器件。

5.3.5　功率 MOSFET 的驱动电路

驱动电路除需提供足够的栅压、对输入电容 C_i 充放电所需的一定数值的 I_{GS},以保证 MOSFET 可靠导通和关断外,对 MOS 管驱动电路还要求具有小的输出电阻,以加速对栅极充放电速度,减小开关时间。此外,由于 MOS 电路工作频率较高,易被干扰,所以驱动电路和前置电路应具有较强的抗干扰能力。

功率 MOSFET 的应用场合不同,其栅极电路不尽相同,相应的驱动电路也有差别。

图 5.35 是共源电路的几种驱动电路结构,其中图 5.35(a)和(b)结构相同,只是组成电路的器件不同,两者均为互补形式,u_i 极性改变时,输出电流方向可逆,由于采用射极输出,输出阻抗很低。图 5.35(c)是推挽式电路,当 $u_i > 0$,VT_1 导通时,MOS 栅极输入电容的电荷沿 VD 和 VT_1 释放,MOS 管关断,这时 VD 上的压降必然使 VT_2 截止;当 $u_i = 0$,VT_1 截止时,VT_2 导通,MOS 栅极被正向充电,管子由阻断转为导通。图 5.35(d)为一实际电路,

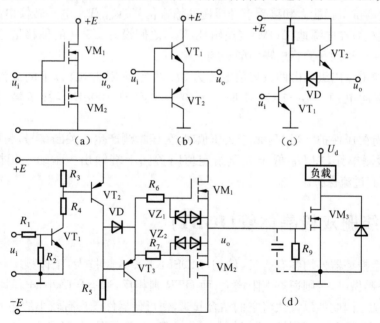

图 5.35　MOSFET 共源电路的驱动电路

VT_1 起电平转换作用,VT_2、VT_3 构成推挽电路,VT_2 导通时,VD 上的压降必然使 VT_3 截止。VM_1-VM_2 为互补输出。

现在也多用专用 P-MOSFET 栅极驱动器,例如 IR2100 系列就是一种双通道高压高速 MOS 功率器件栅极驱动集成芯片,它们能将输入逻辑信号转移成低阻输出驱动信号,频率可达 100kHz,可用于驱动电压达 500V 的 n 沟道 MOSFET 和 IGBT(IGBT 将在本章第 4 节介绍)。

图 5.36 是 IR2110 的功能框图,其两路输出 H_0 和 L_0 与两路输入 H_i 和 L_i 相对应。当调制端 S_D 为低电平时,在输入端上升沿时刻,对应两路通道均有输出;当 S_D 为高电平时,两路输出同时截止。

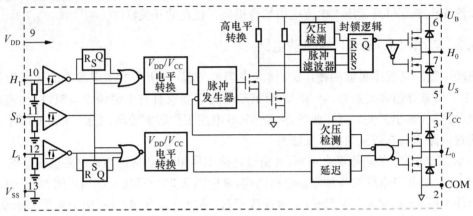

图 5.36　IR2110 驱动电路功能框图

逻辑输入信号用单独电源(接 V_{DD} 和 V_{SS}),范围为 5～20 V;输入端为有滞环的施密特触发电路,以提高抗干扰能力和接受上升缓慢的输入信号;V_{DD}/V_{CC} 电平转换电路将逻辑信号转换成输出驱动;在电源地(COM)与逻辑地(V_{SS})之间设有 ±5 V 的偏移量,这样使逻辑电路不会受到输出驱动开关感应噪声的影响。

驱动器两通道输出级均由两只峰值电流为 2A 以上、内阻为 3Ω 以下的 n 沟道 FET 组成;输出栅极驱动电源(V_{CC} 与 COM 间)为 10～20V,对 100μF 容性负载的开通时间为 25ns。

驱动器设有欠压保护。当 V_{CC} 低于欠压值时,欠压检测产生一关断信号,将两路输出关闭;另一欠压检测单元,在 U_B 低于欠压给定值时关闭上端输出。驱动三相桥式电路的 IR2130 芯片还有过流保护。

5.4　绝缘栅双极晶体管(IGBT)

前述几种全控型器件均各有所长,例如,MOSFET 输入阻抗大,工作频率高,驱动电路简单,但耐压不易做高,否则通态电阻增大;而 GTR 则相反,通态压降小,电压耐量高,但驱动电路比较复杂。因此如果设法将它们结合起来,便可使器件既具有较小的输入电流,又具有较低的饱和压降和较高的电压耐量。绝缘栅双极晶体管(insulated gate bipolar transistor,IGBT)就是这种复合型器件,它综合了少子器件(GTR)和多子器件(MOSFET)各自的优良特性。

5.4.1　结构特点

IGBT 是一种 VDMOS 与双极晶体管 GTR 的组合器件,它将 MOSFET 与 GTR 的优点集于一身,当前已成为电力电子装置的主流器件。

图 5.37(a)是 IGBT 的单元结构示意图,它是在图 5.30 VDMOS 的基础上增加了一个

p^+层,形成 pn 结 j_1,并由此引出漏极(D),栅极(G)和源极(S)则完全与 n 沟道 P-MOSFET 相似(一个 2 500 V/1 000 A 的平板压接式 IGBT 是由 24 个 2 500 V/80 A 的 IGBT 芯片并联而成,还有 16 个 2 500 V/100 A 的续流用超快恢复二极管与之并联)。由结构图可以看出,IGBT 相当于一个由 n 沟道 MOSFET 驱动的厚基区 pnp 型 GTR,其简化等效电路如图5.37(b)所示,它是以 GTR 为主导元件,MOSFET 为驱动元件的复合器件,其中 R_{dr} 为 GTR 厚基区 n^- 内的扩展电阻。为了兼顾习惯,有时也将 IGBT 的漏极称为集电极(C),源极称为发射极(E)。图5.37(c)为 IGBT 的电路符号。

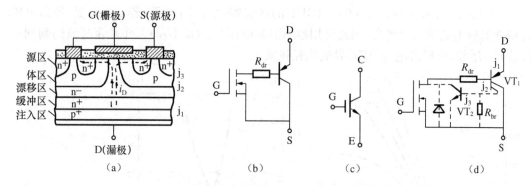

图 5.37　IGBT 的结构示意图、等效电路和符号

IGBT 的开通和关断由栅极控制。当栅极施以正电压时,在栅极下的 p 体区内便形成 n 沟道,此沟道连通了源区 n^+ 和漂移区 n^-,为 pnp 晶体管 VT_2 提供基流,从而使 IGBT 导通。此时,从 p^+ 区注入到 n^- 区的空穴(少子)对 n^- 区进行电导调制,减小 n^- 区的电阻 R_{dr},使高耐压的 IGBT 也具有与 GTR 相当的低通态压降,所以 IGBT 可看作是电导调制型场效应管(COMFET)。引起电导调制效应所需的最低栅极阈值电压 $U_{GE(th)}$ 一般为 $3\sim6V$。当栅极上电压为零或施以负压时,MOSFET 的沟道消失,pnp 晶体管的基极电流被切断,IGBT 即关断。

IGBT 的四层结构,使体内存在一个寄生晶闸管,其等效电路如图 5.37(d)所示。npn 晶体管 VT_2 的基极与发射极间的电阻 R_{br} 为体区扩展电阻,p 型体区横向空穴电流在其上产生的压降对 j_3 结来说是一个正偏电压。在规定的漏极电流范围内,这个正偏电压不大,npn 晶体管不起作用(所以图中用虚线表示)。当 I_D 大到一定程度,该正偏压能使 npn 晶体管 VT_2 导通,与 pnp 晶体管 VT_1 形成正反馈。于是寄生晶闸管导通,栅极失去控制作用,这时 IGBT 无自关断能力(此即擎住或锁定效应),同时,漏极电流增大,造成过高的功耗,导致器件损坏。这种漏极电流的连续值超过临界值时产生的擎住效应称为静态擎住效应。

此外,在 IGBT 高速关断过程中,如 dU_{DS}/dt 过大,在 j_2 结中引起的位移电流流过 R_{br},产生足以使 pnp 晶体管开通的正向偏置电压,造成寄生晶体管自锁,也可能形成关断擎住,称为动态擎住效应。结构上,在 p^+ 衬底与 n^- 之间引入一个 n^+ 缓冲区就是为了控制擎住效应,并缩短 pnp 管的开关时间,提高 IGBT 的开关速度。

IGBT 内由于存在少子的存储效应,使其关断存在电流拖尾现象,关断损耗远比 MOSFET 大,这限制了其开关频率的提高。

5.4.2　有关特性

IGBT 有与 GTR 相近的输出特性,也有截止区、饱和区、放大区和击穿区,转移特性则与 VDMOS 相近,在导通后的大部分漏极电流范围内,I_C 与 U_{GE} 成线性关系。

IGBT 的优点之一是没有二次击穿。其正向安全工作区由电流、电压、功耗三条边界极限包围而成,最大漏极电流 I_{DM} 根据避免动态擎住确定,最大漏源电压 U_{DSM} 由 IGBT 中 pnp 晶体管的击穿电压决定,最大功耗则受限于最高结温(导通时间长,发热严重,安全工作区变窄);反向安全工作区随关断时的重加 du_{CE}/dt 而变,du_{CE}/dt 越大,RBSOA 越窄。

IGBT 能承受过流的时间通常仅为几微秒,这与 SCR、GTR(几十微秒)相比亦小得多,因此对过流保护要求很高。

图 5.38(a)所示为 60A/1 000V IGBT 的伏安特性,由图可见:若 U_{GE} 不变,导通电压 U_{CE} 将随漏极电流增大而增高,因此可用检测漏源电压 U_{DS}(即 U_{CE})来作是否过流的判别信号;若 U_{GE} 增加,则通态电压下降,导通损耗将减小。

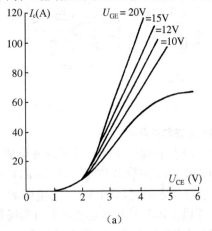
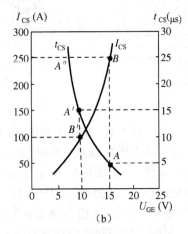

(a)　　　　　　　　　　(b)

图 5.38　IGBT 的伏安特性和短路特性

此外,IGBT 允许过载能力与 U_{GE} 有关。图 5.38(b)为 50A/900V IGBT U_{GE} 与短路电流 I_{CS} 及短路时间 t_{CS} 的关系曲线。由曲线可看出,当 $U_{GE}=15$ V 时,在 5 μs(A 点)内可承受 250A 的短路电流(B 点);当 U_{GE} 由 15 V 降为 10 V 时,则过流承受时间可达 15 μs(A′点),过电流幅值也由 250A 降至 100A(B′点)。

新一代的 IGBT(单硅型,没有扩散的 n+ 层,也称 IGHT),由于采取精心设计和采用特殊工艺,已能做到不必使用 RCD 缓冲电路,具有矩形反向 SOA,不必负压关断,并联时能自动均流,短路电流可自动抑制,并且损耗不随温度正比增加。

5.4.3　驱动电路

由于 IGBT 以 MOSFET 为输入级,所以 MOSFET 的驱动电路同样适用于 IGBT。这里仅介绍一种专用于 IGBT 的驱动电路。

对具有短路保护功能的驱动电路有如下几点要求:

① 正常导通时,$U_{GE}>(1.5\sim2.5)U_{GE(th)}$,以降低饱和压降 $U_{CE(s)}$ 和运行结温;关断时加 $-5\sim-10$ V 负偏压,以防止关断瞬间因 du/dt 过高引起擎住现象,造成误导通,并提高抗干扰能力,减少关断损耗。

② 出现短路或瞬时大幅值电流时立即将 U_{GE} 由 15 V 降至 10 V,IGBT 进入放大区,

U_{CE}上升,短路电流受限使允许短路的时间由 5 μs 增加到 15 μs;瞬时过电流结束时随即自动使U_{GE}由 10 V 恢复到 15 V。

③ 如故障电流为持续过电流,应在降栅压后 6~12 μs,使U_{GE}由 10 V 经 2~5 μs 时间,软关断下降至低于$U_{GE(th)}$。

HL402 是 IGBT 的一种厚膜驱动器,图 5.39 示出其内部结构原理图。图中,PC 为带静电屏蔽的高速光耦,实现与输入信号电隔离,提高抗共模干扰能力。AmP 为脉冲放大器,晶体管 VT$_1$、VT$_2$ 为驱动脉冲功放。N 为降栅压比较器,当端 9 输入 IGBT 的U_{CE}高于 N 的基准电压U_{REF}时,N 翻转,输出正电位使晶体管 VT$_3$ 导通,由稳压管 VZ$_1$ 将驱动器输出电压U_{GE}降低到 10V。T 为软关断定时器,当 N 翻转达设定的时间后,T 输出正电压使晶体管 VT$_4$ 导通,并将U_{GE}软关断降到 IGBT 的$U_{GE(th)}$以下。

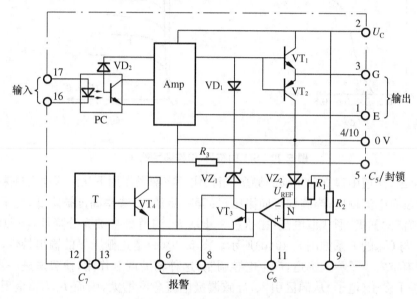

图 5.39 HL402 驱动电路内部结构原理图

5.5 其他全控型电力电子器件

5.5.1 静电感应晶体管(SIT)

静电感应晶体管(static induction transistor,SIT)也是利用电场效应来控制半导体的导电能力,使输出电流随电场信号而改变的功率半导体(单极型)器件。

图 5.40(a)是 n 沟道 SIT 的结构示意图,其源极 S 和漏极 D 均为 n$^+$ 型,而在 n$^-$ 基区内设置 p$^+$ 型栅极 G。当漏源正偏置,栅源电压为零或正时,漏极电流能无阻碍地通过;如栅极加负偏压,则 p$^+$ 与 n$^-$ 基区间的 pn 结上就形成耗尽层(亦称空间电荷层);$|-U_{GS}|$增大,耗尽层扩大,沟道截面缩小;当栅压达到足够高时,沟道被夹断,器件呈截止状态,U_{DS}不同,则有不同的夹断电压U_P,在某一个$-U_{GS}$下,漏极电流I_D随漏源电压U_{DS}近似线性变化,其伏安特性如图 5.40(c),是一种非饱和输出特性。图 5.40(b)是 n 沟道 SIT 的电路符号。

栅压为零或正时,漏极电流流通的开关器件称为常开或常通型。这种器件在零栅压时,

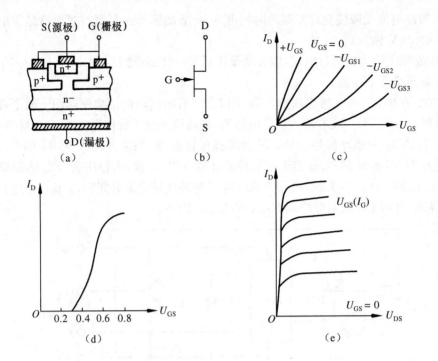

图 5.40　SIT 的符号、结构和特性

沟道已被深夹断,沟道中建立起足够的势垒,阻挡住了在漏场作用下从源区注入进来的电子(多子),因而没有电流输出;当施加正向栅压 U_{GS} 至一定值后,势垒高度被降低,电子开始从源区注入沟道流向漏极,形成漏电流;栅压进一步增大,沟道势垒被充分降低,漏源电流 I_D 随之增大,I_D 与 U_{GS} 的关系如图 5.40(d)所示。图 5.40(e)是正栅压下的输出特性,在较高栅压下,由于有空穴少子注入沟道,产生电导调制,这种辅助调制作用,使势垒进一步降低,其结果又促进了多子(电子)从源区引入,导致漏极电流急剧增大,因而 I_D-U_{DS} 呈现饱和特性。常断型 SIT 由于有少数载流子注入效应,并引起辅助的沟道势垒调制,所以实际上它是将 SIT 和双极器件(BPT)的作用综合在一起,取各自优点而形成的一种新型器件,因而又称双极型静电感应晶体管(BSIT),BSIT 充分饱和时的压降 $U_{DS(sat)}<0.4\ V$。

由以上分析可知,SIT 是靠外电场控制 pn 结耗尽层来改变沟道宽度的场效应管,所以也称场感应晶体管,它本质上是垂直的结型场效应管,其载流子主要是电子,属单极型器件,栅极用电压控制,因而开关速度快,工作频率高(可达兆赫级),且输出功率大,输入阻抗和电流增益高,输出阻抗低、热稳定性好。

5.5.2　静电感应晶闸管(SITH)

静电感应晶闸管(Static Induction Thyristor, SITH)的结构示意图如图 5.41(a),它与 SIT 的区别是将漏极 n^+ 层换成 p^+ 层,由单极型器件变为双极型器件。常通型 SITH 器件,零栅压时其作用相当于普通的整流元件,漏(阳)极加正电压时,元件通过正向电流,呈导通状态;当栅源(门阴)极之间加负偏压时,导通沟道中形成没有载流子的高阻耗尽层,夹断漏源(阳阴)极之间的电流,使器件呈阻断状态。耗尽层的厚薄随栅极反偏压绝对值的增加而增大,随漏源(阳阴)极间电压的增加而减小,其特性曲线如图 5.41(c)所示。图 5.41(b)为

SITH 的几种电路符号。

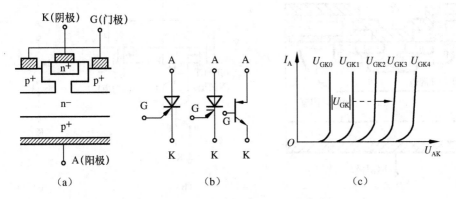

图 5.41　SITH 的结构、符号和特性

若采用微细加工技术,将沟道宽度做到 1.5 μm 以下,并使栅源间有短路结构,从而形成能承受一定电压的阻挡层,使其在不外加栅极负偏压时,也处于关断状态,就能做成常断型 SITH。

SITH 可看成是二极管中加了一个可用电场来控制的栅极,所以又称场控二极管(FCD);或者从另一个角度,SITH 可看成 $p^+ n^- p^+ n^+$ 晶闸管中,在 p^+ 基区开了一些通道,通道的开闭受 p^+ 基区电位(电场)控制,所以又称场控晶闸管(FCTH),它具有晶闸管一样的反向阻断能力。但它不是电流控制,无双晶体管等效正反馈机理,不会因 du/dt 过大而产生误触发,也不会产生擎住效应。由于 SITH 工作时漏极 pn 结同时大量注入空穴(少子),对高阻区起强烈的电导调制作用,因而导通电阻小,通态压降低。由于 SITH 是靠电场控制,比靠电流控制的 GTO 开关速度快(t_{on} 和 t_{off} 分别约为 2.5 μs 和 3.5 μs,工作频率可达100 kHz),开关损耗小,驱动电路简单,且 du/dt、di/dt 耐量比 GTO 大,抗瞬态电流能力强。

5.5.3　金属氧化物可控晶闸管(MCT)

金属氧化物可控晶闸管也称 MOS 栅控晶闸管(MOS controller thyristor,MCT)或MOSGTO。

MCT 的基本结构如图 5.42(a)所示,它是在 pnpn 四层 SCR 结构中集成了一对MOSFET 开关,通过 MOSFET 来控制 SCR 的导通和关断。使 MCT 导通的 MOSFET 称为 on-FET(p 沟道),使其关断的 MOSFET 称为 off-FET(n 沟道)。一个小的 MCT 大约有十万个单胞,每个单胞含有一个宽基区 npn 晶体管和一个窄基区 pnp 晶体管(二者组成SCR)以及一个 off-FET 和一个 on-FET。off-FET 连接在 pnp 晶体管的基、射极之间,on-FET 连接在 pnp 晶体管的射、集极之间,这两组 MOSFET 的栅极连在一起,构成 MCT 的门极 G。MCT 的等效电路和电路符号如图5.42(b)和(c)所示。

当门极 G 相对于阳极 A 加负脉冲电压时,on-FET 导通,它的漏极电流使 npn 晶体管导通,npn 晶体管的集电极电流是 pnp 晶体管的基极电流,而 pnp 的集电极电流又反过来维持 npn 晶体管导通,通过 SCR 正反馈,使 $\alpha_1 + \alpha_2 > 1$,因而 MCT 导通。当门极相对于阳极加正脉冲电压时,off-FET 导通,pnp 晶体管的基流中断,pnp 晶体管截止,破坏了 SCR 的擎住条件,使 MCT 关断。一般 -5 V～-15 V 脉冲可使 MCT 导通,$+10$V 脉冲可使 MCT

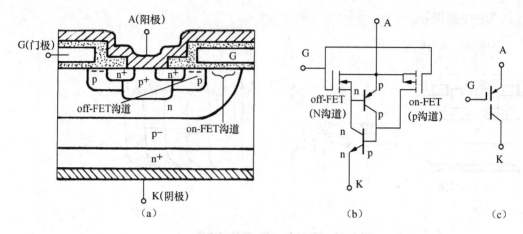

图 5.42　MCT 的基本结构、等效电路和符号

关断。

从工作原理上，MCT 与 SCR 有两点明显的不同：前者是电压控制器件，后者是电流控制器件；前者的开通和关断是通过双门极相对阳极施加负、正脉冲电压来实现；后者的开通是以阴极为基准的正脉冲电流，且不能控制关断。

由于 MCT 集 MOSFET 和 SCR 的优点于一身，被认为是大有发展前途的一种新器件。

需要说明，MCT 和 IGBT 都属于单极性和双极性器件组合而成的复合器件。从结构上看，它们虽同样有四层结构，但两者存在质的差别，IGBT 不能看作是 pnpn 器件，它在设计时要尽可

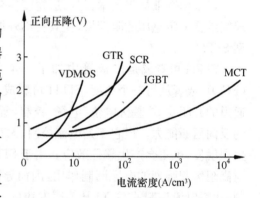

图 5.43　各种功率开关器件正向压降与电流的关系

能使 pnpn 不工作(实际上，IGBT 只是一个二极管连着一个 VDMOS 器件，它是用这个二极管 pn 结 j_1 注入空穴到长基区，产生电导调制来解决 VDMOS 中高阻层所引起的高通态电阻问题)；MCT 则确确实实是 pnpn 器件，这使得 MCT 的通态电阻大大低于其他场效应器件，通态压降可达 1.2V，为 IGBT 的 1/2～1/3。几种功率开关器件正向压降与电流密度的关系如图 5.43 所示。

5.5.4　集成门极换流晶闸管(IGCT)

在 GTO 的基础上，近年来开发出一种门极换流晶闸管(GCT)，也称发射极关断晶闸管(ETO)，图 5.44(a)是结构示意图，它以 GTO 为基础，在其阴极端串联一组 N 沟道 MOSFET(4.5 kV/2 kA 为例，此为 25 只 6 mΩ 管)，这组 MOSFET 管与 GTO 同步驱动导通；在其门极端串联一组 P 沟道 MOSFET(例如 7 只 25 mΩ 管)，充当齐纳管的功能，等效电路如图 5.44(b)。GCT 关断时，先令门极 P 沟道 MOSFET 开通，主电流一部分向门极分流；紧接着，将阴极 MOSFET 关断，全部主电流换流到门极，这时再把门极 MOSFET 关断。可以看出，GCT 实际上是关断增益为 1 的 GTO，也是用环形门极 GTO 管配以外加的 MOSFET 实现了体外 MCT 管的功能。图 5.45 为两者关断时的门阴极耗尽层示意图。

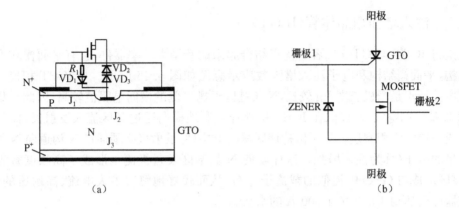

图 5.44　IGCT 结构和电路示意图

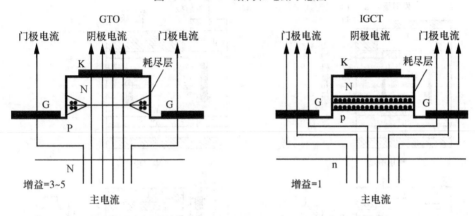

图 5.45　门极关断时,GTO 和 IGCT 门阴极区耗尽层示意图

　　为了能快速(例如以快于 $4000A/\mu s$ 的变化率)关断器件,现在将引线电感极低的上述 MOSFET 驱动器与环状门极 GCT 功率组件集成在一起,构成集成门极换流晶闸管(IGCT)。其改进形式之一则称为对称门极换流晶闸管(SGCT)。它们除有 GTO 高电压、大电流、更低通态压降的优点,又改善了其开通和关断性能(开通能力强,不要缓冲电路能实现可靠关断,存贮时间短,关断门极电荷少),使工作频率有所提高,目前已有 4 500V/4 000A,5 500V/4 000A 的器件。表 5.1 为相同额定水平的 GTO、IGCT、IGBT 一些参数比较。可以看出,在 1kHz 以下,IGCT 具有优势,但在较高工作频率时未必合适。

表 5.1　GTO、IGCT、IGBT 参数比较

参　　数	器　件		
	GTO	IGCT	IGBT
通态压降(V)	3.2	1.9	3.4
门极驱动功率(W)	50	15	1.5
存储时间(μs)	20	1~3.4	0.9
尾部电流时间(μs)	150	0.7	0.15
工作频率(kHz)	0.5	1	18~20

5.5.5　注入增强栅晶体管(IEGT)

这是将 IGBT 与 GTO 二者的优点结合起来的新型大功率器件,它有平面栅和沟槽栅两种结构,平面栅结构和电子注入增强效应示意图如图 5.46 所示。与 IGBT 相比,IEGT结构的主要特点是栅极长度 Lg 较长,N 长基区近栅极侧的横向电阻值较高,因此从集电极注入 N 长基区的空穴,难以像在 IGBT 中那样顺利地横向通过 P 区流入发射极,而是在该区域形成一层空穴积累层。为了保持该区域的电中性,发射极必须通过 N 沟道向 N 长基区注入大量的电子(称为注入增强),这样就使 N 长基区发射极侧也形成了高浓度载流子积累,在该区形成与 GTO 中类似的载流子分布,从而较好地解决了大电流、高耐压的矛盾。目前该器件已达到 4 500 V/1 000 A 的水平。

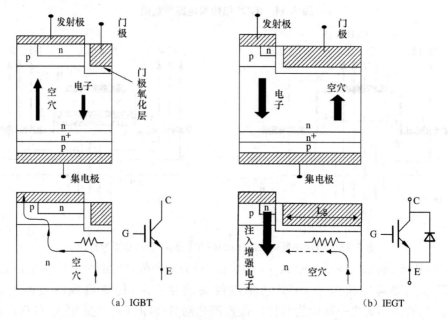

图 5.46　IGBT、IEGT 结构和电子注入增强效应示意图

5.6　模块和智能功率模块(IPM)

所谓模块(Module),就是把两个或两个以上的电力半导体芯片按一定电路连接,并把辅助电路共同封装在一个绝缘的树脂外壳内制成的器件。

5.6.1　GTR 模块

双极型功率管的主要缺点之一是电流增益 β 相当低,典型值为 10 左右,高压器件中的 β 更低,因此 GTR 饱和导通时,需要很大的驱动电流。为了提高增益,可将两个晶体管组成复合管,即达林顿连接,如图 5.47(a)所示。由图可见:

$$I_c = I_{c1} + I_{c2} = \beta_1 I_{b1} + \beta_2 I_{b2}$$

而　　　　　　　　$$I_{b2} = I_{b1} + I_{c1} = I_{b1} + \beta_1 I_{b1} = I_{b1}(1 + \beta_1)$$

∴　　　　　　　　$$I_c = I_{b1}(\beta_1 + \beta_2 + \beta_1 \beta_2) \approx \beta I_{b1}$$

式中，$\beta=\beta_1\beta_2$，即 VT_1、VT_2 复合等效为一个电流增益为 β 的功率管，其值是两管电流增值的乘积可达几十到几千倍。图中 R_1、R_2 提供反向漏电流通路，以提高复合管的温度稳定性。

在图 5.47(a)结构中，开通与关断输出晶体管 VT_2 必须先开关晶体管 VT_1，这种顺序使器件开关缓慢。为加快开关速度，应设法使 VT_1 和 VT_2 同时开、关。为此图中加了二极管 VD_1，为 VT_2 的反向基流提供一条通路，当输入信号反向关断时，该信号也加到了 VT_2 基极，因而加速了关断过程。

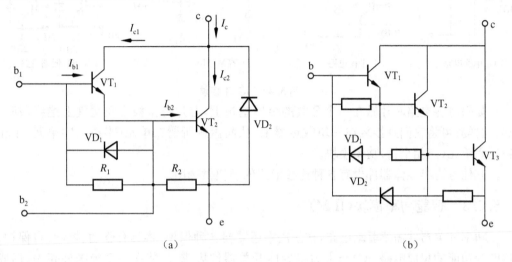

(a)　　　　　　　　　　　　　　　　　　(b)

图 5.47　GTR 达林顿结构

达林顿连接提高了电流增益，但其饱和压降 U_{ces} 却比相同定额的单管要高。单管的 U_{ces} 能大于或小于 U_{bes}，而二重达林顿连接的饱和压降 $U_{ces}=U_{ces1}+U_{bes2}$，总大于 U_{bes}。这将使导通损耗增加。

目前生产的达林顿管同时还集成了 R_1、R_2 和 VD_1，称为功率模块（Power Module，PM）。也可集成多重达林顿管，图 5.47(b)示出三重达林顿连接。

5.6.2　其他功率模块

模块可以缩小装置体积，给使用带来方便。图 5.48 是整流二极管和晶闸管部分各种模块的内部电联结图。

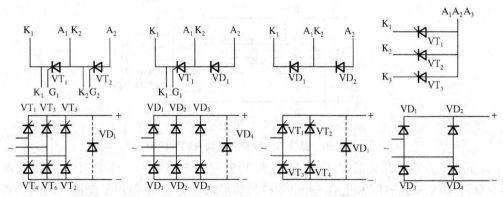

图 5.48　部分晶闸管、整流二极管桥臂模块和电桥模块内部电联接图

器件模块化不仅可缩小体积,为使用带来方便,还可减少引线的寄生电感,提高可靠性,图5.49是IGBT模块的几种电路结构。

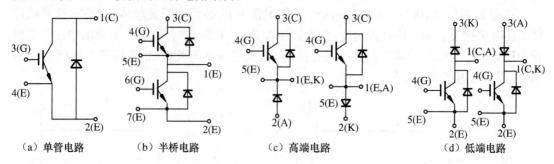

（a）单管电路　　　（b）半桥电路　　　（c）高端电路　　　（d）低端电路

图5.49　IGBT模块

如果将各电路芯片做在一个公共的金属基板上,芯片与基板之间电气上绝缘,却不隔热,这样就可将它们直接装在一块散热器上,从而做成所谓二单元(半桥)、四单元(单相全桥)、六单元(三相全桥)功率模块。

其他电力半导体器件也有各种连接形式的模块供选用。

5.6.3　智能功率模块(IPM)

功率开关器件需要驱动电路,在使用中还需要各种保护,将具有驱动、控制、自保护、自诊断等功能的集成电路(IC)与电力半导体开关器件集成,封装在一个绝缘外壳中,形成相对独立、有一定功能的模块,现通称之为智能功率模块(Intelligent Power Module,IPM)。

包括SCR移相触发系统的IPM内部接线如图5.50所示。

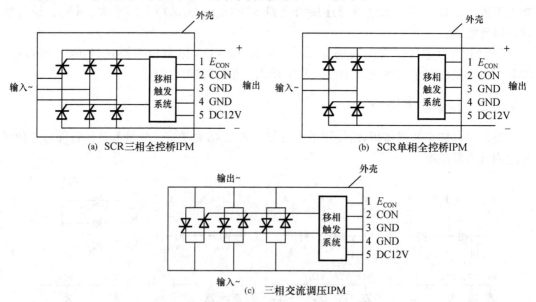

图5.50　部分晶闸管智能模块内部接线图

以IGBT为功率开关器件,将它与驱动电路、保护电路集于一体的IPM目前有单管(H)、双管(D)、六合一(C)和七合一(R)四种封装形式。图5.51是用于交流电动机变频调速的三相逆变器的IPM内部结构框图(也有将变频专用的功率集成模块表示为PIM),它除三相逆变器及各桥臂的驱动电路外,还有用于电机制动的功率控制电路以及驱动欠压、IGBT 过流、桥臂短路和过热保护等功能。当系统出现上述故障时,保护电路将 IGBT 关断并输出故障信号。

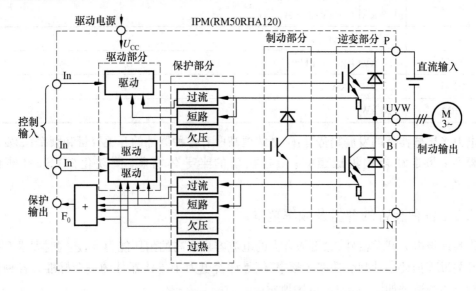

图 5.51　IPM 内部结构框图

5.7　电力电子器件发展概貌

前面我们介绍了主要的电力半导体器件,这里对电力电子技术发展和应用的概貌作几点说明。

5.7.1　现代电力半导体器件的水平

电力电子器件在不断发展中,目前几种电力半导体器件的最高容量等级大致如表 5.2 所列。

表 5.2　现代电力半导体器件的国际水平

器件名称	容量水平(电压/电流)和频率
SR	8 kV/6 kA
SCR	12 kV/1 kA;8 kV/4 kA;6 kV/6 kA;400 Hz
GTO	6 kV/6 kA,0.5 kHz;6 kV/3 kA,1 kHz
GTR	1.8 kV/800 A,2 kHz;1.4 kV/600 A,5 kHz;1.2 kV/800 A,100 kHz
P-MOSFET	1 kV/200 A,3 MHz
SIT	2 kV/250 A,3~10 MHz
SITH	4.5 kV/2.2 kA,100 kHz;1.4 kV/3 kA,200 kHz

器件名称	容量水平(电压/电流)和频率
IGBT	1. 8 kV/800 A,10 kHz;1. 2 kV/600 A,20 kHz;600 V/100 A,150 kHz;3. 3 kV/ 1. 2 kA;4. 5 kV/900 A
MCT	3 kV/1 kA,20 kHz
IGCT	4. 5 kV/4 kA,1 kHz
IEGT	4. 5 kV/1 kA,1 kHz
IPM	110 kW

电力半导体器件的发展趋势是:①继续提高已有各种器件的开关容量和频率;②发展模块式器件;③走复合和集成道路;④寻找新的半导体材料,例碳化硅(Sic)、砷化镓(CaAs)等。

5.7.2　各种装置的容量及频率范围

作为理想电力开关器件,除希望有大的电流容量和高的耐压能力外,还同时要求开关迅速和开关过程损耗小,因此"功率×频率"值是评价电力半导体器件的一个标准。各种器件的容量—频率范围如图 5.52(a)、(b)所示。

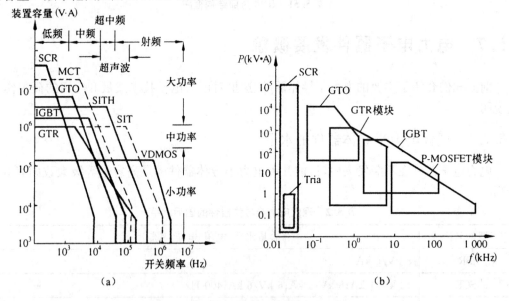

图 5.52　各种器件和装置的容量—频率分布

5.8　电力半导体器件和装置的保护

电力半导体器件较之电磁元件在诸多方面有无法比拟的优点,唯其热容量小,过载(即承受过电压、过电流的)能力较弱,且遇故障容易瞬间即坏。而在实际使用中,总不可避免地会遇到瞬时过电压,在电路故障时会出现过电流,甚至短路。为此,除在选择器件时,需有一定的电压和电流裕量外,还必须设置必要的保护,以防器件损坏,造成事故,影响装置运行。

在电力半导体器件中,由晶闸管组成的可控整流装置,技术上已很成熟,采用常规的过电压、过电流保护已能满足要求;而全控器件相对"娇嫩"些,特别是在用于斩波器、逆变器、变频器及高频场合时,必须采取完善的保护措施。

5.8.1 常规的过压、过流保护

1) 过电压保护

当电力电子装置合闸、分闸和电力半导体器件关断时,均可产生过电压。例如变压器高压侧合闸时,高电压会通过一、二次侧绕组间的分布电容耦合到低压侧,使之出现静电感应过电压;变换器交、直流侧正常分闸或故障时熔断器熔断,切断电感回路电流时,均会因电感释放磁场储能形成数倍工作电压的过电压;由于导通半导体器件内部载流子积蓄效应,在其关断过程因反向电流迅速减小,回路电感中也会产生很高的换流过电压。此外,由于雷电等外部原因,还会从电网侵入偶然性过电压,其倍数比上述操作过电压更高。图 5.53(a)、(b)示意开关导通时因电容 C 放电引起的浪涌电流和关断时电感 L 产生的尖峰电压。

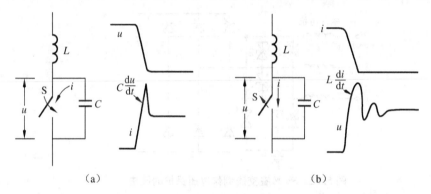

图 5.53 开关通断时的浪涌电流和尖峰电压

抑制过电压的方法主要有:用非线性元件限制过电压的幅度;用储能元件吸收和用电阻消耗产生过电压的能量。

(1) 非线性元件

常用作过压保护的非线性元件具有与稳压管相似的伏安特性,当它经受瞬间的高电压(能量)冲击时,其阻抗值能由高阻抗变成低阻抗,吸收瞬间电流,而把它两端间的电压限制在一定的范围之内。

图 5.54(a)、(b)是压敏电阻(RV)和转折二极管(BOD)的非线性特性。前者由金属氧化物烧结而成,使用电压范围广(30~1 500 V),响应时间为 ns 级。击穿前漏电流仅为微安级,损耗极小,击穿时能通过很大的浪涌电流,由于每次经受浪涌后,标称电压 U_{1mA} 有所降低及多晶结构内部寄生电容较大,持续放电功率太小,不宜用于高频和频繁出现过电压的场合;后者反向击穿电压很低,常串二极管使用,它允许频繁过电压转折。

此外,非线性元件还有对称硅过电压抑制器(SSOS)和硒堆(Se)。SSOS 相当于两个雪崩二极管的反向串联,有与压敏电阻相似的正、反对称特性,击穿后动态电阻低,响应速度快,限压效果好,允许频繁转折;硒堆由硒整流元件串联而成(每片反向电压一般为 20~30 V),具有较陡的反向伏安特性,能消耗较大的瞬时功率。

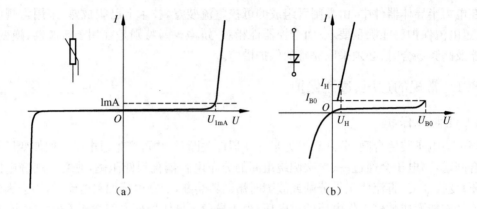

图 5.54　压敏电阻和转折二极管的非线性特性

图 5.55 是非线性元件双向稳压管在交流侧作过压保护的接法。并接于线电压之间的元件用于抑制三相输入电源差模浪涌电压；相地间的元件则可抑制对地的共模电压。

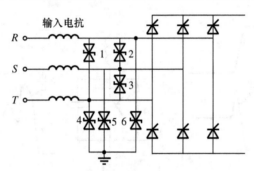

图 5.55　SSOS 在交流侧作过压保护的接法

（2）RC 电路

电容具有储能作用，其端电压不能突变，可用于快速吸收产生的过电压。与电容串联的电阻则能消耗产生过电压的能量，并起阻尼作用，防止 C 与线路分布电感形成振荡，并且还能限制当开关器件导通时由 C 放电引起的 $\mathrm{d}i/\mathrm{d}t$ 及浪涌电流。

图 5.56 是过压保护设置示例，图（a）中 R_1、C_1 吸收交流过电压，R、C 吸收晶闸管换向过电压。对三相电路（见图（b）），吸收交流过电压的压敏电阻 R_v 和 R、C 可接成△形或 Y 形。△接法时，电容器容量较少，耐压要求高；Y 接法电容量大，耐压要求低，串联电阻也较小。图（c）多用于三相整流桥式装置，交流过电压经三相桥整流后，可只用一只体积小、容量大的电解电容 C 来吸收，较一般阻容保护能减小电阻的损耗，直流侧瞬时过电压则用 R_2、C_2 来吸收。

在可控整流电路中，由于交流电源回路存在电感，因此在两相器件换流期间产生换流重叠角（相当于整流变压器二次侧出线端短路），端电压为两相电压平均值，致使出线端电压波形出现明显的缺口，使加于晶闸管的 $\mathrm{d}u/\mathrm{d}t$ 过大这种情况下三相半波电路的有关波形见图 5.57，u_1、u_2 为电网电压和变压器二次侧电压，$u_{\mathrm{VT_1}}$ 为整流晶闸管 $\mathrm{VT_1}$ 上的电压。另外，晶闸管关断时，其电流变化率很大，也会在元件引线、电路连线等寄生电感中感应尖峰电压（见图 5.53（b））。因此，在晶闸管两端，几乎均无例外地并接 R、C，以抑制过电压。

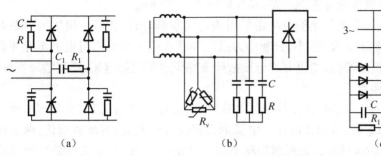

图 5.56 过电压保护的设置

2）过电流保护

过电流除指工作电流超过允许值外，还广义地包含过载和短路两种情况。过载含有电流超过的时间概念，即过流倍数小，允许时间长；过流倍数大，允许时间短。短路则是最严重的过流情况。在各种变换器中会发生不同形式的短路。图 5.58 表示单相电路负载短路，图中：u 为电源电压，L_i、R_i 为电源内阻抗。在负载短路时，若电源内阻抗很小，则将迅速产生很大的电流，使电力半导体器件烧坏；即使内阻较大，对电流有一定的限制，但若不即时排除故障，也会使器件因过热而损坏。

在一般电气设备中，过流保护通常用电磁式交、直流继电器。它们的动作时间都有几十毫秒甚至上百毫秒，在由热容量很小的电力半导体器件构成的装置中，往往作后备保护，用于故障跳闸使变换器退出运行。有一种直流快速开关，亦称直流高速断路器，有额定电压（1 000～4 000）V，额定电流（1 000～6 000）A，分断能力 30 kA/15 ms～160 kA/10 ms，操作电压（24～220）V，机械寿命（20～50）万次各种规格，常用

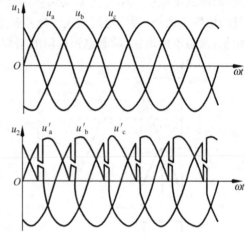

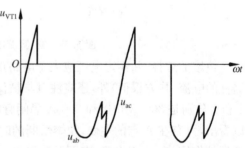

图 5.57 考虑交流侧电感时三相可控整流电路有关电压波形

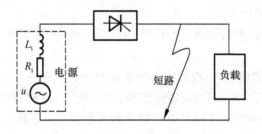

图 5.58 短路示意图

于大功率整流装置或串级调速等直流回路,动作时间小于 30 ms。

对短路故障最简便而有效的保护方法是采用快速熔断器,简称快熔。快熔的分断时间短(小于 10 ms)、允通能量(I^2R 值)小、分断能力强(1 000 A 以上),将它与电力半导体器件串联时,若合理地选择快熔特性,能可靠地分断故障支路流过的短路电流,隔离故障器件,发出信号,安全地保护变换器。

快熔一般为陶瓷外壳,内装银或铝片熔体并充填石英砂。当发生短路时,故障电流使熔片狭窄区的温度上升而熔断,并形成电弧。电弧的高温使银片蒸发,石英砂熔化,两者结合成绝缘的闪熔砂,图 5.59(a)和(b)为预期短路电流达 2 000 A、在交、直流电路中快熔流过的短路电流,图中 I_p 为预期电流(有效值),I_s 为最大不对称电流峰值,I_D 为实际分断时电流,即限流电流值。t_1、t_2 分别为熔体熔化和燃弧的时间。在熔化阶段,熔体电阻变化不大,且阻值极其微小,短路电流取决于电路参数(主要是由电感决定);而在燃弧过程中,电弧被拉长,弧阻不断增加,随着电弧电阻的增加,故障电流迅速下降为零。

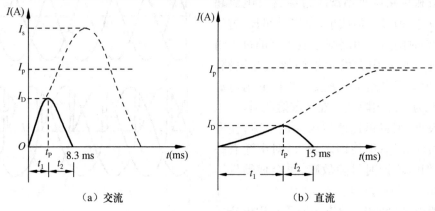

图 5.59　交、直流电路中快熔流过的短路电流

快熔的选择,除额定电压应大于电路正常的工作电压,额定电流应小于实际通过被保护器件的电流(均方根值)外,还应注意与被保护器件过载特性的配合。例图 5.60(a)中,曲线 1 和 2 分别是 300 A 快熔和 200 A 晶闸管的过载特性,它们串联时流过同样的电流,由图可以看出,只有在 A 点的左侧,快熔熔断的时间小于晶闸管达到额定结温所需的时间,快熔起到保护作用;在 A 点右侧,在图示范围内,晶闸管还是处在过流状态,而快熔的熔断时间大于晶闸管所能承受过电流的时间,快熔便起不到保护作用。图 5.60(b)表示 250 A 快熔和 600 A GTO 的保护配合曲线,由图可见,快熔在短路发生后的 0.4 ms 内熔化,短路电流开始减小,于1.4 ms内完全切断。

考虑到快熔和晶闸管的特性都有分散性,而且还随环境温度而变化,所以快熔不宜作过载保护。

至于快熔(F)的安装位置,应根据实际装置进行选择。图 5.61(a)、(b)、(c)是在可控整流电路中的几种接法,其中图(a)熔断器用量少,对交流、直流和器件短路均起保护作用,但它流过的电流波形与晶闸管的不同且对保护件的可靠性稍有下降;而图(c)只能对直流侧短路起作用;以图(b)的接法保护晶闸管最有效但熔断器用量多;可按需要选择之。

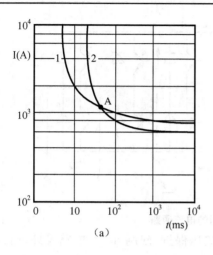 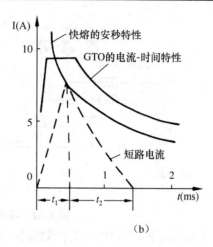

图 5.60　快熔保护和晶闸管的特性配合

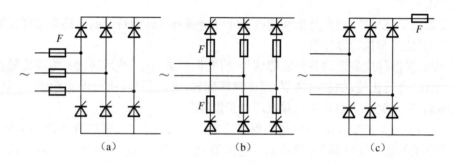

图 5.61　快熔在可控整流电路中的设置

5.8.2　用电子线路实施保护

1) 保护内容

究竟应进行哪些保护,要根据电力半导体器件和装置经常或容易出现的故障及危害程度来决策,通常有过压、欠压、过流、短路、欠流、过温、缺相、相序、接地保护等等。

不同器件或不同变换器的故障形式既有共同的地方,也各有特殊之处。例如,GTR 逆变器常出现的故障有:①集电极因承受尖峰脉冲电压而发生过压击穿;②短时严重过载,驱动电路不能保证被驱动,GTR 运行于饱和状态而发生退饱和区的二次击穿;③同桥臂的上、下两开关器件因通断间缺乏足够的延时或互锁而发生直通;④运行中发生相间负载短路;⑤输出线对地短路而烧坏模块内并联的续流二极管(线地间短路的电流通路如图 5.62 所示,其中 u_2 表示交流电源中性点与线间的电压,设短路时的极性如图所示,短路电流的大小与滤波电容 C 上电压的高低有关);⑥电网掉电引起同桥臂的上、下两器件同时导通;⑦驱动电路电源电压低,使 GTR 退饱和或不能关断等。

所以,保护应针对器件特点和变流器常出现的故障来采取措施。例,IGBT 构成的逆变器,不但要具备 GTR 和 P-MOSFET 逆变器中通用的保护措施,如:加 C、RC 或 RCD 缓冲网络和用压敏电阻抑制尖峰过电压;用霍尔电流传感器等组成直流母线过流信号检测电路,

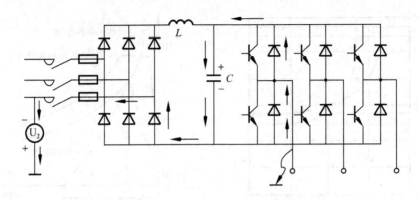

图 5.62　线地短路时的电流通路

进行集中过流保护；泵升电压的抑制保护；过压、欠压保护；限制 di/dt 电路等外，而且还应着重考虑面对每个 IGBT 的就地过流保护。

2）一般方法

用电子线路实施保护，通常是指利用电子元件组成具有继电特性的电路来实现保护，它一般包括检测、比较和执行等环节。

检测，即测量器件或装置的各种故障信号，将它们变成电压，然后通过一电压比较器，与设定信号（电压）进行比较，如超出阈值，则比较器翻转，发出信号，执行保护功能（一般是封锁触发或驱动信号，关掉功率开关），并以声或光报警。

图 5.63 为交直交逆变器的一种过压保护电路。正常运行时，来自直流回路取样电阻 R_1、R_2 上的分压值低于比较器 N_2 反相端由电位器 R_P 设定的过压整定值，N_2 输出低电平；一旦逆变器直流输入电压高于设定值，则 N_2 输出高电平并自锁，晶体管 VT 导通，继电器 KV 动作，交流接触器 KA 跳开，分断主电路，同时过压指示灯 OV 亮。跟随器 N_1 起阻抗变换作用，以满足电压检测希望输出阻抗高、保护电路取样希望信号输入阻抗低的要求。

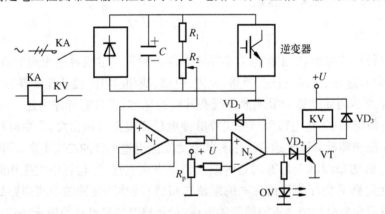

图 5.63　过压保护原理电路

图 5.64 是按相同原理实施过流保护的电路。一般过流保护设置有延时，以避免短暂过流而动作。图中来自电流传感器 CT 输出的电流取样信号，在正常运行时低于电位器 R_{P1} 设定的过流整定值，比较器 N_1 输出高电平，积分器 N_2 输出被 VD_2 箝位为 $-0.7V$，比较器 N_3 输出低电平；当主电路出现瞬间过流，若过流时间小于 R_{P2}、R_3、C_2 决定的积分时间，该电路

亦不输出过流信号;只有当过流超过上述时间,N_2 输出才从 $-0.7V$ 正向积分到高于稳压管 VZ 稳压值,N_3 输出翻转,晶体管 VT 导通,继电器 KC 动作,发出封锁信号,同时分断主电路,过流指示灯 OC 亮。调节 R_{P1} 和 R_{P2} 可改变过流设定值和过流保护动作延时。过流整定值和延时时间根据功率开关的安全裕量和实际使用情况决定。

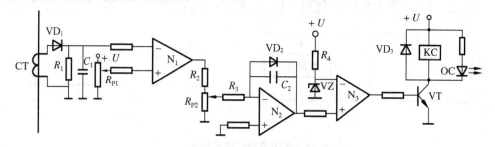

图 5.64　过流保护原理图

　　图 5.65 为过热保护电路,它以装在功率器件散热器上、具有正温度系数的热敏电阻 R_T 来反映温度信号。当温度超过设定值时,比较器 N 翻转,执行保护动作。

　　3) 综合考虑

　　要保护的内容很多,方法也各有巧妙。其中尤以过流和短路保护是考虑的重点。这里仅举两例。

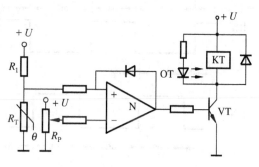

图 5.65　过热保护原理电路

　　用快熔作短路保护,每次故障时,先将它熔断以保护电力半导体器件和装置免遭更大损坏甚至电气火灾,这既有更换的麻烦,又造成快熔烧坏的经济损失。在电子线路过流保护中有一种电路如图 5.66(a) 所示。当逆变桥臂直通时,直流母线被短路,大滤波电容 C 立即放电,瞬时产生很大的放电电流 i_C,它被电流传感器 CT 检出,通过检测电路给晶闸管 VT 发触发信号,同时对主开关 KA 发出跳闸指令。VT 导通后,使 a、b 间为低阻抗,逆变回路不再流过电流,而由于滤波电抗器 L 的作用,直流输入电流 i_d 也不致急剧增长,i_C 和 i_d 的变化大致如图 5.66(b),i_d 在 $(6\sim8)$ms 后就能衰减,主电路开关 KA 约 30ms 跳闸,这时 i_d 已较小,不会影响 KA 的触头寿命。

　　在桥式直流变换和逆变器中,为防止桥臂直通短路,通常是将上、下两管的通断设置一足够宽裕的死区 Δt,其基极驱动信号如图 5.67(a) 所示;但是死区时间太大会影响控制脉冲宽度的变化范围,影响电路的调节能力。为此可设置互锁保护电路。图 5.67(b) 是根据射极电流检测来实现对基极驱动互锁保护的电路框图,只有当一管的电流降为零时,另一管才能接受控制信号。

　　总之,对于电力半导体器件和装置,为了安全可靠地运行,保护是不可缺少的重要环节。既要精心设计,力求完善,又要实事求是,不能图多求全,往往多一环节、就多一可能的故障,有此利,可能会有彼弊,这里只是提供一些方法和思路,实际上,保护方面有很多文章可做。

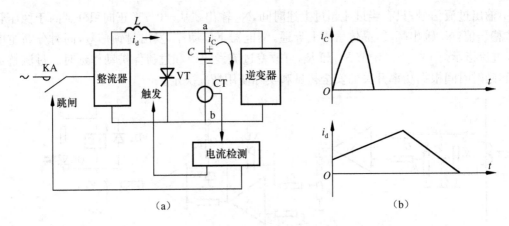

图 5.66　电子电路过流保护法

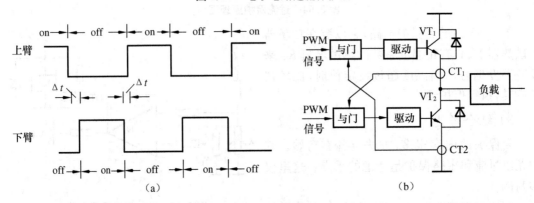

图 5.67　防止桥臂直通的方法

习题和思考题

5.1　GTO 为什么能关断？它与 SCR 在结构和参数上有哪些不同？

5.2　GTO 与 GTR 同为电流控制器件，前者的触发信号与后者的驱动信号各有哪些要求？

5.3　二极管在恢复阻断能力时为什么会形成反向电流？这与它们的单向导电性能是否矛盾？这种反向电流在电路使用中会带来什么问题？

5.4　GTR 的恒流驱动和比例驱动各有什么优缺点？各适用于什么场合？

5.5　GTO 等电力半导体器件中为什么要加缓冲电路？其基本结构中的 C_s、D_s、R_s 各起什么作用？

5.6　GTR 的安全工作区有什么特点？GTR 带电感性负载时,不接续流二极管会产生什么问题？有了续流二极管为什么还要加缓冲电路？

5.7　开关器件的动态损耗功率与哪些因素有关？高频运行情况下如何才能减少动态损耗？

5.8　如何能使 GTR 处于准饱和状态？

5.9　功率 MOSFET 有哪些特点？

5.10 GTO、GTR 和 VDMOS 各适用于多大装置容量？

5.11 提高全控型器件的频率有什么意义？又会带来什么问题？

5.12 比较 GTR、VDMOS、SIT 与 GTO、IGBT、SITH 的结构,看它们有什么特点,性能上有什么差别？它们哪些是单极型器件,哪些是双极型器件？哪些是 MOS 型功率器件？

5.13 IGBT 为什么受到青睐？为什么说 MCT 有发展前途？

5.14 SIT、SITH 与 IGBT、MCT 在工作原理上有什么不同？它们的特性有什么特点？

5.15 IGBT 一般如何进行过流和短路保护？其驱动电路应具有怎样的功能？

5.16 IPM 是指什么样的器件？它有哪些优点？

5.17 电力电子装置中有哪些情况会产生过电压？

5.18 对单相变压器二次侧,如分别用压敏电阻、硒堆、BOD 和 SSOS 作过压保护,画出它们的连接图。

5.19 采用非线性元件和 R、C 电路作过压保护有什么不同？C 中串 R 有何利弊？

5.20 选择快熔作过流保护应注意什么？如 SCR 的实际工作电流有效值为 I_K,SCR 的额定电流为 I_T,与之串联的快熔额定电流如何选取？

5.21 设计一用电子线路作欠压保护的电路。如何区分启动前无压和运行中的欠压？

5.22 IGBT 断路时为什么要慢速切断？GTR 或 IGBT 用集射电压反映过流保护而接在集极的二极管的电压定额应如何选？

5.23 在 MATLAB 元件库中找到典型的全控型电力电子器件,并分析其参数。

6 直流变换器（DC/DC 变换）

将一种直流电压幅值变换成另一种固定或可调的直流电压幅值称为直流变换（DC/DC 变换），它广泛应用于矿山运输车、蓄电池供电的机动车辆的无级变速和直流开关电源中。

6.1 斩波原理和控制方式

6.1.1 斩波原理

如图 6.1(a)所示是最基本的 DC/DC 变换电路，S 为接于直流电源 U_i 与负载 R 之间的开关，由电力电子器件构成。

当开关 S 合上时，$u_o = u_R = u_i$，并持续 T_{on} 时间。当开关切断时 $u_o = u_R = 0$，并持续 T_{off} 时间，$T = T_{on} + T_{off}$ 为变换器的工作周期，变换器的输出波形见图 6.1(b)。若定义变换器的占空比 $\rho = T_{on}/T$，则从波形图可以获得输出电压平均值为：

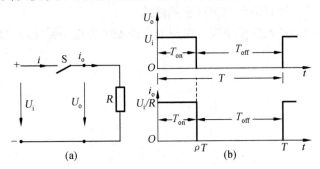

图 6.1　斩波电路原理

$$U_o = \frac{1}{T}\int_0^{T_{on}} u_o \mathrm{d}t = \frac{T_{on}}{T}U_i = \rho\, U_i \tag{6.1}$$

输出电压有效值为：

$$U_{oa} = \sqrt{\frac{1}{T}\int_0^{\rho T} u_o^2 \mathrm{d}t} = \sqrt{\rho}\,U_i \tag{6.2}$$

若忽略开关的损耗，则输入功率 P_i 应与输出功率相等，即

$$P_i = \frac{1}{T}\int_0^{\rho T} \frac{U_o^2}{R}\mathrm{d}t = \rho\,\frac{U_o^2}{R}$$

从直流电源侧看的等效电阻 R_i 为：

$$R_i = U_i/I_o = U_i/(\rho U_i/R) = R/\rho \tag{6.3}$$

由式(6.1)可知，当占空比 ρ 从零变到 1 时，输出电压平均值从零变到 U_i，其等效电阻也随着 ρ 而变化。

由于这种变换是将恒定的直流"斩"成断续的方波,所以直流变换器也称为斩波器。

6.1.2　控制方式

斩波器的占空比可用下列方式之一来改变:

(1) 定频调宽　即 $f=\dfrac{1}{T}$ 恒定,只改变导通时间 T_{on} 或关断时间 T_{off},亦称为脉冲宽度调制(PWM)。

(2) 定宽调频　即保持导通时间 t_{on} 不变,或者保持关断时间 t_{off} 不变,而改变斩波周期 T 或频率 f,这种情况亦称为脉冲频率调制(PFM)。

(3) 调频调宽　即既改变频率 f 又改变 T_{on} 或 T_{off},亦称混合控制(Mixed Control)。

图 6.2 说明了上述三种工作方式的原理。

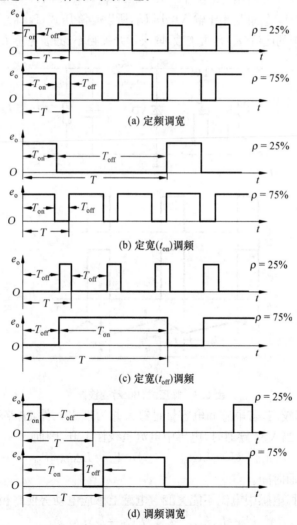

图 6.2　斩波器不同控制方式时的波形

用脉冲频率调制,其频率必须在宽范围内改变,以满足输出电压调节范围的要求;变频调制时滤波电抗设计比较困难,对信号传输的干扰可能性较大;另外,在输出电压很低的情况下,较小的占空比和较长的关断时间会使负载电流断续。对于调频调宽的控制方式,如使 ρ 和 f 的变化保持一定的关系,则滤波电感便只由 U_i 和 I_o 决定,这是其突出优点。不过,多数斩波器都用定频调宽即 PWM 方式,因其控制比较简单。

6.2　直流变换器的基本电路

直流变换器的电路有多种,但有几种是其基本电路,以下分别叙述。

6.2.1　降压式(Buck)变换器

图 6.1 所示的直流变换器在使用时输出纹波较大,为降低输出纹波,在输出端接入电感 L、电容 C 滤波,如图 6.3(a)所示,图中用 P-MOSFET 管作开关,VD 为续流二极管,其输出电压平均值 $U_o = \rho U_i$, $\rho < 1$, U_o 总是小于输入电压 U_i,所以是降压式(Buck)变换器。工作波形见图 6.3(b),通过电感中的电流(i_L)是否连续,取决于开关频率、滤波电感 L 和电容 C 的数值。

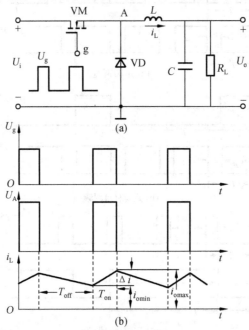

图 6.3　降压式(Buck)变换器

当电路工作频率较高,若电感和电容量足够大并为理想元件,电路进入稳态后,可以认为输出电压为常数。当 VM 导通时,电感中电流呈线性上升,因而

$$U_i - U_o = L(i_{omax} - i_{omin})/T_{on} = L\Delta i_{on}/T_{on}$$

式中,t_{on} 是 VM 管导通时间。

当 VM 管截止时,电感中电流不能突变。电感上感应电动势使二极管导通,这时

$$U_o = L(i_{omax} - i_{omin})/T_{off} = L\Delta i_{off}/T_{off}$$

式中,T_{off} 为 VM 管截止时间。在稳态时 $\Delta i_{on} = \Delta i_{off} = \Delta i$。

电感滤波消除了谐波分量,因此输出电流平均值为:

$$I_o = (i_{omax} + i_{omin})/2 = U_o/R_L \tag{6.4}$$

6.2.2 升压式(Boost)变换器

图 6.4 为升压式变换器,它由 MOS 管 VM、储能电感 L、二极管 VD 及滤波电容 C 组成。当 VM 管导通时,电源向电感储能,电感电流增加,感应电动势为左正右负,L 储存电能,负载 Z 由电容 C 供电;当 VM 截止时,电感电流减小,感应电动势为左负右正,电感中能量释放,与输入电压顺极性一起经二极管向负载供电,并同时向电容充电。这样输出电压平均值将超过电源电压 U_i,就把低压直流变换成高压直流,在电感电流连续的条件下,电路工作于图 6.4(b)所示的两种状态。电路的工作波形如图 6.4(c)所示。

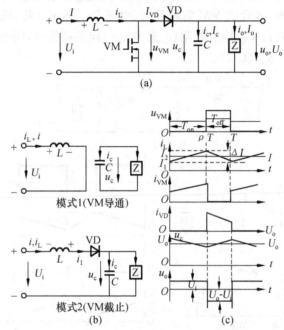

图 6.4 升压式(Boost)电路

(1) 模式 1

当 VM 管导通、二极管 VD 截止(即 $0 \leqslant t \leqslant T_{on} = \rho T$)期间,电感中的电流按直线规律上升,

$$U_i = L(I_2 - I_1)/T_{on} = L\Delta I/T_{on} \tag{6.5}$$

(2) 模式 2

当 VM 管由导通变为截止(即 $pT \leqslant t \leqslant T$)期间,电感电流不能突变,产生感应电动势迫使二极管导通,此时,

$$U_o = U_i + L\frac{di_L}{dt} = U_i + L\frac{\Delta I}{T_{off}} \tag{6.6}$$

$T_{on} = \rho T$,$T_{off} = (1-\rho)T$,联立求解式(6.5)、式(6.6),则求得:

$$U_o = U_i/(1-\rho) \tag{6.7}$$

式(6.7)也可由能量关系求得,因为 VM 导通期间(t_{on})由直流电源 U_i 输入到电感 L 的电能为 $W_{on} = U_i I t_{on}$,而 VM 断开期间(t_{off}),由 L 释放到负载的电能是 $W_o = U_L I t_{off} = (U_o - U_i) I t_{off}$,如果不计损耗,在稳态时这两项电能应相等,即 $U_i I t_{on} = (U_o - U_i) I t_{off}$,经整理亦可

获得式(6.7)。

式(6.7)表明,当 ρ 从零趋近于 1 时,理论上 U_o 从 U_i 变到任意大。所以 Boost DC/DC 变换器是一个升压变换器。

Boost 电路之所以能使输出电压高于电源电压,一是电感 L 储能之后具有使电压泵升的作用,二是电容 C 可将输出电压保持住。

6.2.3 升/降压式(Buck-Boost)变换器

图 6.5(a)为 Back-Boost 电路。当开关 S 导通时,电能储于电感 L 中,二极管 VD 截止,负载由滤波电容 C 供电;当开关 VM 管断开时,电感产生感应电势,极性为下正上负,维持原电流 i_L 方向流经负载及 VD 构成回路,电感电流 i_L 向负载供电,同时也向电容 C 充电,等效电路及工作波形见图 6.5(b)、(c)。

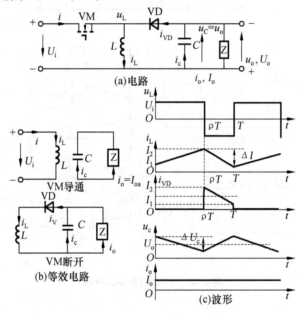

图 6.5 升/降压式电路

在理想条件下,电感电流 i_L 连续时,其电流变化量 $\Delta I = I_2 - I_1$,当 VM 导通时 $U_i = L\dfrac{di_L}{dt} = L\dfrac{\Delta I}{\Delta t} = L\dfrac{\Delta I}{\rho T}$,由此得 $\Delta I = U_i\rho T/L$;当 VM 断开时,$U_o = L\dfrac{di_L}{dt} = -L\dfrac{\Delta I}{\Delta t} = -L\dfrac{\Delta I}{(1-\rho)T}$,由此得 $\Delta I = -U_o(1-\rho)T/L$,在稳态时,VM 导通与断开其 ΔI 变化量相等,则可以推得输出电压平均值:

$$U_o = -\frac{\rho}{1-\rho}U_i \tag{6.8}$$

由上式可见,当占空比 $\rho < 0.5$ 时,$|U_o| < |U_i|$,电路为降压式;而当 $\rho > 0.5$ 时,$|U_o| > |U_i|$,电路为升压式,(式 6.8)中的负号即表示输出电压极性与输入电压相反。

6.2.4 其他形式的基本变换电路

除上述 3 种常用电路外,还有三种电路也算是基本电路,分别如图 6.6(a)、(b)、(c)所示,它们都是升/降压式变换器,$U_o = \dfrac{\rho}{1-\rho}U_i$。实际按升压还是降压工作,取决于占空比 ρ 的大小。另外,它们的输入与输出电路之间用电容 C 耦合,C 起储能和传递能量的双重作用。

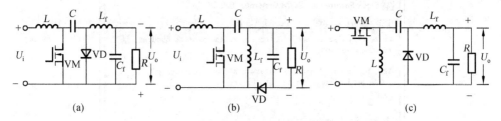

图 6.6　其他形式的基本变换电路

图 6.6(a)以发明人命名,称为 CUK 电路,它与 Buck-Boost 电路对偶,其工作原理可用图 6.7 等效电路来表示。当 VM 导通时,相当于开关 S 合向 A,U_i-L-VM 回路和 $C-$VM$-R-L_f$ 回路分别流过电流;当 VM 断开时,相当于开关 S 合向 B。U_i-L-C-VD 回路和 L_f-VD$-R$ 回路分别流过电流。输出电压 U_o 的极性与电源电压 U_i 极性相反。

图 6.6(b)称为 SEPIC 电路,为单端原边电感式变换器(Singe-Ended Primary Inductance Converter)。当 VM 导通时,U_i-L-VM 回路和 $C-$VM$-L_f$ 回路同时导电,L 和 L_f 储能;VM 断开时,U_i-L-C-负载(C_f 和 R)$-$VD 回路和 L_f $-$负载$-$VD 回路同时导电。此阶段 U_i 和 L 既向

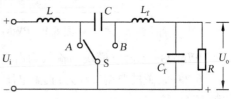

图 6.7　CUK 等效电路

负载供电,同时也向 C_f 充电。C_f 储存的能量在 VM 导通时向负载供电,由于串有输入电感,因此输入电流纹波小。电流连续,有利于输出滤波。

图 6.6(c)是图 6.6(b)的对偶电路,称为 Dual SEPIC 或 Eeta 电路。在 VM 导通期间,U_i 经开关 VM 向 L 储能,同时 U_i 和 C 共同向负载供电,并向 C_f 充电,待 VM 关断后,L 经 VD 向 C 充电,其储存的能量转移至 C,同时 C_f 向负载供电,L_f 的电流经 VD 续流。

SEPIC 电路和 Eeta 电路输出电压为正极性。

6.2.5　直流变换器仿真

(1) 降压(Buck)电路仿真

基于 MATLAB 的 Buck 仿真电路如图 6.8 所示。

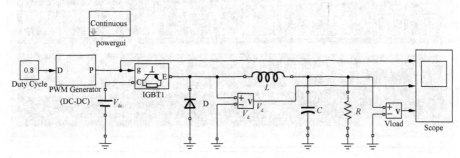

图 6.8　降压(Buck)仿真电路

　　图 6.8 中的模块 PWM Generator 用于产生 IGBT 需要的门极信号,其参数设置如图 6.9所示。

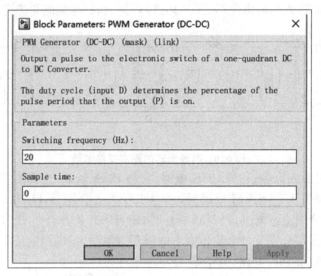

图 6.9　PWM Generator 模块参数设置图

　　PWM Generator 模块的输入为占空比(Duty Cycle)。

　　仿真中设置的典型参数为:直流电压:200 V;电感:8e-1H;电阻:40 Ω;电容:30e-5 F;开关频率:20 Hz。

　　当占空比为 0.2 时的仿真结果如图 6.10 所示。图中波形分别为触发信号、二极管两端电压和负载两端电压。

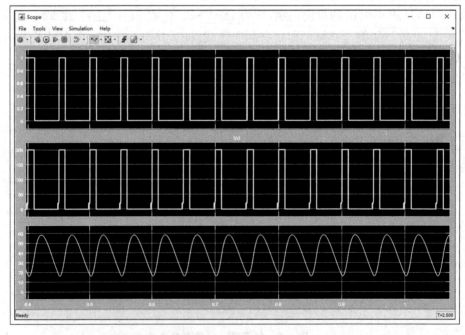

图 6.10　占空比为 0.2 时 Buck 电路的仿真结果

当占空比为 0.8 时的仿真结果如图 6.11 所示。可见,占空比增大后,负载电压明显增加。

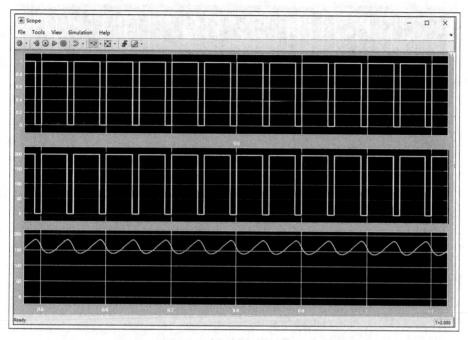

图 6.11　占空比为 0.8 时 Buck 电路的仿真结果

(2) 升压(Boost)电路仿真

基于 MATLAB 的 Boost 仿真电路如图 6.12 所示。在此需要提醒的是,别接错 IGBT 的 C、E 端口。

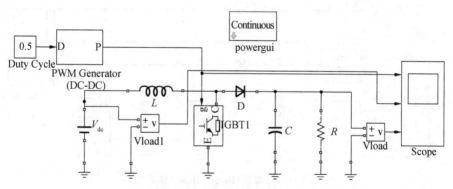

图 6.12　升压(Boost)仿真电路

仿真中设置的典型参数为:直流电压:200 V;电感:20e−1H;电阻:40 Ω;电容:30e−5F;开关频率:40 Hz。

当占空比为 0.5 时的仿真结果如图 6.13 所示。波形分别为触发信号、直流电源电压、负载两端电压。

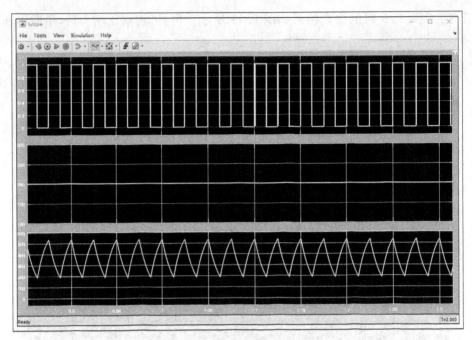

图 6.13 占空比为 0.5 时 Boost 电路的仿真结果

（3）升/降压（Buck-Boost）电路仿真

基于 MATLAB 的 Buck-Boost 仿真电路如图 6.14 所示。

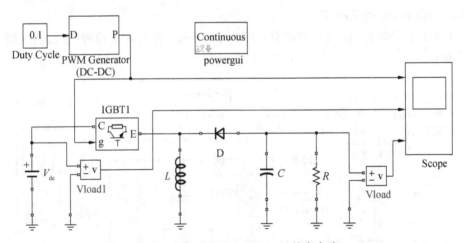

图 6.14 升/降压（Buck－Boost）仿真电路

仿真中设置的典型参数为：直流电压：200 V；电感：2e－1H；电阻：40 Ω；电容：30e－4F；开关频率：20 Hz。

当占空比为 0.1 时的仿真结果如图 6.15 所示（此时为降压）。波形分别为触发信号、直流电源电压、负载两端电压。在此需要说明的是，升/降压电路的负载电压与电源电压反号，因此在图 6.15 中为负值（第 3 行信号）。

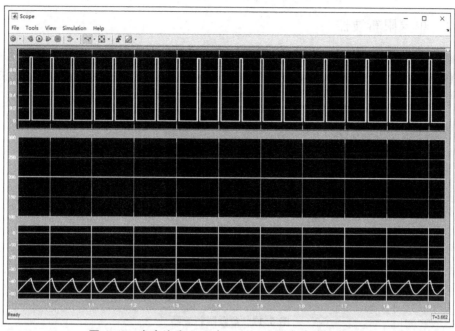

图 6.15 占空比为 0.1 时 Buck - Boost 电路的仿真结果

当占空比为 0.9 时的仿真结果如图 6.16 所示(此时为升压)。

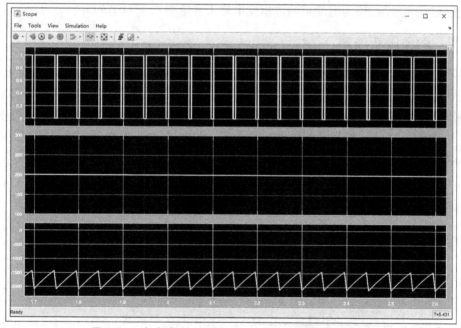

图 6.16 占空比为 0.9 时 Buck - Boost 电路的仿真结果

6.3 负载为直流电动机时的斩波器结构

当斩波器向直流电动机供电时,除调节电枢电压调速外,有时还有制动和正、反转的要求,因而斩波器也有几种不同的结构。

6.3.1　单象限斩波器

如图 6.17(a)所示为一降压式斩波器向直流电动机 M 供电电路,它只能使电动机运行于电动状态,调电枢电压调速。由于电流或电压不能反向,无法产生制动转矩,故电动机只有第一象限的机械特性。

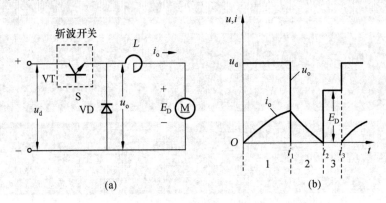

图 6.17　单象限斩波器

当电动机负载较重时,二极管 VD 的续流不会降为零,电流是连续的,i_o 波形同图6.3(b)i_L;而如果负载较轻,续流电流可能降为零,这时电流便出现断续。电流断续期间,VD 截止,输出电压 u_o 便为电动机的电枢反电势 E_D(见图 6.17(b)波形的 $t_2 \sim t_3$ 段)。

6.3.2　两象限斩波器

将降压斩波器和升压斩波器结合起来,构成两象限斩波器向直流电动机 M 供电,可使电动机既能实现调压调速,又能实现再生制动,如图 6.18(a)所示。图中 VT_1 和 VD_1 构成斩波降压;VT_2、VD_2 和 L 构成斩波升压。注意,图 6.18(a)中的 E_D 和 U_i 分别相当于图 6.3(a)中的 U_i 和 U_o,这里是将电动机动能产生的电机电动势 E_D 通过 L、VT_2 和 VD_2 斩波升压,将电能回馈到直流电源 U_i 中去。

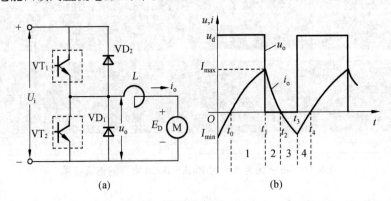

图 6.18　两象限斩波器

不难看出,如果 VT_2 始终断开,VT_1 周期性地开通和关断,则电动机处于电动状态,i_o 为正值;如果 VT_1 断开,VT_2 周期性通断,i_o 为负值,电动机工作于再生制动状态。即电动机可运行于 Ⅰ、Ⅱ 两象限。

若 VT_1、VT_2 交替通断，当 VT_1 导通时，负载电流 i_o 增加；VT_1 关断后，L 释放能量，电流 i_o 下降并通过 VD_1 续流，i_o 衰减到零(图 6.18(b)t_2 时刻)，VT_2 导通(实际控制时，VT_1、VT_2 的通断信号是交替作用的，即 VT_1 关断后就施加了 VT_1 的开通信号，但在 VD_1 续流期间 VT_2 承受反压不可能导通，只有当 $i_o=0$ 后才能导通)，电枢反电势 E_D 将通过 VT_2 产生反向电流，i_o 反向增加，电动机进行能耗制动。在 VD_1 续流和 VT_2 导通期间 $u_o=0$。如果在 t_3 时刻将 VT_2 断开，则反向电流 i_o 将通过 VD_2 经直流电源 U_i 形成续流回路并逐渐减小。由于 i_o 从 U_i 的正端流入，电源吸收电能，电动机进行再生制动，这期间 $u_o=U_i$。当 i_o 再次为零时(图 6.18(b)t_4 时刻)VT_1 导通(同样，VT_1 的开通信号在 VT_2 关断后便加上了，但只有当 VD_2 续流电流等于零时 VT_1 才能开始导通)，电路周期性重复运行。电动机轻载时，i_o 时正时负，VT_1、VT_2、VD_1、VD_2 轮流导通，平均电流 $I_o>0$ 时为电动状态，电机吸收能量；$I_o<0$ 时为制动状态，电机将部分机械能转换成电能向电源馈送。

由以上分析可以看出，即使轻载时，两象限斩波器也始终能保持电流的连续。这种能始终保持电流连续的电路又称为非受限式电路。反之，不能保持电流连续(即电流断续)的电路(见图 6.17(a))称为受限式电路。

图 6.17(a)和图 6.18(a)电路只能使电动机在一个方向运转，所以也称为不可逆输出的直流变换电路。

6.3.3　四象限斩波器

典型的四象限斩波器电路如图 6.19(a)所示。因其形状为桥式而称为 H 型电路。它实际上是两组不可逆电路的组合。用于向电动机供电，可实现电机的正、反转和电动、制动状态即四象限运行。

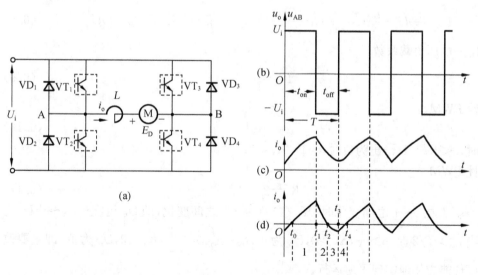

图 6.19　可逆直流变换电路

该电路有两种工作方式。

(1) 单极性 PWM

在 AB 端为电阻负载时，若 VT_1 一直导通，VT_2、VT_3 一直关断，而对 VT_4 进行通断控制

（当然也可以 VT_4 一直导通，VT_2、VT_3 一直关断，对 VT_1 进行通断控制），则输出平均电压 U_{AB} 为正；若 VT_3 一直导通，VT_1、VT_4 一直关断，而对 VT_2 进行通断控制，则输出平均电压 U_{AB} 为负（或 VT_2 一直导通，VT_1、VT_4 一直关断，对 VT_3 进行通断控制也能获得同样效果）。可见，该电路可输出正负两种电压平均值，所以也称为可逆输出的直流变换电路。但输出电压 u_o（即 u_{AB}）波形总是在一个方向变化，具有一种极性的电压，所以称为单极性 PWM。

电动机负载在上述控制方式下，当负载较轻时，i_o 衰减到零，会出现电流断续现象，其 i_o 波形与不可逆电路（见图 6.17(b)）i_o 波形相同，属于受限式。如果输出为正时，VT_3 不是一直关断，而是与 VT_4 交替通断，即在 VT_4 关断后将 VT_3 导通（这时 VT_1 处于仍一直导通，VT_2 仍一直关断），则当 L 引起 i_o 的滞后电流经 VD_3、VT_1 续流（电动机仍处于电动状态）。i_o 降为零后，电枢电动势 E_D 将通过 VD_1、VT_3 建立反向电流，这时及以后 i_o 波形和电动机的状态便与图 6.18(b) 相同，电流亦连续，属于可逆电路的非受限工作方式。

直流输出平均电压为负时的工作情况与此类似，只是波形极性完全相反。

受限式和非受限式在电枢电流连续时的工作情况和性能是一样的，但是受限式轻载时可能出现电流断续。与可控整流电路一样，电流断续时会引起输出平均电压提高，外特性呈现非线性。非受限工作方式由于有一同臂开关交替通断，则有电源"直通"的危险。为此，需在交替通断间加一间隔时间，称为"死区"。而受限式工作过程中只有一个开关器件处在 PWM 状态，无直通之虞。

（2）双极性 PWM

如果将 H 型电路的四只开关器件按对角线分成 VT_1、VT_4 和 VT_2、VT_3 两组，同组器件同时导通和关断，而两组交替通断，则在一个周期内，u_{AB} 正负相间，电压波形如图 6.19(b) 所示。这种控制方式称为双极性，它的输出平均电压等于正负脉冲电压面积之差，即

$$U_o = \frac{t_{on}}{T}U_i - \frac{t_{off}}{T}U_i = \frac{t_{on}}{T}U_i - \frac{T - t_{on}}{T}U_i = \left(\frac{2t_{on}}{T} - 1\right)U_i = (2\rho - 1)U_i \tag{6.8}$$

如果定义电压负载系数，

$$K_v = \frac{U_o}{U_i} \tag{6.9}$$

则对单极性 PWM，

$$\rho = |K_v| \tag{6.10}$$

输出为正时，$0 < K_v < 1$；输出为负时，$-1 < K_v < 0$；

而对双极性 PWM，

$$K_v = 2\rho - 1 \tag{6.11}$$

通断比 $\rho = t_{on}/T$ 在 $0 \sim 1$ 之间变化时，K_v 在 $-1 \sim +1$ 之间变化，即 U_o 可在 $-U_i \sim +U_i$ 之间调节。当 $t_{on} > T/2$ 时，$\rho > \frac{1}{2}$，$K_v > 0$，U_o 为正；$t_{on} < \frac{T}{2}$，$\rho < \frac{1}{2}$，$K_v < 0$，U_o 为负，即只要改变脉冲宽度便能方便地实现可逆运行。

双极性 PWM 的电流波形也有两种情况。当电动机负载较重时，由于平均负载电流较大，在续流阶段电流仍维持正方向，电动机始终工作在电动状态，如图 6.19(c) 所示。如果负载很轻，在续流阶段电流会衰减到零（见图 6.19(d) t_2 时刻），这时 VT_2、VT_3 两端反压消失，VT_2、VT_3 导通，在电源电压 U_i 和电枢反电动势 E_D 的合成作用下，电流反向，电动机进行反接制动。若 t_3 时刻两组开关转换，VT_2、VT_3 关断，则 i_o 从负最大值开始衰减，L 储能

和电枢反电势 E_D 流过 VD_1、VD_4 及电源 U_i 回路,电动机处于再生制动状态,直至电流为零(t_4 时刻),VT_1、VT_4 导通,i_o 变正,电动机又进入电动状态。

注意,双极性和单极性非受限式负载较轻时的电流波形有相似之处(比较图 6.18(b)和图 6.19(d)),不过在 $t_1\sim t_2$ 阶段,两者的续流回路不同;在 $t_2\sim t_3$ 阶段,电流通路和电动机状态均有区别,前者为反接制动,后者为能耗制动。

（3）单极性和双极性 PWM 的性能比较

① 在输出平均电压 U_o 为零、电动机不转时,双极性工作制的瞬时电压 u_o 不为零,而是正、负面积相等的方波,在电枢回路中流过一个交变电流,这个电流增加了电动机的空载损耗,但它能使电动机发生高频微振,起到"动力润滑"作用,一旦启动,电动机启动较快;而单极性工作制在 U_o 为零时,u_o 也为零,电动机停止时电枢回路没有电流,减少了空载损耗,但没有动力润滑作用,静摩擦较大,启动较慢。

② 在同样的调制频率和相同的电枢电流平均值 I_o 时,双极性工作制的电流中交变分量要比单极性大一倍,电动机的额外损耗大,另外,双极性工作制工作过程中四个开关器件都工作在开关状态,开关损耗大;而单极性一般只有一个或两个开关工作在开关状态,开关损耗要小些。

③ 双极性 PWM 电路在输出电压平均值较小时,每一开关的控制信号脉冲较宽,能保证开关可靠地导通;而单极性这种情况时,开关控制信号脉冲较窄,当窄到一定程度,就不能保证开关可靠地导通,从而影响电动机低速运转的平稳性和调速范围。

④ 双极性 PWM 电路即使在负载较轻时,由于四个开关分组轮流导通,其电流 i_o 总是连续的;而单极受限式在负载电流较小时会出现电流断续现象,外特性出现非线性。

⑤ 双极性工作方式由于连接直流电源的上、下两开关轮流施加通断控制信号,如不设置死区,会出现上下开关直通、直流电源短路故障,导致开关器件损坏;而单极受限式的上、下两功率开关不会有同时导通的情况,可靠性较高。

6.4　输入与输出隔离的直流变换器

直流变换器不仅用于直流电动机的斩波调速,在开关电源方面还有着更广泛的应用。

直流变换器输入和输出之间采用变压器隔离方式的主电路有以下几种基本形式。

6.4.1　单端反激式

图 6.20 为最简单的单端反激式直流变换电路。开关器件 VM 导通时,直流输入电源 U_i 加在隔离变压器 T 的一次侧线圈上,线圈流过电流(i_1),储存能量,但根据变压器的同名端"·",这时二次侧二极管 VD 反偏,负载由滤波电容 C_f 供电;开关器件 VM 关断时,线圈中磁场急剧减小,二次侧线圈的感应电势极性反向,VD 导通,T 的储能向负载传递电流(i_2),并逐步转为电场能量向 C_f 充电。所谓反激,是指开关器件导通时,变压器的一次侧线圈仅作为电感储存能量,没有立即将能量传送到负载。所谓单端是指变压器只有单一方向的磁通,仅工作在其磁滞回线的第一象限。

设变压器一、二次侧线圈电感和匝数分别为 L_1、L_2 和 N_1、N_2,且电感是线性的,则器件

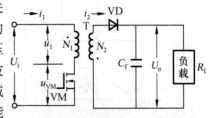

图 6.20　单端反激式变换电路

VM 导通时,一次侧线圈流过的电流,

$$i_1 = \frac{U_i}{L_1}t \tag{6.12}$$

器件 VM 导通终了,导通时间为 t_{on},i_1 的幅值,

$$I_{1max} = \frac{U_i}{L_1}t_{on} \tag{6.13}$$

器件 VM 关断时,设 $t=0$,则二次侧电流,

$$i_2 = I_{2max} - \frac{U_o}{L_2}t \tag{6.14}$$

式中:I_{2max} 为二次侧电流的幅值,U_o 为输出直流电压。

由式(6.14)可以看出,随着 t 值的不同,单端反激变换器可有三种不同的工作状态:

(1) 器件 VM 的关断时间 $T_{off} > \frac{L_2}{E_0}I_{2max}$,则在 VM 重新导通之前,$i_2$ 已下降为零,即周期变化的电流不连续。

(2) 若 $T_{off} = \frac{L_2}{U_o}I_{2max}$,则器件 VM 关断末了,正好 $i_2 = 0$,下一个周期 i_1 从零开始按式(6.12)规律上升,这是一种临界状态。

(3) 若 $T_{off} < \frac{L_2}{U_o}I_{2max}$,则器件 VM 关断时,$i_2$ 还未衰减到零,这样,下个周期器件 VM 重新导通时,i_1 并不是从零开始,而将从一次侧最小电流 i_{1min}(i_{1min} 对应于二次侧最小电流 i_{2min})加上 $\frac{U_i}{L_1}t$ 增量线性上升。这种情况下,周期结束时,电流和磁通没有回到周期初值,有可能使磁心内磁通随周期的重复而逐次增加,导致磁心的饱和。

图 6.21(a)、(b)示出上述(2)、(3)两种情况的有关波形。

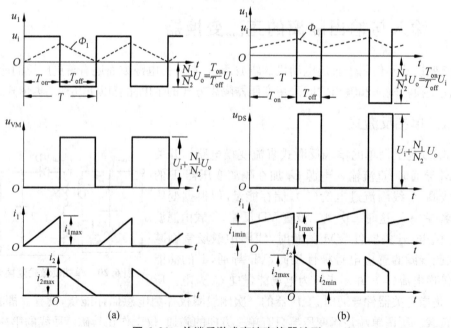

(a)　　　　　　　　　　　　　　　　(b)

图 6.21　单端反激式直流变换器波形

图中:u_1、u_{VM}分别为一次侧绕组和器件 VM 端电压,Φ_1 为 i_1、i_2 产生的磁通。

下面对图 6.21(b)情况分析,器件 VM 导通和关断时,变压器一、二次侧电流的变化分别为:

$$\Delta i_1 = i_{1max} - i_{1min} = \frac{U_i}{L_1} T_{on} \tag{6.15}$$

$$\Delta i_2 = i_{2max} - i_{2min} = \frac{U_0}{L_2} T_{off} \tag{6.16}$$

根据变压器磁势平衡原理,稳态时转换瞬间变压器一、二次侧的安匝数相等,应满足:

$$i_{1max} N_1 = i_{2max} N_2 \quad \text{和} \quad i_{1min} N_1 = i_{2min} N_2$$

即有
$$\Delta i_1 N_1 = \Delta i_2 N_2 \tag{6.17}$$

又根据变压器绕组折算原则

$$L_1 = (\frac{N_1}{N_2})^2 L_2 \tag{6.18}$$

将式(6.15)、式(6.16)、式(6.18)代入式(6.17),得到:

$$U_o = \frac{T_{on}}{T_{off}} \frac{N_2}{N_1} U_i = \frac{\rho}{n(1-\rho)} U_i \tag{6.19}$$

式中:$n = N_1/N_2$ 为变压器一、二次侧线圈匝比。

$\rho = \frac{t_{on}}{T}$ 为器件 VM 的占空比。

以上分析可以看出,单端反激式直流变换器是隔离的升/降式直流变换器。

6.4.2 单端正激式

单端正激式直流变换电路原理图如图 6.22 所示。与反激式的区别在于变压器 T 的同名端"・"极性。当开关器件 VM 导通时,T 二次侧感应电压 $u_2 = (N_1/N_2)U_i = nU_i$,二极管 VD_1 导通,T 作变压器运行,向负载立即传递电能;VM 断开时,VD_1 截止。由于 VM 导通和 VD_1 工作相位相同,故称为正激式。

输出电压
$$U_o = \rho U_2 = \rho U_i / n \tag{6.20}$$

为降压式直流变换器。

为了将导通时储存于变压器中的磁场能量在器件 VM 关断时提供泄放回路,必须设置专门的负载复位电路,使高频变压器可以复位,否则变压器铁心会饱和,造成直流短路。磁复位通常有多种方法。最简单的为附加绕组法。

该法是在直流变换器电路的变压器上再加一个线圈 N_3,其同名端和接法如图 6.23(a)所示。器件 VM 导通时,所串二极管 VD_3 截止,N_3 不参与能量传输;VM 关断时,N_3 上的感应电势使 VD_3 导通,将储存在变压器中的磁能转移到 N_3 中返回电源,磁复位时间 t_r 应小于 t_{off},这时将 N_1 上的感应电势箝位于

$$u_1 = \frac{N_1}{N_3} U_i \tag{6.21}$$

原理波形见图 6.23(b)。

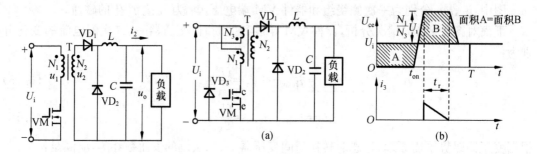

图 6.22　单端正激式直流变换器　　　图 6.23　附加复位绕组及有关波形

磁复位绕组法正激变换器的优点是技术成熟可靠,磁化能量可无损地回馈到直流电网中去。它的缺点是:附加的磁复位绕组使得变压器结构和设计复杂化。

6.4.3　推挽式

推挽式直流变换电路如图 6.24(a)所示。它由两个开关器件 VM_1、VM_2 接在带有中心抽头的变压器 T 的一次侧线圈两端组成,VD_1、VD_2 为感性负载电流能量返回电源的续流二极管。推挽电路可以看成是完全对称的两个单端正激式直流变换电路组合而成。对它们分别进行通断控制,可获得图 6.24(b)所示波形。

$$U_o = \rho U_i / n$$

此式与式(6.20)相同,不过要注意,此处 ρ 不是每个周期的占空比,而是以输出波形定义的。

$$n = \frac{N_{21}}{N_{11}} = \frac{N_{22}}{N_{12}}$$

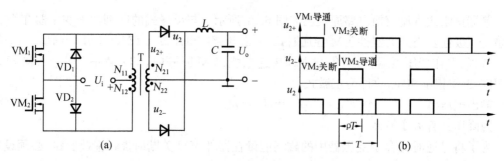

图 6.24　推挽式直流变换电路及有关波形

在推挽式直流变换电路中,变压器磁心是双向磁化的,不需要磁复位,但是电路必须有良好的对称,包括 VM_1、VM_2 的通断时间和 N_{11}、N_{12} 的耦合程度,否则仍将产生直流磁化现象而导致铁心饱和,相应地开关器件会流过尖峰电流。

6.4.4　半桥式

半桥式直流变换电路由两个开关器件 VM_1、VM_2 串接在电源 U_i 上,用两个大电容 C_1、C_2 也串联在电源上获得 $U_i/2$ 电压,开关器件连接点和电容连接点作为输出端,通过变压器输出,电路如图 6.25 所示。两开关器件 VM_1、VM_2 也以推挽方式工作,当 VM_1 开通、VM_2 关断时,变压器 T 的同名端"·"电压极性为正,二次侧输出电压 u_2 为正 u_{2+},这时 C_1 放电,

C_2 充电；当 VM_2 开通、VM_1 关断时，变压器 "•" 的电压极性为负，变压器 T 输出负电压 u_{2-}，这时 C_1 充电，C_2 放电。

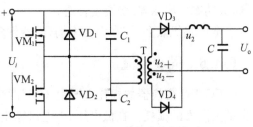

u_2 经整流滤波就得到直流输出电压 U_o。直流输出电压的纹波正比于 C_1 和 C_2 上的电压波动。输出波形和公式同推挽式电路，它亦能自动校正变压器磁心偏磁，避免变压器磁心饱和。

图 6.25 半桥式直流变换电路

半桥式直流变换电路中，开关器件承受的电压仅为输入电压 U_i，而推挽式直流变换电路中的开关器件承受的电压要大于 $2U_i$。

6.4.5 全桥式

将半桥式直流变换电路中的两个电容(C_1、C_2)用两个开关器件分别代替，则构成单相全桥式直流变换电路，主电路形式如图 6.26(a)所示，S_1、S_4 及 S_2、S_3 是两对开关，重复交互通断，但两对开关导通有时间差，U_{AB} 为方波交流电压，波形见图 6.26(b)，然后通过变压器隔离并整流输出。

全桥 DC/DC 变换也可采用移相控制，这时开关 S_1 和 S_4 及 S_2 和 S_3 不是交互导通，而是 S_4 比 S_1 滞后一角度 α，S_2 与 S_1 及 S_4 与 S_3 则互补导通，当 S_1 和 S_3 或 S_2 和 S_4 同时导通时，$U_{AB}=0$，只有当 S_1、S_4 同时导通期间，$U_{AB}=(+)$，而 S_2、S_3 同时导通期间，$U_{AB}=(-)$。只要改变移相角 α，便能改变输出脉冲宽度 τ，有关波形见图 6.27。

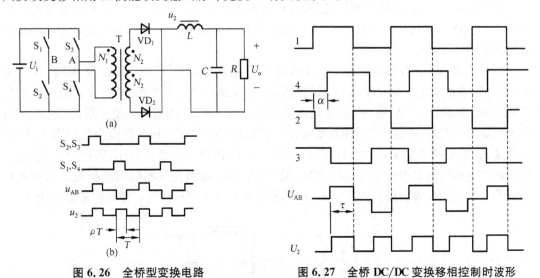

图 6.26 全桥型变换电路　　**图 6.27 全桥 DC/DC 变换移相控制时波形**

上述推挽、半桥和全桥直流变换电路都是开关导通时电源向负载供电，都属于正激式电路组合，通过变压器耦合输出交流电压，经整流、滤波才得到直流输出电压。

各种电路各有优缺点，适合于不同要求的场合。反激式可以简单有序地提供多路直流输出，但输出中有较大纹波电压，只能使用在 150 W 以下，电压和负载调整率要求不高的场合。

正激式拓扑简单、电压升/降范围宽，广泛应用于中、小功率。

推挽式器件电压为电源电压两倍，变压器利用率不如全桥式、半桥式，应用在低电压输入,大功率(>1 kW)变换较合适。

全桥式优点多,用在大功率场合,器件多。

6.4.6　同步整流

DC/DC 变换器的损耗主要由 3 部分组成:功率开关管的损耗,高频变压器的损耗和输出端整流管的损耗。在低电压、大电流输出的情况下,整流二极管的导通压降较高,输出端整流管的损耗尤为突出。快恢复二极管(FRD)或超快恢复二极管(SRD)可达 1.0～1.2 V,即使采用低压降的肖特基二极管(SBD,一种以金属和半导体接触形成势垒为基础的二极管),也会产生大约 0.6 V 的压降,这就导致整流损耗增大,电源效率降低。例如,目前笔记本电脑普遍采用 3.3 V 甚至 1.8 V 或 1.5 V 的供电电压,所消耗的电流可达 20 A。此时超快恢复二极管的整流损耗已接近甚至超过电源输出功率的 50%。即使采用肖特基二极管,整流管上的损耗也会达到电源输出功率的 18%～40%。因此,传统的二极管整流电路已无法满足实现低电压、大电流开关电源高效率及小体积的需要,成为制约 DC/DC 变换器提高效率的瓶颈。

同步整流是采用通态电阻极低的专用功率 MOSFET,来取代整流二极管以降低整流损耗的一项新技术。它能大大提高 DC/DC 变换器的效率并且不存在由肖特基势垒电压而造成的死区电压。功率 MOSFET 属于电压控制型器件,它在导通时的伏安特性呈线性关系。用功率 MOSFET 做整流器时,要求栅极电压必须与被整流电压的相位保持同步才能完成整流功能,故称之为同步整流。

为满足高频、大容量同步整流电路的需要,现在已有一些专用 P-MOSFET,其通态电阻可达 0.015 Ω 甚至 0.006 Ω 通过 20 A 电流时导通压降还不到 0.3 V,并且还开发出同步整流集成电路(SRIC)。

如图 6.28 所示为单端正激、隔离式降压同步整流器原理图,VM_1 及 VM_2 为功率 MOSFET,在次级电压的正半周,VM_1 导通,VM_2 关断,VM_1 起整流作用;在次级电压的负半周,VM_1 关断,VM_2 导通,VM_2 起到续流作用。MOSFET 沟道电流是可逆的,这里 VM_2 是采用反向控制的,即漏极(D)相对源极(S)为负、栅极(G)施加相对源极为正的电压,N 沟道导通,电流从 S 流向 D;反之,D 相对 S 为正、G 加相对 S 为负的电压,器件无电流通过。同步整流电路的功率损耗主要包括 VM_1 及 VM_2 的导通损耗及栅极驱动损耗。当开关频率低于 1 MHz 时,导通损耗占主导地位;开关频率高于 1 MHz 时,以栅极驱动损耗为主。

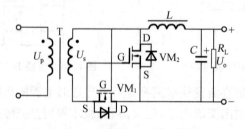

图 6.28　单端正激、隔离式降压同步整流器原理图

6.5 直流 PWM 的控制

直流变换电路中,首先必须产生脉冲宽度可变的控制信号。这一般是采用高频锯齿波或三角波(称为载波)与直流控制电压(称为给定电压)相比较的方法。其中输入为可调直流控制电压,输出为幅值恒定宽度可变的脉冲,通常称为脉冲宽度调制(PWM),其构成如图6.29(a)所示。图中"电压脉宽变换"实际上是一个电压比较器,可由运放构成。直流 PWM 有单极性和双极性两种。

单极性 PWM 的三角形载波 u_t 在一个方向,给定电压 u_c 也是一种极性,如图 6.29(b)所示;双极性 PWM 的 u_t 和 u_c 均有正、负两种极性,如图 6.29(c)所示,调节给定电压就能方便地改变脉冲宽度。现在有各种型号的 PWM 控制专用集成器件,且有很完善的保护功能。这里仅举一例。

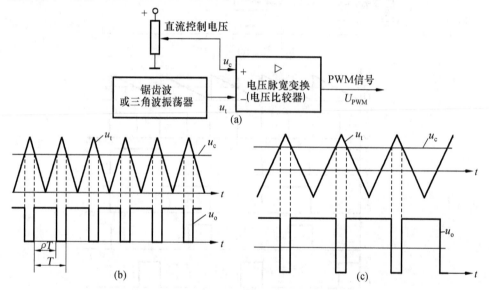

图 6.29 PWM 控制的基本结构及波形

LM3524 是双列直插式集成电路,其内部原理如图 6.30(a)所示,它包括稳压、锯齿波振荡、电压脉冲变换、逻辑输出、误差放大以及检测和保护等部分。

稳压器由端 15 输入 8~30 V 的不稳压直流电压,其稳压输出为+5 V,供片内所有电路使用,并由端 16 输出 5 V 的参考电压供外部电路使用,其最大电流可达 100 mA。

振荡器通过端 7 和端 6 分别对地接上一个电容 C_T 和电阻 R_T 后,在 C_T 上输出为一定频率的锯齿波,其频率为:

$$f_{OSC} = \frac{1}{R_T C_T} \tag{6.22}$$

比较器反相端⊖输入为直流控制电压 u_c,极性为正;同相端⊕输入为锯齿波电压 u_t,极性也为正。当改变直流控制电压 u_c 大小时,比较器输出端电压 u_A 即为宽度可变的脉冲电压,送至两个或非门组成的逻辑电路。

每个或非门有 3 个输入端,其中:一个输入为宽度可变的脉冲电压 u_A;一个输入分别来

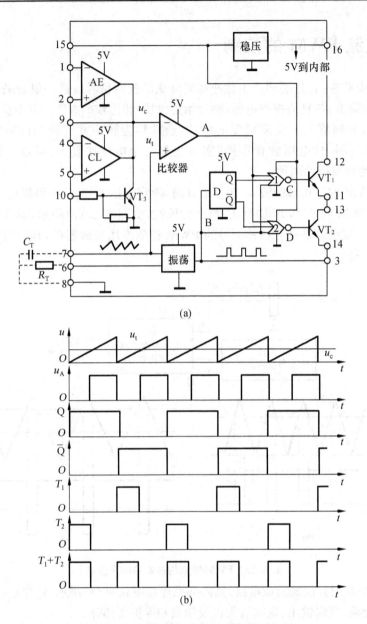

图 6.30 LM3524 集成 PWM 原理和波形

自 D 触发器输出的 Q 和 $\overline{Q}$ 端(它们是锯齿波电压分频后的方波);再一个输入(B 点)为与锯齿波同频的窄脉冲。在不考虑第 3 个输入窄脉冲时,两个或非门输出(C、D 点)分别经三极管 VT_1、VT_2 放大后的波形 T_1、T_2 如图 6.30(b)所示,它们的脉冲宽度由 u_c 控制,周期比 u_t 大一倍,且两个波形的相位差为 180°。这样的波形适用于可逆 PWM 电路。或非门第 3 个输入端的窄脉冲,使这期间两个三极管同时截止,以保证两个三极管的导通有一短时间隔,可作为上、下两管的死区。当用于不可逆 PWM 时,可将两个三极管的 c、e 极并联使用。

误差放大器 AE 在构成闭环控制时,可作为运算放大器接成调节器使用。如将端 1 和端 9 短接,该放大器作为一个射极跟随器使用,由端 2 输入控制电压来控制 3524 输出脉冲宽度的变化。

　　当保护输入端 10 的输入达一定值时,三极管 VT$_3$ 导通,使比较器的反相端为零,A 点一直为高电平,VT$_1$、VT$_2$ 均截止,以达到保护的目的。检测放大器 CL 的输入可检测出较小的信号,当端 4、端 5 输入信号达到一定值时,同样可使比较器的反相输入端为零,亦起保护作用。使用中可利用上述功能来检测需要限制的信号(如电流),对主电路实现保护。

习题和思考题

6.1　直流电动机 PWM 的受限式和非受限式、单极性和双极性各有什么特点?

6.2　试说明不可逆非受限式、可逆单极性非受限式和双极性三种方式,对应于图 6.18(b)和图 6.19(d)波形的 1、2、3、4 区段电动机各工作在什么状态,画出这些状态下的电流流通回路。

6.3　直流变换器中反激和正激各是什么含义?

6.4　单端反激和正激变换电路中的输出变压器(图 6.20 和图 6.22 中的 T)工作状态有何不同?

6.5　说明直流 PWM 的控制原理及其基本构成。

6.6　结合基于 MATLAB 的仿真电路,分析降压、升压、升/降压三种典型斩波电路的输入输出电压关系。

7 无源逆变和直交变频(DC/AC 变换)

7.1 概　述

7.1.1 逆变与变频的含义

前已述及,将交流电变为直流电称为整流。逆变则与之相反,是将直流电变换为交流电。如果该交流电与交流电网相连,或者说,是将直流电逆变成与交流电网同频率的交流电输送给电网,则这种逆变称为有源逆变。如果逆变输出的交流电与电网无联系,或者说,交流电仅供给具体用电设备,则这种逆变称为无源逆变。

变频则是指将一种频率的电源变换为另一种频率的电源。它也有两种类型,即直交变频和交交变频。前者是将直流电变换为所要求的频率或频率可调的交流电;后者,则是将固定频率的交流电直接变换为频率可调的交流电。

由上可以看出,只有无源逆变能用于变频;有源逆变不能变频。但是,无源逆变不等于变频,它可以恒频,也可以变频。所以,逆变与变频的含义是既有联系,又有区别。

本章如不注明,所提逆变和变频都是指无源逆变和直交变频。例如图 7.1(a)所示为单相桥式逆变电路,当开关器件 1、2 和 3、4 轮流通、断时,则可将直流电压 U_i 变换为负载两端的交流方波输出电压 u_o(见图 7.1(b))。u_o 的频率由逆变器开关器件切换的频率决定。

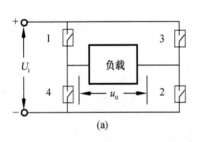
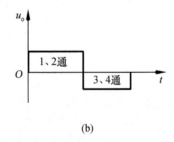

图 7.1　逆变基本原理

顺便指出,逆变器作为一种功率转换器,功率从直流电源传递给交流负载,然而在一般情况下没有公用的直流电源,所以实际上逆变器还配有整流器。与逆变器相比,整流器的电路比较简单,又是起辅助的作用,因此,通常把整流器也包括在内,整个装置称之为逆变器或交直交变频器。相对交交直接变频,这是一种间接变频器。

7.1.2 逆变和变频的两种类型

1) 电压源型和电流源型逆变器电路特征

逆变器和变频器的负载中,大多含有电感或电容等储能元件,这些储能元件必然有能量要与外部电路来回交换,通常用无功功率来表示这种能量交换的大小。也就是说,在逆变器和变频器的输入与负载之间将有无功功率的流动。所以,必须在直流输入端也设置储能元件,以缓冲无功能量。

根据对直流输入设置的储能元件和负载无功能量处理方式的不同,逆变器和变频器可以分为电压源型与电流源型。

在直流侧并联大电容C来缓冲无功功率称为电压源型(亦称恒压源型或电压型)逆变器和变频器,如图 7.2(a)所示。因电容兼有滤波作用,它使直流电压基本无脉动,所以直流回路呈低阻抗,属于电压强制方式。逆变器输出交流电压波形接近于矩形波,输出动态阻抗小。

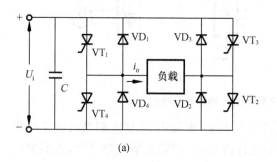 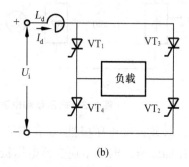

(a) 　　　　　　　　　　　　　　　　　　(b)

图 7.2　电压源型和电流源型逆变器

需要指出,所有电压源型的逆变器,由于直流侧电压极性不允许改变,回馈无功能量时,只能改变电流通路,为此必须设有反馈二极管(见图 7.2(a)中 $VD_1 \sim VD_4$),为感性负载滞后的电流 i_o 提供反馈到直流电源的通路。例如,假设在晶闸管换流前,负载电流 i_o 如图 7.2(a)所示方向流过,刚换流后,i_o 因滞后还未来得及改变方向,可以经过 VD_3、VD_4 将无功能量反馈回直流电源 U_i。

在直流回路中串以大电感 L_d 储存无功功率,称为电流源型(亦称恒流源型或电流型)逆变器和变频器,如图 7.2(b)所示。因它用电感滤波,直流电流基本无脉动,直流电源呈高阻抗,逆变器各开关器件主要起改变直流电流流通路径的作用,逆变器交流输出电流接近矩形波,属于电流强制方式,输出动态阻抗大。

在电流源型逆变器中,直流回路的电流 I_d 不能反向,而是用改变逆变器电压的极性来反馈能量,不必设置反馈二极管。

2) 电压型逆变器和电流型逆变器的比较

(1) 电压型逆变器由于用电容滤波,直流电源为低内阻的电压源,直流电压幅值和极性不能改变,能将负载端电压箝制在直流电源电压水平上,浪涌过电压较低,对器件耐压要求低,因而成本低;因直流电源低内阻,过电流时电流会迅速上升,过电流保护困难,要求器件关断时间短。

(2) 电压型逆变器必须有续流二极管来返回负载滞后电流,而电流型逆变器直流回路的电流方向保持不变,不需要续流二极管,因而主回路结构比较简单。

(3) 电流型逆变器因用大电感滤波,主电路抗电流冲击能力强,能有效地抑制电流突变和故障电流的上升率,保护容易实现。但对器件耐压要求高,因而成本也高。电动机的再生制动可以通过改变变流器的工作状态来实现(图 7.3(c)为电动状态,(d)中逆变器 UI 和可

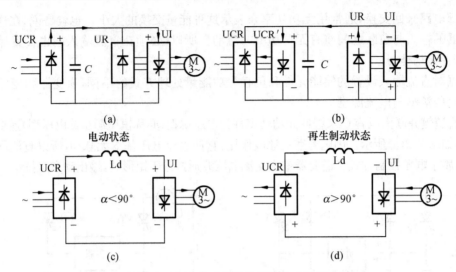

图 7.3　电压型和电流型逆变器的电动和再生制动

控整流器 UCR 均改变电压极性,前者整流,后者有源逆变,电动机 *M* 再生制动),宜于频繁启动、制动和加减速。电压型逆变器电压极性不允许改变,晶闸管的单向导电性,电流方向又不能改变,要回馈能量必须另加一套反并联的可控器 UCR′(见图 7.3(b)),使之处于有源逆变状态来实现,所以只适用于不可逆转传动、快速性要求不高的场合。

（4）电压型逆变器输出电压为矩形波,输出电流波形决定于负载阻抗,近似为正弦波（决定于负载的功率因数）。电流型逆变器情况相反,输出电流为矩形波,谐波分量大,会引起电动机低速时转矩和转速脉动,且出现较大的功率损耗,而要产生接近正弦波的输出电流,要用多重逆变器或 PWM 逆变器,使线路和控制复杂;输出电压则决定于负载,对异步电动机负载近似为正弦波。

7.2　负载换流逆变器

本节先概述晶闸管的换流（Commutation）问题,然后介绍用于感应加热中频电源的串联谐振逆变器。目前大功率（500 kW 以上）中频电源仍用快速晶闸管（$t_{off} < 35\ \mu s$）作开关器件,工作频率不超过 8 kHz,容量已达 4 000 kW,主要用于冶金、电力、石化、电子等行业的焊接、淬火、熔炼、透热、保温等领域。

7.2.1　晶闸管的换流

晶闸管的换流（亦称换向或换相）,就是指电流按要求的时刻和次序从一个晶闸管器件转移到另一个晶闸管器件的过程。

换流的成败,关键在于应该关断的晶闸管能否可靠关断。对于普通晶闸管来说,一旦触发导通,门极就失去了控制作用,要使其关断,必须使阳极电流减小到维持电流之下,并且还要给以足够的恢复正反向阻断能力所需的时间。通常使用的方法是在晶闸管阳、阴极间施以反向电压。

由于晶闸管的关断时间与许多因素有关,如温度、负载大小、重加电压变化率等等,所以为了可靠关断,换流电路提供反压的时间 t_R,则必须大于晶闸管器件本身的关断时间 t_{off},即 $t_R > t_{off}$, t_R

$=t_{\text{off}}+\Delta t,\Delta t$ 为视电路工作情况而增加的裕量。

各类晶闸管变流器常采用的换流方式有:电网换流、负载换流和强迫换流。

由交流电源供电的晶闸管变流器中,如前述的各种可控整流电路、交流调压电路和交交变频电路,由于电源电压作正负交替变化,所以只要合理安排触发脉冲,就可使导通的晶闸管承受反压而关断,这种换流方式称为电网换流或电源换流。

在由直流电源供电的晶闸管变流器中(例如斩波器和逆变器),由于晶闸管始终承受正向电压,导通后便无法关断,不可能实行电网换流,这时必须用负载换流或强迫换流。

凡是具有电流过零或提供一定超前电流的负载,均能使变流器自然换流。由于大多数负载都具有电感性,为了实现负载换流,可以串以或并以电容,使之成为容性阻抗,电流超前电压,则当电流降为零时,负载电压不为零,该电压对晶闸管形成反压,只要反压时间大于关断时间,便可将晶闸管关断,此为负载换流。

强迫(或强制)换流需要专门的换流环节或电路,它可使晶闸管在任何需要的时刻关断。换流环节的作用是利用储能元件(一般用电容器)中的能量或者用电感电容组成的谐振回路,对原来导通的晶闸管强行施加反向电压,使之电流迅速下降为零。由于反压时间一般远小于工作周期,所产生的换流反压有时也称为换流脉冲。为了可靠换流,换流脉冲的幅值应足以消除晶闸管中的电流,脉冲的宽度应保证大于晶闸管的关断时间。

图 7.4 为向直流电动机供电的晶闸管斩波器强迫换流主电路图。晶闸管 VT_1 作主功率开关,它的关断由辅助晶闸管 VT_2 来实现。

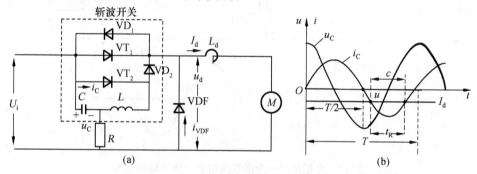

图 7.4 晶闸管斩波器强迫换流主电路图

图 7.4 中换流电路由 VT_2、L、C 和 VD_1、VD_2 等构成。电容 C 上已充好图示极性电压 u_C。VT_1 触发导通,U_i 向电机供电,u_C 保持已充电压。当欲关断主晶闸管 VT_1 时,触发导通辅助晶闸管 VT_2,C 和电感 L 便形成谐振回路,谐振电容上电压 u_C 和电流 i_C 波形见图 7.4(b);半个谐振周期后,谐振电流过零反向,VT_2 自然关断;i_C 经二极管 VD_2 和 VT_1 形成回路,它对 VT_1 是反向电流;当谐振电流 i_C 达到负载电流 I_d 时,VT_1 关断;i_C 超过 I_d 电流的时间段就是 VT_1 承受反压的时间 t_R,这时电流 i_C 经由二极管 VD_1 流过。这是利用换流电路产生的谐振电流将主晶闸管关断。另外,图 7.4 中 VT_1 与 VD_1 反并联应用,因而派生出将这两者结合为一体的器件,称为逆导晶闸管,其等效电路及电路符号如图 7.5(a)、(b)所示,其额定电流用分数表示,分母表示二

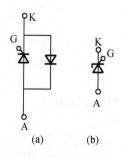

图 7.5 逆导晶闸管的等效电路和电路符号

极管额定电流,分子表示晶闸管额定电流。斩波器采用逆导晶闸管可使主电路结构简化。

7.2.2 RLC 串联谐振逆变器

对功率因数很低的感性负载,如串联电容进行补偿,则可构成负载换流的串联谐振逆变器。这种逆变器的单相桥式主电路如图 7.6 所示。其中 R、L 为负载的等效阻抗,C 为补偿电容。为了使 RLC 串联谐振能在一个周期内持续进行,这里加了二极管 $VD_1 \sim VD_4$ 与只能单向通电的晶闸管 $VT_1 \sim VT_4$ 反向并联构成谐振通路。

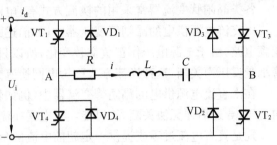

图 7.6 串联谐振逆变电路

由电路分析可知,如果满足 $R < 2\sqrt{L/C}$ 的参数条件,则 RLC 串联电路便形成谐振过程。当图 7.6 串联谐振逆变器中 VT_1、VT_2 触发导通后,一个振荡周期的电流通路和波形如图 7.7(a)、(b)、(c)所示。VT_3、VT_4 导通后的谐振过程与此相同,只是电流方向相反。

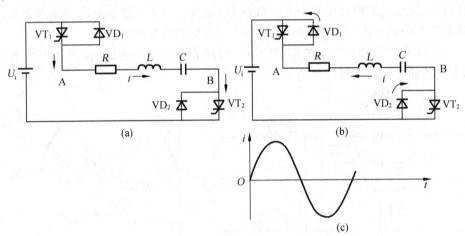

图 7.7 串联谐振一个振荡周期的电流通路和波形

对谐振回路可列出电压平衡方程式:

$$U_i - U_C(0) = L\frac{\mathrm{d}i}{\mathrm{d}t} + \frac{1}{C}\int i\mathrm{d}t + iR \tag{7.1}$$

式中,$U_C(0)$ 为电容的初始电压。对上式微分,成为二阶常系数线性齐次微分方程,

$$L\frac{\mathrm{d}^2 i}{\mathrm{d}t^2} + R\frac{\mathrm{d}i}{\mathrm{d}t} + \frac{1}{C}i = 0$$

写成标准形式:

$$\frac{\mathrm{d}^2 i}{\mathrm{d}t^2} + 2\zeta\frac{\mathrm{d}i}{\mathrm{d}t} + \omega_0^2 i = 0 \tag{7.2}$$

式中,$\zeta = R/2L$ 称为衰减系数,$\omega_0 = 1/\sqrt{LC}$ 为无阻尼谐振频率。式(7.2)的特征方程式为:

$$p^2 + 2\zeta p + \omega_0^2 = 0 \tag{7.3}$$

谐振的条件为 $\zeta^2 - \omega_0^2 < 0$,这时,

$$p_1 = -\zeta + \mathrm{j}\omega_\gamma, \quad p_2 = -\zeta - \mathrm{j}\omega_\gamma \tag{7.4}$$

式中,$\omega_\gamma = \sqrt{\omega_0^2 - \zeta^2}$,为上述电流谐振的角频率(rad/s)。

根据初始条件,可求得谐振电流:

$$i = \frac{U_i - U_C(0)}{\omega_\gamma L} e^{-\zeta t} \sin\omega_\gamma t \qquad (7.5)$$

显然,电流是衰减谐振过程。

依据逆变器触发频率 ω_G 与谐振频率 ω_0 的关系,负载电流可以有断续、临界和连续三种情况。

(1)$\omega_G < \omega_0$,即谐振周期 $T_G > T_0$($T_0 = \frac{2\pi}{\omega_0}$,为无阻尼谐振周期),则谐振过程电流断续,这时各管的导通情况和电路内电流、电压的主要波形如图 7.8 所示。

负载电流 i:见图 7.8(c),在 $t_0 \sim t_1$ 期间,它经 VT_1、VT_2 流通;谐振过零进入负半周后,$t_1 \sim t_2$ 期间,通过 VD_1、VD_2 流通,是衰减的正弦波,由于 VT_1 与 VD_1、VT_2 与 VD_2 是反并联的,所以 VT_1、VT_2 承受反压而关断;$t_2 \sim t_3$ 期间,晶闸管 $VT_1 \sim VT_4$ 全不导通,负载电流断续;在 t_3 时刻触发 VT_3、VT_4,重复另一个周期的振荡过程,电流方向与上述相反。

负载两端及晶闸管电压:见图 7.8(d)~(f),$t_0 \sim t_1$ 期间,VT_1、VT_2 导通,其上电压仅为管压降,负载两端电压 u_{AB} 为直流电压 U_i 与两个管压降之差($u_{AB} = U_i - U_{VT_1} - U_{VT_2}$),这时电压同样加在截止的 VT_3、VT_4 上;$t_1 \sim t_2$ 期间,VD_1、VD_2 流通,VT_1、VT_2 上承受反压,负载两端则为直流电压 U_i 与这反压之和($u_{AB} = U_i + U_{VD_1} + U_{VD_2}$),这电压亦加在截止的 VT_3、VT_4 上;$t_2 \sim t_3$ 期间,所有晶闸管和二极管均截止,$VT_1 \sim VT_4$ 上的电压由各元件的漏电流及装置的绝缘电阻决定,它是大于零、小于 U_i 的某一值,因为受外界影响经常变动,故无确定数值。u_{AB} 则由电容器 C 上原有的电压所决定。另一谐振周期:$t_3 \sim t_4$ 期间,VT_3、VT_4 导通,其上电压为管压降,VT_1、VT_2 两端电压略低于 U_i,其差便是 VT_3、VT_4 的管压降,这电压也就是负载两端反极性的电压;$t_4 \sim t_5$ 期间,VD_3、VD_4 流通,VT_3、VT_4 承受反压,VT_1、VT_2 两端略高于 U_i,两者之差为 VD_3、VD_4 的正向压降,此电压同样加在负载两端;$t_5 \sim t_6$ 期间,所有管子两端电压又复为

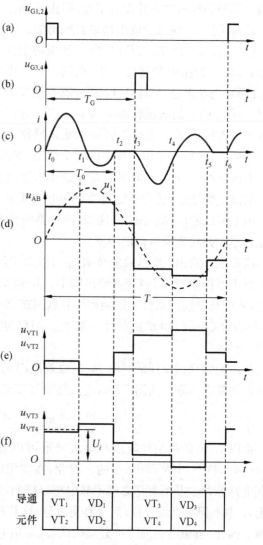

图 7.8　$\omega_G < \omega_0$($T_G > T_0$)时的波形

某一浮动值。由图 7.8(d)～(f)可以看出，VT_1、VT_2 两端的电压波形与 VT_3、VT_4 的波形相差 180°，在逆变器输出的一个周期 T 内，正负半周波形对称。如果近似地将 U_{AB} 看作理想的矩形波，其正弦基波 u_1 便与矩形波同相位，如图 7.8(d)中虚线所示。

逆变器的输出功率：见图 7.8(c)、(d)，只有在 $t_0 \sim t_1$ 和 $t_3 \sim t_4$ 两段时间内，负载电流 i 和电压 u_{AB} 同向，能量从电源送至负载；而在 $t_1 \sim t_2$ 和 $t_4 \sim t_5$ 两段时间内，i 和 u_{AB} 反向，负载将能量返回电源；在 $t_2 \sim t_3$ 和 $t_5 \sim t_6$ 期间，电流截止，电源和负载间无能量传输。在一个周期内，电源向负载传输的能量为三部分的代数和，其值是不大的。

（2）$\omega_G = \omega_0$，即 $T_G = T_0$，则两周期谐振过程正好衔接，这是电流由断续到连续的临界情况，其电流 i 和负载电压 u_{AB} 波形如图 7.9 所示，相当于图 7.8 中的 t_2、t_3 重合及 t_5、t_6 重合。虽然这时每一周期的输出功率并没有增加，但由于输出频率较前增加了，使总的输出功率有所增加。

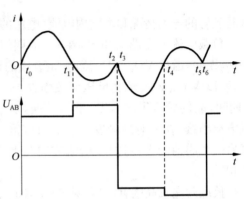

图 7.9 $\omega_G = \omega_0$ 时的负载电流和电压波形

（3）$\omega_G > \omega_0$，即 $T_G < T_0$ 时，前一谐振周期尚未结束，后一谐振周期就已开始，见图 7.10。即 VD_1、VD_2 仍在流通，VT_3、VT_4 在 t_3 就被触发导通，将 VD_1、VD_2 的电流转换至 VT_3、VT_4，这时电流便是连续的了。流过各管子和输入回路的电流波形（表示稳定工作过程中的两个周期）如图 7.10(g)～(k)。

电流连续时，由于从负载把能量送回直流电源的时间（$t_1 \sim t_3$）减小了，每一周期内负载得到的能量将增加，逆变器输出功率和电流都很快上升。

由上可以看出，随着 ω_G 的增加，逆变器的输出功率增加。因此，可以用改变逆变器触发脉冲频率的办法来调节输出功率。

需要强调指出，虽然触发频率 ω_G 可以大于负载谐振频率 ω_0，但是逆变器的输出频率 ω 必须低于谐振频率 ω_0（逆变器输出频率 ω 是触发频率 ω_G 的一半，即 $\omega = \omega_G/2$），负载才能呈容性，才能具备换流条件。因为串联复数阻抗 $Z = R + j(\omega L - 1/\omega C)$，只有 $(\omega L - 1/\omega C) < 0$，即 $\omega^2 < 1/LC = \omega_0^2$，串联负载才呈容性。串联逆变器中的补偿电容实质上起换流电容的作用。

从晶闸管获得反压的时间看，电流连续时的 t_R 最短，所以晶闸管的关断时间应按电流连续时的要求选取。由图 7.10，电流超前基波电压的相位 $\varphi_1 = \omega t_R$，所以换流条件为：

$$t_R = \frac{\varphi_1}{\omega} = \frac{1}{\omega} \arctan\left(\frac{\omega L - 1/\omega C}{R}\right) > t_{off} \tag{7.6}$$

由图 7.10 的晶闸管电压和电流波形可以看出，晶闸管开通和关断时，其 $du/dt \to \infty$，$di/dt \to \infty$，这是器件无法承受的。因此，在实用电路中，每个晶闸管两端都必须并联 du/dt 抑制电路和每个晶闸管都必须串联电感以限制过大的 di/dt。另外，从输入回路的电流波形看出，i_d 中不但有直流分量，而且有交流分量，其重复频率是逆变频率的两倍，每个半周都有突跳。因此，直流电源内阻抗必须很低，只能用电容滤波。所以串联谐振逆变器属于电压源型逆变器，而这样，在逆变换流失败时，晶闸管将遭受很大的短路电流，必须严加保护。

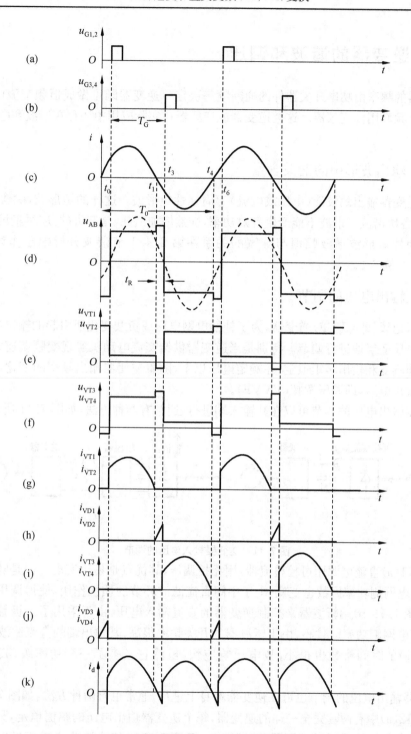

图 7.10 $\omega_G > \omega_0$ 时的波形

负载换流逆变器用于中频感应加热时，L、R 即为感应加热线圈的电感和电阻，C 是外加的补偿电容器。

7.3　逆变器的谐波和调压

逆变器的频率由功率开关器件的通断频率决定。逆变器既可做成恒频交流电源,也可以平滑调节频率用作变频器。这类逆变器或变频器在实际应用中还存在谐波和电压调节等问题。

7.3.1　输出波形中的谐波含量

上述逆变器输出的波形(电压或电流)为周期性矩形波。这样的矩形波,除含正弦基波外,还包含各次谐波。谐波不能产生有效功率,徒然增加损耗,是有害的,应尽量设法减少。

对周期性矩形波谐波幅值与脉宽的关系在第 2.4.1 节谐波分析中已作讨论,详见第 2.4.1节中例 2.3。

7.3.2　输出电压的调节

对稳压稳频(即 CVCF)逆变器,为了补偿电网电压或负载变化所引起的输出电压波动,应对输出电压适当地进行调节。特别是当逆变器供给交流电动机实现变频调速时,为了维持电机磁通不变和输出转矩恒定,在额定电压以下,随着逆变器输出频率的变化,必须相应地调节其输出电压,即调压调频(VVVF)。

逆变器输出电压的调节可以在其输入端进行,通常有两种方法,如图 7.11 所示。

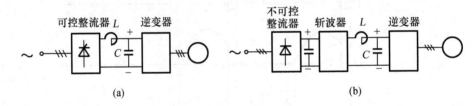

图 7.11　逆变器输入电压的调节

图 7.11(a)直流电源用可控整流器,用相控调压,其优点是易于实现。但是随着输出电压的降低,电网侧功率因数也变低;由于中间直流滤波环节的惯性作用,使得调压的动态过程缓慢。图 7.11(b)用斩波器来控制逆变器的直流输入电压,由于采用了二极管不可控整流器,因而电网侧功率因数高;由于斩波器的开关频率很高,其输出端的直流滤波元件 L 和 C 很小,相应的时间常数也很小,故电压响应快,虽然它又多了一套功率级,其装置未必庞大。

逆变器输出电压的调节也可在逆变器本身上进行,通常也有两种方法,如图 7.12 所示。

图 7.12(a)中有两套完全一样的逆变器,每个逆变器输出电压的幅值恒定,只是相位不同(设相差为 2θ),然后通过变压器叠加输出。只要改变 θ,就能调节合成相量即输出电压 U_o 的幅值。这种方法称为多重化。为了调压,它需要两套逆变器。图 7.12(b)中的逆变器采用脉宽调制(PWM),只要改变逆变器的输出脉冲宽度,就能改变输出电压的基波幅值。

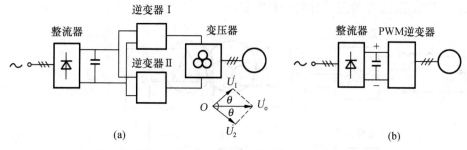

图 7.12　逆变器输出电压的调节

7.3.3　逆变器的多重化

这里所说多重化,就是用几个逆变器,使它们输出相同频率的矩形波在相位上移开一定的角度进行叠加,以减小谐波,从而获得接近正弦的阶梯波形。电压型和电流型逆变电路都可以实现多重化。

如图 7.13(a)所示,逆变器Ⅰ和Ⅱ是电路完全相同的两个电压型逆变器,但是它们每相输出电压频率相同相位上差 30°,因此,分别称为"0°三相桥"和"30°三相桥"。两个输出变压器的一次侧绕组相同,而 30°桥的二次侧每相有两个绕组,且匝数为 0°桥二次侧的 $1/\sqrt{3}$。将两变压器二次侧按图 7.13(a)所示方法串联起来(图中只画了 A 相),则可获得图 7.13(b)所示波形。通过傅氏级数分析可知,该输出相电压的波形中不含 11 次以下的谐波。

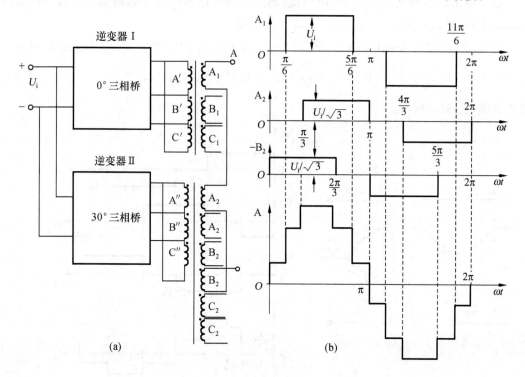

图 7.13　逆变器电压叠加

对电压型逆变器,用输出变压器进行串联相加。对电流型逆变器,则将输出端并联叠加。

图 7.14 是电流型逆变器三重化的一种方案。

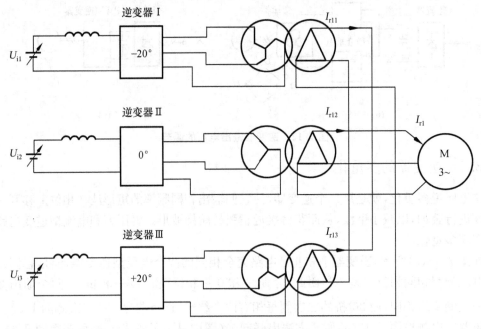

图 7.14　逆变器电流叠加

逆变器 I、II、III 之间相差 20°电角度,通过三台变压器耦合并联输出。三台变压器的接法也不同,分别为反 Z/△、Y/△、正 Z/△ 三种联接。

对 Y/△变压器联接组(见图 7.15(a)),一、二次侧匝比为 $W_1/W_2 = 1/\sqrt{3}$,其输出电流为:

$$I_{r12} = I'_b - I'_a = \frac{W_1}{W_2}(I_{R12} - I_{R32}) = \frac{1}{\sqrt{3}}(I_{R12} - I_{R32}) \tag{7.10}$$

波形如图 7.,15(b)所示。

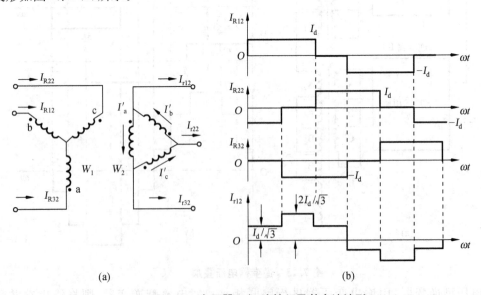

(a)　　　　　　　　　　　　　　(b)

图 7.15　变压器 Y/△ 连接组及其电流波形

对反 Z/Δ 变压器联接组(见图 7.16(a)),其安匝关系为:

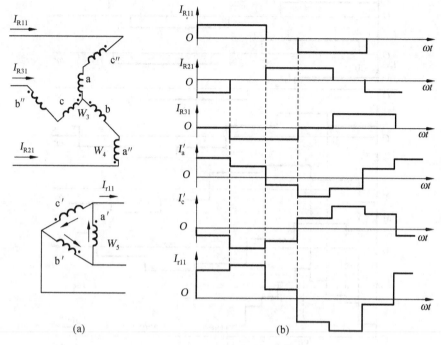

图 7.16 反 Z/Δ 联接组及其电流波形

$$W_5 I'_a = W_3 I_{R11} - W_4 I_{R21}$$
$$W_5 I'_b = W_3 I_{R21} - W_4 I_{R31} \right\}$$
$$W_3 I'_C = W_3 I_{R31} - W_4 I_{R11}$$
(7.11)

可求得:

$$I_{r11} = I'_a - I'_c = \frac{W_3}{W_5}(I_{R11} - I_{R31}) - \frac{W_4}{W_5}(I_{R21} - I_{R11})$$
(7.12)

当 $W_3/W_5 = 47/226$,$W_4/W_5 = 51/226$ 时,其波形如图 7.16(b)所示。

根据同样原理,可画出正 Z/Δ 连接组的波形,请读者自行练习。

图 7.17 为上述三套逆变器的多重化波形,图中 I_{R12}、I_{r12} 为 0° 逆变器(Ⅱ)输出变压器(Y/Δ)一次侧和二次侧的波形,I_{R13}、I_{r13} 为 +20° 逆变器(Ⅲ)输出变压器(正 Z/Δ)一次侧和二次侧的波形,I_{R11}、I_{r11} 为 −20° 逆变器(Ⅰ)输出变压器(反 Z/Δ)一、二次侧波形,I_{r11}、I_{r12}、I_{r13} 三者并联叠加,则得一相总的输出电流波形 I_{r1}。

用傅立叶级数可推导出 I_{r1} 的谐波表达式:

$$I_{r1} = \frac{2\sqrt{3}}{\pi} I_d \left(\sin\omega t - \frac{1}{17}\sin 17\omega t - \frac{1}{19}\sin 19\omega t + \cdots\right)$$
(7.13)

经谐波分析表明,该三重化方式可消除 13 次以下的谐波成分。

由图 7.13(b)和图 7.17 的波形可以看出,采用多重化技术,负载得到的不是简单的方波,而是尽可能接近正弦波的阶梯波,也称为多电平输出。

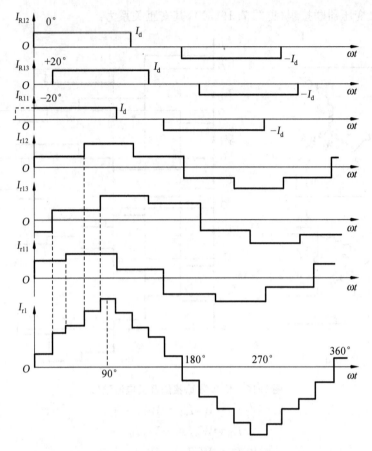

图 7.17　三重化逆变器的电流波形

7.4　脉宽调制(PWM)逆变器

前述简单的 PWM 逆变器虽然可以方便地调节输出电压,但是,当脉冲宽度 τ 改变时,输出波形中的谐波成分也在变化,见图 2.19 关系曲线。只有在特定的角度,例如 $\tau = 120°$,谐波中最大的三次谐波为零。当偏离此值,或改变 τ 来调压时,将出现三次谐波。而对一个性能优良的逆变器,要求既能平滑地调节输出电压,又能使谐波含量最少并保持不变。采用多脉冲宽度调制,可以较好地达到这一目的。

PWM 逆变器,简单地说,是控制逆变器开关器件的通断顺序和时间分配规律,在逆变器输出端获得等幅、宽度可调的矩形波。这样的波形可以有多种方法获得。

7.4.1　正弦脉宽调制(SPWM)原理

图 7.18(a)所示正弦波,如将其每半周划分为 N 等份(图中 $N = 6$),每一等份的正弦电压与横轴所包围的面积都用一个与此面积相等的等高矩形脉冲所代替,且使矩形脉冲的中点与相应正弦等份的中点重合,则各脉冲的宽度将是按正弦规律变化的。按照采样控制理论中冲量相等而形状不同的窄脉冲加在具有惯性环节上,其效果基本相同的结论,图 7.18(b)所示、由 N 个等幅而不等宽的矩形脉冲所组成的波形便与正弦波等效。

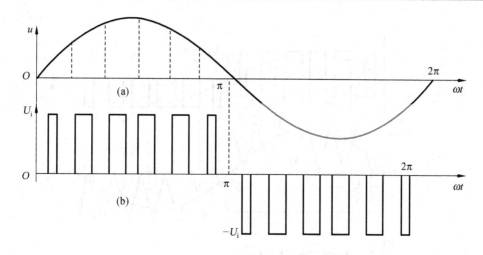

图 7.18　SPWM 原理

在用模拟电路产生等幅不等宽脉冲的方法中,通常采用期望的正弦波(作为调制波(Modulation Wave))与三角波(载波(Carrier Wave))相交的办法来确定各分段矩形脉冲的宽度。因为等腰三角波上下宽度与高度成线性关系且左右对称,当它与一个光滑的曲线相交时,即可得到一组脉冲宽度正比于该曲线函数值的矩形脉冲。

如图 7.19,用正弦波和三角波相交点(图 7.19(b))得到一组等幅矩形脉冲(图 7.19(a)),其宽度按正弦规律变化。再用这组矩形脉冲作为逆变器各功率开关器件的控制信号,则在逆变器输出端就可以获得一组类似图 7.19(a)的矩形脉冲,其幅值为逆变器直流侧电压,而脉冲宽度是它在周期中所处相位角的正弦函数。该矩形脉冲可用正弦波来等效(见图 7.19(a)中虚线所示)。

不难看出:

(1)逆变器输出频率与正弦调制波频率相同;当逆变器输出端需要变频时,只要改变调制波的频率(见图 7.19(c)、(e));

(2)三角波与正弦调制波的交点即确定了逆变器输出脉冲的宽度和相位。通常采用恒幅的三角波,而用改变调制波幅值的方法,以得到逆变器输出波形的不同宽度,从而得到不同的逆变器输出电压(见图 7.19(c)、(d))。

像这样由载波调制正弦波而获得脉冲宽度按正弦规律变化又和正弦波等效的脉宽调制(PWM)波形称为正弦脉宽调制(SPWM)。

一般将正弦调制波的峰值 u_{m} 与三角载波的峰值 u_{cm} 之比定义为调制度 M(亦称调制比或调制系数(Modulation Index)),即

$$M=\frac{u_{\mathrm{m}}}{u_{\mathrm{cm}}} \tag{7.14}$$

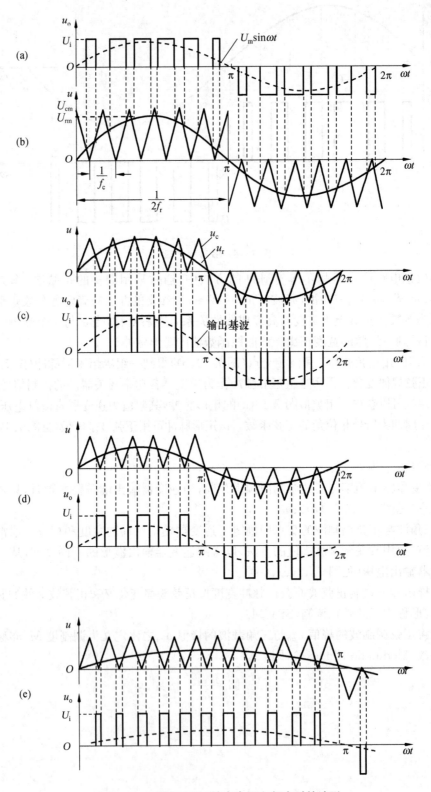

图 7.19　改变 SPWM 输出电压和频率时的波形

7.4.2　PWM 逆变器及其优点

1) 单极性调制与双极性调制

除了上述正弦波与单极性三角波脉宽调制外,还有正弦波与双极性三角波的调制方法,如图 7.20 所示。这时三角波和 PWM 波形均有正负极性变化,每个半周期也有正、负两种极性的脉冲调制波。但正半周内,正脉冲较负脉冲宽,负半周则反之。

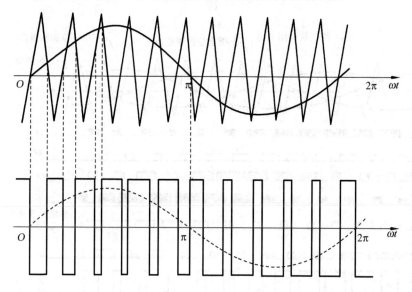

图 7.20　正弦波与双极性三角波的调制

对单相桥式逆变电路采用单极性调制时,在正弦波的半个周期内每臂上、下只有一个功率开关器件导通或关断;而双极性调制时,逆变器半周期内两对角及同一臂上、下两个功率开关器件交替通断,处于互补的工作方式。

2) PWM 逆变器

图 7.21 为三相桥式逆变器双极性调制的情况:图 7.21(a)为主电路图(PWM 逆变器一般都用电压型),图 7.21(b)为有关波形。图中 $VT_1 \sim VT_6$ 为逆变开关;R_2VT_8 为泵升电压限制电路,当逆变开关关断,负载电流 i_0 经续流二极管续流时,电容 C_1 因充电而电压上升,$\Delta u_C = \dfrac{1}{C}\displaystyle\int_0^t i_0 \mathrm{d}t$,此电压上升过高将使电路过压,为此将 VT_8 导通,让 C_1 过高电压通过 R_2 而下降,以限制电压的过高,VT_8 为泵升电压开关,R_2 为限流电阻;R_1 为防止 C_1 初始充电的电流对整流二极管模声 UR 冲击过大,VT_7 在 C_1 初始充电完成后导通,将 R_1 短接,使逆变器正常运行时不在其上消耗能量。在三相 SPWM 逆变电路中,通常公用一个三角载波信号,用三个相位互差 $120°$ 的正弦波作调制信号,以获得三相对称输出;$i_{G1} \sim i_{G6}$ 为功率开关器件 1~6 的脉冲信号,其中 i_{G1} 与 i_{G4}、i_{G3} 与 i_{G6}、i_{G2} 与 i_{G5} 互补(相位差 $180°$),i_{G1}、i_{G3}、i_{G5} 之间及 i_{G4}、i_{G6}、i_{G2} 之间分别相差 $120°$;u_a、u_b、u_c 为正弦基波相电压;u_{ab} 为线电压,$u_{ab}=u_a-u_b$。基波电压的大小和频率也是通过改变正弦调制信号的幅值和频率来改变的。

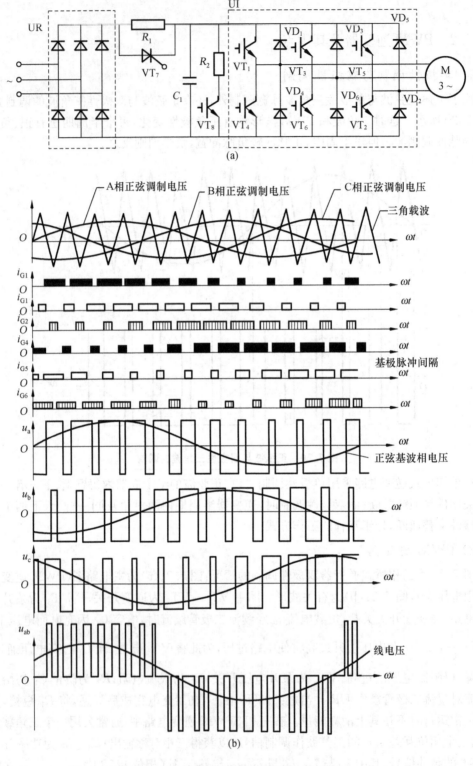

图 7.21　三相桥式逆变器的 SPWM 波形

3) PWM 优点

由以上分析可以看出,不管从调频、调压的方便和为了减少谐波,PWM 逆变器都有着明显的优点:

(1) 既可分别调频、调压,也可同时调频调压,都由逆变器统一完成,仅有一个可控功率级,从而简化了主电路和控制电路的结构,使装置的体积小、重量轻、造价低、可靠性高。

(2) 直流电压可由二极管整流获得,交流电网的输入功率因数与逆变器输出电压的大小和频率无关而接近 1;如有数台装置,可由同一台不可控整流器输出作直流公共母线供电。

(3) 输出频率和电压都在逆变器内控制和调节,其响应速度取决于电子控制回路,而与直流回路的滤波参数无关,所以调节速度快,且可使调节过程中频率和电压相配合,以获得好的动态性能。

(4) 输出电压或电流波形接近正弦,从而减少谐波分量。

广义地讲,SPWM 实际上就是用一组经过调制的幅值相等、宽度不等的脉冲信号代替调制信号,用开关量代替模拟量。调制后的信号中除含有频率很高的载波频率及载波倍频附近的频率分量之外,几乎不含其他谐波,特别是接近基波的低次谐波。因此,载波频率越高,谐波含量越少。这从 SPWM 原理也可直观地看出,当载波频率越高时,半周期内开关次数越多,把期望的正弦波分段也越多,SPWM 的基波就越接近期望的正弦波。

但是,PWM 的载波频率除受功率器件的允许开关频率制约外,PWM 的开关频率也不宜过高,这是因为开关器件工作频率提高,开关损耗和换流损耗会随之增加。另外,开关瞬间电压或电流的急剧变化形成很大的 du/dt 或 di/dt,会产生强的电磁干扰;高 du/dt、di/dt 还会在线路和器件的分布电容和电感上引起冲击电流和尖峰电压;这些也会因频率提高而变得严重。

7.5 PWM 控制技术

正因为 PWM 的优良技术性能,当今用全控器件构成的变频器都已采用这一技术。产生 PWM 波形的方法很多,这里仅介绍常用的几种。

7.5.1 调制法

调制法是用正弦波来调制等腰三角形载波,从而获得一系列等幅不等宽的 PWM 矩形波,按照面积相等的原则,这样的 PWM 波形与期望的正弦波等效,即上节介绍的正弦脉宽调制(SPWM),见图 7.19。

1) 同步调制和异步调制

在 SPWM 逆变器中,定义载波频率 f_c 与调制频率 f_r 之比为载波比 N(Carrier Wave Index),即

$$N = f_c / f_r \tag{7.15}$$

根据调制波与载波的频率之比是否固定,SPWM 的控制方式可以分为同步调制和异步调制:

（1）同步调制　　这时载波比 $N=$ 常数，变频时三角载波的频率与正弦调制波的频率同比变化。

（2）异步调制　　在逆变器的整个变频范围内，$N\neq$ 常数，载波信号与调制信号不保持同比关系。

图 7.22 示出两种不同调制方式时变频器的输出电压波形示意图。上行表示高频（例 $f_r=f_N$ 为额定频率）和高压输出，下行表示低频（例 $f_r=f_N/2$）和低压输出情况。图 7.22(a) 为 SPWM 的同步调制方式，其三角波与正弦波频率之比为常数，即频率变化时逆变器输出电压半波内矩形脉冲数是固定不变的。可以看出，这种调制随着输出频率的降低，其相邻两脉冲间的间距增大，谐波会显著增加，对电动机负载将产生转矩脉动和噪音等恶劣影响；图 7.22(b) 为异步调制方式，其整个变频范围内三角波频率恒定，因此，低频时变频器输出电压半波内的矩形脉冲数增加，提高了低频时的载波比，这样可以减少负载电机的转矩脉动与噪声，改善低频工作特性；但是由于载波比是变化的，势必使变频器输出电压波形中正负半周脉冲数及其相位都发生变化，很难保持三相输出间的对称关系，因而引起电机工作的不平稳，甚至出现偶次谐波。

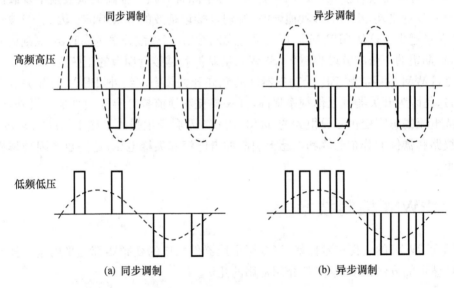

图 7.22　同步调制和异步调制

为了克服上述两种控制方式的不足，以求扬长避短，可将同步和异步两种调制方式结合起来，采用分段同步的调制方式，即在一定频率范围内，采用同步调制，保持输出波形对称的优点；当频率降低较多时，使载波比分段有级地增加，采纳异步调制的长处。具体地说，就是把变频器整个频率范围划分成若干频段，在每个频段内都维持载波比 N 恒定；对不同频段，则取不同的 N 值。频率低时，N 值取大些，例如可按等比级数安排。各频

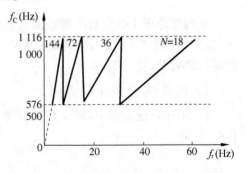

图 7.23　分段同步调制时的 $f_\triangle$ 与 $f_\sim$ 关系

段载波频率的变化范围基本一致,以满足功率开关器件对开关频率的限制。如图 7.23 所示为分段同步调制载波频率 f_c 与调制波频率 f_r 关系曲线。

对三相 SPWM 逆变电路采用同步调制时,为了使三相输出波形严格对称,载波比 N 应取为 3 的整数倍。

2) 调制信号的波形

用低频调制信号(也称给定信号)和高频载波信号相比较,产生逆变器功率开关器件控制信号,从而获得 PWM 输出波形,其控制结构如图 7.24 所示。

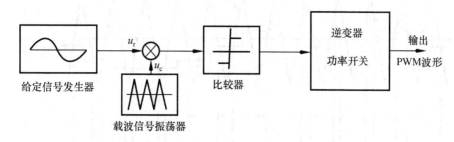

图 7.24　调制型 PWM 的控制方式

在这种调制型的 PWM 的控制方式中,是以 SPWM 基本原理为出发点,给定信号应采用正弦波,所得 PWM 波形很接近正弦波。但是用模拟电路很难产生准确的给定正弦波,且电路复杂。鉴于此,为着不同的目的或要求不同的指标,还可采用其他形状的波形作调制波。

例如图 7.25 中的 PWM 采用了阶梯波作调制波。阶梯波可由数字电路产生。在相应于同步载波的峰值处对正弦波进行采样并保持恒定电平,直至出现下次采样为止。由所得阶梯波与载波交点形成 PWM 波,其脉冲宽度决定于阶梯波宽度,脉冲列的中心点均匀地分布在采样时刻。

由图 7.20 中的 SPWM 调制原理可以看出,在理想情况下,调制度 M 可在 $0\sim1$ 之间变化,以调节输出电压的幅值。但实际上,M 总是小于 1 的,因为考虑功率开关器件的导通时间 T_{on} 和关断时间 T_{off},为了保证脉冲宽度大于 $T_{on}+T_{off}$,必须使所调制的脉冲波有个最小脉宽的限制,这就要求正弦调制信号的幅值不能达到和超过三角波峰值,否则低次谐波就开始增加;当 u_{rm} 很大时,逆变器的输出会逐渐趋近于 $180°$ 的矩形波。对于正弦波调制的三相 PWM 逆变电路,即使 M 为最大值 1 时,可以计算出,输出线电压基波最大幅值 $U_{1m}=\dfrac{\sqrt{3}}{2}U_i$。

如果用 U_{1m}/U_i 表示逆变器的直流电压利用率,则所述 SPWM 的直流利用率仅为 0.866。而提高直流电压利用率则可以提高逆变器的输出能力,这也是衡量逆变器的性能指标之一。为此可以采用梯形波作调制波,如图 7.26 所示。在这种控制方式下,当梯形波幅值和三角波幅值相等时,其所含的基波分量幅值将超过三角波峰值,可以有效地提高直流电压利用率。梯形波形状不同,输出波形的谐波含量和直流电压利用率也不同,设计时可权衡选择。

为了既有小的谐波含量,又有高的直流电压利用率,还可采用鞍形调制波,如图 7.27 所示。鞍形波可由相电压正弦波调制信号中叠加适当大小的 3 次谐波而得。由于基波 u_{r1} 正

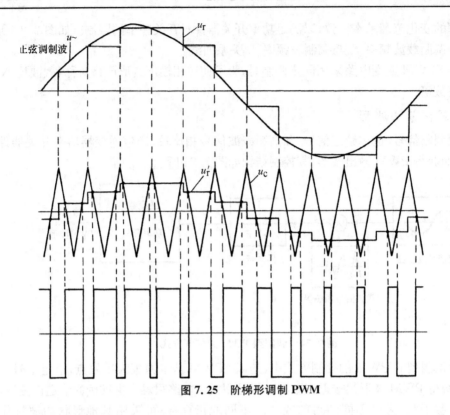

图 7.25　阶梯形调制 PWM

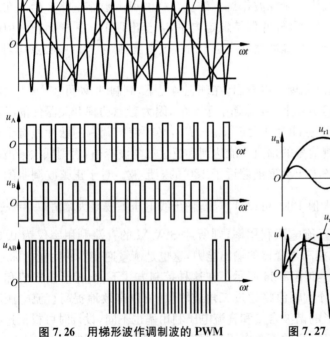

图 7.26　用梯形波作调制波的 PWM

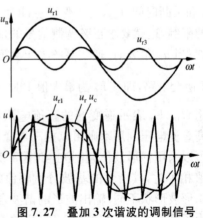

图 7.27　叠加 3 次谐波的调制信号

峰值附近正好为 3 次谐波 u_{r3} 的负半波,两者相互抵消 0,在 $u_r = u_{r1} + u_{r3}$ 中就可包含幅值更大的基波分量,而使合成后信号 u_r 的最大值不超过三角形载波的最大值。这种调制波是在正弦波中注入一些谐波,所以也称谐波注入法。不难看出,注入的谐波不同,效果也不相同。

3) PWM 波形的软件生成

PWM 波形可以由模拟和数字电路用调制的方法产生,而微机控制技术的发展,使得用软件生成 SPWM 波形变得比较容易,因此,目前 SPWM 波形的生成和控制多用微机实现。

按照 SPWM 的基本原理,对正弦波与三角波的交点进行脉冲宽度与间隙时间采样,从而生成 SPWM 波形,这种方法叫自然采样法,如图 7.28 所示。在图中截取了任意一段正弦调制波与三角载波一个周期的相交情况。交点 A 和交点 B 分别是发出和结束脉冲的时刻。在三角载波一个周期时间 T_c 内,A 点和 B 点之间的时间 t_2 是逆变器功率开关器件导通工作的区间,即脉宽时间。而其余的时间均为器件的关断工作的区间,即间隙时间,它在脉宽时间前后各有一段,分别用 t_1 和 t_3 来表示。显然,$T_c = t_1 + t_2 + t_3$。

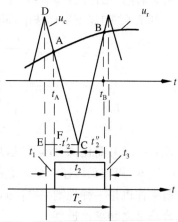

**图 7.28　生成 SPWM 波形
的自然采样法**

在图 7.28 中,若以单位量 1 表示三角载波的幅值,即 $U_{cm} = 1$,则正弦调制波可写作:

$$u_r = U_{rm}\sin\omega_r t = \frac{U_{rm}}{1}\sin\omega_r t$$

$$= \frac{U_{rm}}{U_{cm}}\sin\omega_r t = M\sin\omega_r t \tag{7.16}$$

其中,ω_1 是正弦调制波的角频率,即逆变器输出角频率。

由于 A、B 两点对三角载波中心线的不对称性,须把脉宽时间 t_2 分成 t'_2 和 t''_2 两部分分别求解。按相似三角形的几何关系 $\triangle DEC \backsim \triangle AFC$ 可知:

$$\frac{2}{T_c/2} = \frac{1 + M\sin\omega_r t_A}{t'_2} \tag{7.17}$$

同理可得:

$$\frac{2}{T_c/2} = \frac{1 + M\sin\omega_r t_B}{t''_2} \tag{7.18}$$

式中左边分子是表示三角载波的峰-峰值,右边分子中的 1 代表三角载波幅值。经整理,得:

$$t_2 = t'_2 + t''_2 = \frac{T_c}{2}\left[1 + \frac{M}{2}(\sin\omega_r t_A + \sin\omega_r t_B)\right] \tag{7.19}$$

对于微型计算机来说,时间的计算可由软件实现,时间的控制可通过定时器等来完成。

不过,由自然采样法得出的式(7.19)是一个超越方程,难以求解;另外,由于 SPWM 脉冲波形相对于三角载波不对称,$t_1 \neq t_3$,又是三角函数和多次乘法、加法运算;这些均使计算工作量过大。为此,常采用工程实用的方法——规则采样法。规则采样法既力求采样效果尽量接近自然采样法,又不必花费过多的计算机运算时间。采用三角形波作载波的目的就是设法使 SPWM 波形的每一个脉冲都与三角载波的中心线对称,即每个脉冲的中点和三角波中点重合,使两侧的间隙时间相等。

图 7.29 就是用得较多的一种规则采样法,它以三角形载波负峰值这一固定时刻找到正弦调制波的对应点(如 D 点),以此点电压 u_D 作采样电压。在三角载波上由 u_D 水平线截得 A、B 两点,从而确定了脉宽时间 t_2,并在 t_A、t_B 时刻控制开关器件的通、断。可以看出,图 7.42 所得脉冲宽度与自然采样法非常接近,而计算工作量可减轻。

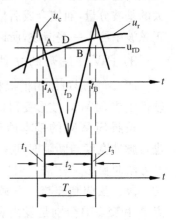

图 7.42 的规则采样法中,同样由三角形相似可得:

$$\frac{2}{T_c/2}=\frac{1+M\sin\omega_1 t_D}{t_2/2} \tag{7.20}$$

或

$$t_2=\frac{T_c}{2}(1+M\sin\omega_1 t_D)$$

$$t_1=t_3=\frac{1}{2}(T_c-t_2) \tag{7.21}$$

图 7.29　生成 SPWM 波形的规则采样

它比式(7.19)简化,需处理的信息量可减少。

当然,规则采样还有多种取法(例如图 7.38 所示,取三角载波正峰值与正弦波相对应点进行采样也是一种规则采样法),而且也可用锯齿波等作载波,目的都是在输出波形谐波与实现难易之间求得折衷。

4) 微机控制和专用集成电路

在用微机软件生成 SPWM 时,通常用查表法和实时计算两种方法。查表法是根据不同的调制度 M 和正弦调制信号的角频率 ω_r,先离线计算出各开关器件的通、断时刻,把计算结果存于 EPROM 中,运行时根据需要查表读出各相脉宽时间和间隙时间进行实时控制;实时计算法是事先在内存中存入正弦函数表和不同载波频率时的 $T_c/2$,运行时按采样原理和计算公式进行在线计算,求得所需的数据。前者适用于计算量较大、在线计算困难的场合,但所需内存容量往往较大;后者适用于计算量不大的场合。实际所用的方法往往是上述两种方法的结合。即先离线进行必要的计算存入内存,运行时再进行较为简单的在线计算。这样既可保证快速性,又不会占用大量内存。

除用微机控制生成 SPWM 波形外,现已有专门产生 SPWM 波形的大规模集成电路芯片。采用专用芯片可简化控制电路和软件设计,降低成本,提高可靠性。

目前应用得较多的全数字化三相 SPWM 芯片有 HEF4752(国产 THP 4752)、SLE4520、MA818 和 8XC196MC 等。

HEF4752 芯片可提供三组互差 120° 的互补输出 SPWM 控制脉冲,以供驱动逆变器六个功率开关器件产生对称的三相输出,可适用于晶闸管或功率晶体管(对前者尚可附加产生三对互补换流脉冲,用于辅助晶闸管换流)。它依据 SPWM 形成原理,采用不对称规则采样,对一个等宽矩形脉冲从两侧边缘各用一个可变的角度调制成 SPWM 波,即采用的是脉冲宽度双边缘正弦调制方式。该芯片有 8 段载波比(15、21、30、42、60、84、120、168)自动切换,调制频率范围为 0~200 Hz,开关频率一般不超过 2 kHz。

SLE 4520 的三相 PWM 信号形成器实际上就是三个定时器或计数器,由三个预置减计数器通过 8 位数据总线接受来自微机的地址和脉宽数据,将 8 位数据转化为相应宽度的矩形脉冲(脉宽由减计数内的数值决定),为单边缘调制。六个输出产生三相 PWM 矩形脉冲,互差 120°,以控制逆变器的六个开关器件,其开关频率和输出频率分别可达 23.4 kHz 和 2.6 kHz。芯片内有一个四位死区锁存器,可设置逆变桥同相上、下两开关器件转换的死区时间,以防直通事故。还有一"禁止"信号端,当其为高电平时,将使功率开关器件处于关断状态,可以方便地实现各种保护。

MA818 的 SPWM 采用规则采样法,属双边缘调制。其三角载波频率可供选择,最高可达 24 kHz,调制频率可达 4 kHz。此外还有 MA828 系列和 SA4828 芯片。

除这些专用芯片作 SPWM 信号的发生器。后来更进一步把它们做在微机芯片里面,生产出多种带 PWM 信号输出口的电机控制用的 8 位、16 位微机和数字信号处理器(DSP)芯片。例如 8XC196MC 是一个 16 位微处理器,其内部有一个三相互补 SPWM 波形发生器,可直接输出 6 路 SPWM 信号,驱动电流达 20 mA。也采用规则采样法产生波形,三相脉宽由软件编程计算。

7.5.2　指定谐波消除法(SHEPWM)

这种方法不用载波与调制波相比较,而是事先进行谐波分析,计算出能够消除某些谐波的一组调制脉冲相位角,据此确定逆变器功率开关器件的通断时刻,求得各分段矩形脉冲的宽度,称为消除指定次数的 PWM(SHEPWM)。

如图 7.30 所示一组等幅不等宽的正负脉冲波形,适当选取 α_1、α_2 和 α_3,用于三相交流电动机调速,可以消除 5 次和 7 次谐波。

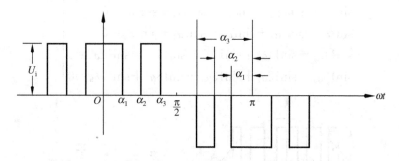

图 7.30　消除 5、7 次谐波的 SPWM 波形

按图选取坐标,该脉冲列是一个偶函数,且上、下半周期对称,所以傅氏级数只有余弦奇次项,其系数为:

$$a_n = \frac{2}{\pi}\int_0^\pi U_i\cos(n\omega t)\mathrm{d}(\omega t)$$

$$= \frac{2U_i}{\pi}\left[\int_0^{\alpha_1}\cos(n\omega t)\mathrm{d}(\omega t) + \int_{\alpha_2}^{\alpha_3}\cos(n\omega t)\mathrm{d}(\omega t)\right]$$

$$- \int_{\pi-\alpha_3}^{\pi-\alpha_2}\cos(n\omega t)\mathrm{d}(\omega t) - \int_{\pi-\alpha_1}^{\pi}\cos(n\omega t)\mathrm{d}(\omega t)$$

$$= \frac{2U_i}{n\pi}\left[\sin(n\alpha_1) + \sin(n\alpha_3) - \sin(n\alpha_2) + \cos(n\pi)\sin(n\alpha_2) - \cos(n\pi)\sin(n\alpha_3)\right.$$

$$\left. - \cos(n\pi)\sin(n\alpha_1)\right]$$

$$\tag{7.22}$$

当 $n=2,4,6,\cdots$ 偶数时,$a_n=0$;$n=1,3,5,\cdots$ 奇数时,

$$a_n = \frac{4U_i}{n\pi}\left[\sin(n\alpha_1) - \sin(n\alpha_2) + \sin(n\alpha_3)\right] \tag{7.23}$$

代入傅氏公式,得:

$$u_o(t) = \frac{4U_i}{\pi}\left[\sin\alpha_1 - \sin\alpha_2 + \sin\alpha_3)\cos\omega t + \frac{1}{3}(\sin3\alpha_1 - \sin3\alpha_2 + \sin3\alpha_3)\cos3\omega t + \right.$$
$$\left. \frac{1}{5}(\sin5\alpha_1 - \sin5\alpha_2 + \sin5\alpha_3)\cos5\omega t + \frac{1}{7}(\sin7\alpha_1 - \sin7\alpha_2 + \sin7\alpha_3)\cos7\omega t + \cdots\right]$$
$$\tag{7.24}$$

交流电机三相对称绕组通以三相对称电流产生的 3 次谐波为零。如要消除 5 次、7 次谐波,由式(7.24)出发,各 α 角必须满足下列方程:

$$\left.\begin{array}{l} \dfrac{4U_i}{\pi}(\sin\alpha_1 - \sin\alpha_2 + \sin\alpha_3) = U_{1m} \\[2mm] \sin5\alpha_1 - \sin5\alpha_2 + \sin5\alpha_3 = 0 \\[2mm] \sin7\alpha_1 - \sin7\alpha_2 + \sin7\alpha_3 = 0 \end{array}\right\} \tag{7.25}$$

式中:U_{1m}——输出电压的基波幅值。

联立方程解式(7.25),可得预定调制脉冲列相位角 α_1、α_2 和 α_3。

又如,用同样的分析方法,可以得出图 7.31 波形能消除 13 次及以下的各次谐波,这时各相位角应满足下列方程:

$$\left.\begin{array}{l} \dfrac{4U_i}{\pi}(\sin\alpha_1 - \sin\alpha_2 + \sin\alpha_3 - \sin\alpha_4 + \sin\alpha_5) = U_{1m} \\[2mm] \sin5\alpha_1 - \sin5\alpha_2 + \sin5\alpha_3 - \sin5\alpha_4 + \sin5\alpha_5 = 0 \\[2mm] \sin7\alpha_1 - \sin7\alpha_2 + \sin7\alpha_3 - \sin7\alpha_4 + \sin7\alpha_5 = 0 \\[2mm] \sin11\alpha_1 - \sin11\alpha_2 + \sin11\alpha_3 - \sin11\alpha_4 + \sin11\alpha_5 = 0 \\[2mm] \sin13\alpha_1 - \sin13\alpha_2 + \sin13\alpha_3 - \sin13\alpha_4 + \sin13\alpha_5 = 0 \end{array}\right\} \tag{7.26}$$

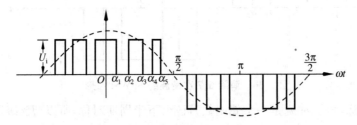

图 7.31　消除 13 次及以下谐波的 SPWM 波形

一般来说,如果在输出信号的半周期内开关器件开通和关断各 k 次,则共有 k 个自由度可以控制,除用一个自由度来控制基波幅值外,可以消除 $k-1$ 种谐波。

7.5.3　跟踪型 PWM(SHBPWM)

跟踪型 PWM 也不是用载波对正弦波进行调制,而是把希望输出的电流或电压作给定信号,与实际电流或电压信号进行比较,由此来决定逆变电路功率开关器件的通断,使实际输出跟踪给定信号。

跟踪型 PWM 逆变电路中,电流跟踪控制应用较多,称为电流滞环跟踪 PWM

(CHBPWM)。

电流跟踪有许多类型,主要的有电流滞环控制型和固定开关频率型。

图 7.32(a)给出了采用滞环比较的电流控制原理框图。正弦给定电流 i_r 与实际电流检测信号 i_a 相比较,其偏差 i_e 经过具有滞环特性的比较器,一路直接,一路倒相,产生互补信号,去控制逆变电路上、下两功率开关 S_1、S_2。当 $i_r > i_a$,且偏差达到 ΔI 时,S_1 导通、S_2 关断,电流增加;反之,S_1 关断、S_2 导通,电流减小。如此上、下两管反复导通、关断,迫使实际电流以锯齿状不断跟踪给定电流变化,并将偏差限制在允许范围内。与此同时,逆变器输出的电压成 PWM 波,电流、电压波形如图 7.32(b)所示。图 7.32(a)中 CT 为电流检测元件,它必须有很宽的通频带,例如用高灵敏度的霍耳电流传感器。不难看出,滞环的宽度 $2\Delta I$ 对跟踪性能有很大的影响。环过宽,开关频率和开关损耗可降低,但跟踪误差增大;环过窄,跟踪误差减小,但开关频率和开关损耗增加,这会受开关器件允许工作频率的限制。另外,滞环电流控制不能使输出电流幅值达到很低,因为当给定电流太低、处于滞环之内时,将失去调制作用。

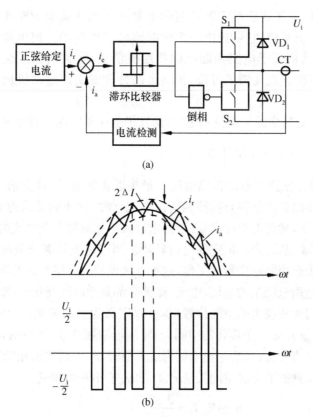

图 7.32　滞环控制电流跟踪 SPWM 逆变器

图 7.33 是常用的一种固定开关频率型电流跟踪原理图。它将给定正弦波电流信号 i_r 与实测电流信号 i_a 的误差 i_e,经电流控制器处理后,再与一个固定频率的三角波信号比较。于是本质上,经电流控制器处理后的电流误差信号 i'_e 就是正弦波调制信号,而三角波信号就是载波信号。因而这种控制就成为正弦波—三角波异步控制。如果给定电流信号比实测

电流信号大,误差信号为正,经过正弦波与三角波调制后,使上桥臂开关器件导通,从而实际电流增加;反之,则实际电流减小。

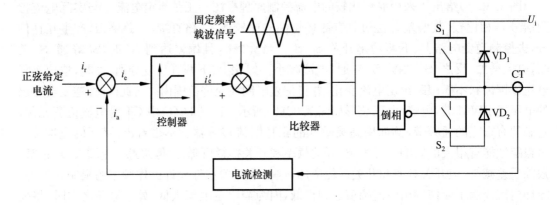

图 7.33　固定频率电流跟踪 SPWM 逆变器

由以上分析可以看出,电流跟踪型 PWM 实际上是一个电压源型 PWM 逆变器加一个电流闭环构成的继电控制系统,它可提供一个瞬时值电流可控的交流电源。用此电流源馈电给交流电动机,电动机定子电阻和漏抗的作用被消去,大大简化了交流电动机的控制,且动态响应快,还可防止逆变器的过流,很适合高性能的交流电动机调速系统和伺服系统。

总之,PWM 控制是逆变器中的关键技术之一,而且仍是在不断深入研究的重要课题。

7.5.4　电压空间矢量 PWM(SVPWM)

SPWM 控制主要着眼于使逆变器的输出电压尽量接近正弦波,以减少谐波,并未涉及输出电流波形,而电流滞环跟踪控制则直接控制输出电流,使之在正弦波附近变化,这样比只要求正弦电压前进了一步,然而对交流电动机,要求输入三相对称正弦电流的目的是在电动机空间形成圆形旋转磁场,从而产生恒定的电磁转矩。当把逆变器和交流电动机视为一体,按照跟踪圆形旋转磁场来控制逆变器的工作,这种方法便称为磁链跟踪控制。

由电机学知道,交流电动机绕组的电压、电流、磁链等都是随时间变化的,常用时间相量来表示,但如果考虑到它们所在绕组的空间位置,也可以定义为空间矢量、三相定子电压空间矢量相加的合成空间矢量 u_s 是一个旋转的空间矢量;当电源频率 f_1 不变时,u_s 以电源角频率 ω_1 为电导角速度作恒速旋转;当某一相电压为最大值时,u_s 就落在该相的轴线上。

定子三相电压、电流和磁链的合成空间矢量 u_s、I_s 和 ψ_s 有电压方程式:

$$u_s = R_s I_s + \frac{\mathrm{d}\psi_s}{\mathrm{d}t} \tag{7.27}$$

当电动机转速不是很低时,定子电阻压降($R_s I_s$)在式(7.27)中占的比例很小,可忽略不计,则:

$$u_s \approx \frac{\mathrm{d}\psi_s}{\mathrm{d}t} \tag{7.28}$$

即 u_s 与 ψ_s 正交,u_s 超前 ψ_s90°,这样,电动机旋转磁场的轨迹问题就转化为电压空间矢量的运动轨迹问题。

对于三相逆变器－异步电动机调速系统(主电路原理图见图 7.34)，若逆变器采用上、下器件换流，共有 $2^3=8$ 种导通状态，如将上、下桥臂器件导通分别以"1"、"0"表示，任何时候有三个器件同时导通，并按 A、B、C 相序排列，则 8 种状态及相应的电压空间矢量如表 7.1 所示。

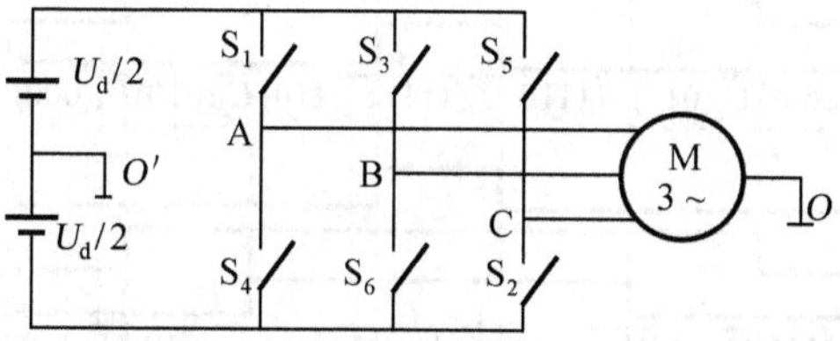

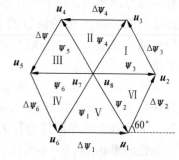

表 7.1　三相桥式逆度器的工作状态

导通器件	工作状态			电压空间矢量
	A	B	C	
S_6、S_1、S_2	1	0	0	u_1
S_1、S_2、S_3	1	1	0	u_2
S_2、S_3、S_4	0	1	0	u_3
S_3、S_4、S_5	0	1	1	u_4
S_4、S_5、S_6	0	0	1	u_5
S_5、S_6、S_1	1	0	1	u_6
S_1、S_3、S_5	1	1	1	u_7
S_2、S_4、S_6	0	0	0	u_8

图 7.34　变频调速主电路

8 种状态中，前 6 种是有效的，一个周期中它们每隔 60°转换一次，合成电压空间矢量为 6 边形，如图 7.35 所示。110 000 两种状态无电压输出，可将 u_7、u_8 称之为零矢量

由于　　$u_i \Delta t = \Delta \psi_i \quad i=1,2,\cdots,6$ 　　　　(7.29)

可见在任何时刻，所产生的磁链增量 $\Delta \psi_i$ 的方向决定于所施加的电压 u_i，其幅值则正比于施加电压的时间 Δt。

而　　　　$\psi_{i+1} = \psi_i + \Delta \psi$ 　　　　(7.30)

所以在一个周期内，对六边形合成电压空间矢量，其 6 个磁链空间矢量呈放射状，矢量顶端的运动轨迹就是 6 个电压空间矢量所围成的正六边形，形成 Ⅰ、Ⅱ、Ⅲ、Ⅳ、Ⅴ、Ⅵ 6 个扇区(Sector)。

图 7.35　六边形合成电压空间矢量

如果交流电动机由三相六拍阶梯波逆变器供电，磁链轨迹是六边形的旋转磁场，显然不像正弦波供电时所产生的圆形旋转磁场那样能使电动机获得匀速运行。但是如果在 60°期间内不只是一种工作状态，而是有多个工作状态，如图 7.36 所示有 4 个工作状态，便能获得多边形旋转磁场而逼近圆形。

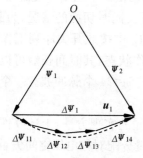

图 7.36　逼近圆形的磁链增量轨迹

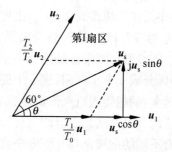

图 7.37　电压空间矢量的线性组合

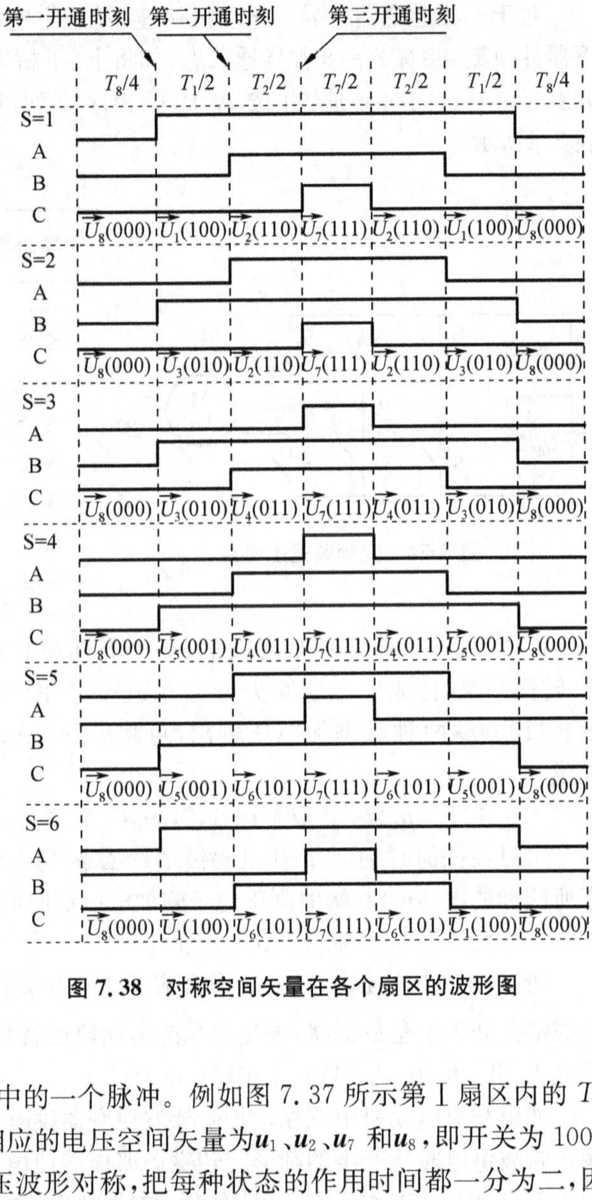

在低压变频调速完全成熟、获得广泛应用之后,现在已着力于中、高压电机的变频调速,犹如初期推广应用低压变频调速的形势一样。但是中、高压变频器和低压变频器不同,不论哪种产品,低压变频器的主电路形式基本相同,而高压变频器到目前为止,还没有近乎统一的拓扑结构。

不难看出,$\Delta\psi_{11}$ 可以从 u_6 和 u_1 的线性组合获得,$\Delta\psi_{12}$ 是 u_6 和 u_1 在另一种作用时间下的线性组合,$\Delta\psi_{13}$、$\Delta\psi_{14}$ 则是 u_1 和 u_2 在不同作用时间下的线性组合。

设在一段换相周期时间 T_0 中,有一部分时间 T_1 处于工作状态 u_1,另一部分时间 T_2 处于工作状态 u_2,则这两个矢量之和线性组便合成新的电压矢量 u_s,以产生要求的磁链增量。

不过,T_0 与 T_1+T_2 未必相等,其间隙时间可用零矢量 u_7、u_8 来填补。为了减少功率器件的开关次数,一般使 u_7 和 u_8 各占一半时间,因此,

$$T_7 = T_8 = \frac{1}{2}(T_0 - T_1 - T_2)$$

(7.31)

图 7.38　对称空间矢量在各个扇区的波形图

每一个 T_0 相当于 PWM 电压波形中的一个脉冲。例如图 7.37 所示第 I 扇区内的 T_0 区间间包含 T_1、T_2、T_7 和 T_8 共 4 段,相应的电压空间矢量为 u_1、u_2、u_7 和 u_8,即开关为 100、110、111 和 000 共 4 种状态,为了使电压波形对称,把每种状态的作用时间都一分为二,因而形成电压空间矢量的作用序列为 12788721,而开关状态序列为 100、110、111、000、000、111、110、100。在实际系统中,希望每次切换开关状态时,只切换一个功率开关器件,以减少开关损耗,上述序列在 7 切换到 8 时,会出现 A、B、C 三相开关同时切换的情况,为此,应该把切换顺序改为 81277218。图 7.38 绘出了在这个小区间 T_0 中按此开关序列工作的逆变器输出三相相电压波形。图中虚线间每一小段表示一种工作状态,其时间长短可以是不同的,如果一个扇区分成 4 个小区间,则一个周期中将出现 $4\times6=24$ 个脉冲波。一个扇区内所分的小区间越多,就越能逼近圆形旋转磁场。

控制 PWM 的开关时间来逼近圆形旋转磁场有多种不同的实现方法,上述线性组合法中零矢量也可有不同的配置。(图 7.38 中就是另一种零矢量分配对称电压空间矢量在各个扇区(S=1~6)的各相 PWM 波形图)。

归纳起来,SVPWM 控制模式有以下特点:

(1) 逆变器的一个工作周期分成 6 个扇区,每个扇区相当于常规六三相拍逆变器的一拍,为了使电动机旋转磁场逼近圆形,每个扇区再分成若干个小区间 t_0,t_0 越短,旋转磁场越接近圆形,但 t_0 的缩短受到功率开关器件允许开关频率的制约。

(2) 每个小区间内虽有多次开关状态的转换,但每次切换都只涉及一个功率开关器件,因而开关损耗较小。

(3) 每个小区间均以零矢量开始,又以零矢量结束。

(4) 利用电压空间矢量直接生成三相 PWM 波,计算简便。

(5) 采用 SVPWM 控制时,逆变器输出线电压基波最大值为直流电压,这比 SPWM 逆变器输出电压提高了 15%。

7.5.5 PWM 逆变电路仿真

本仿真基于 MATLAB 中的示例程序"power_bridges"进行。仿真电路如图 7.39 所示。

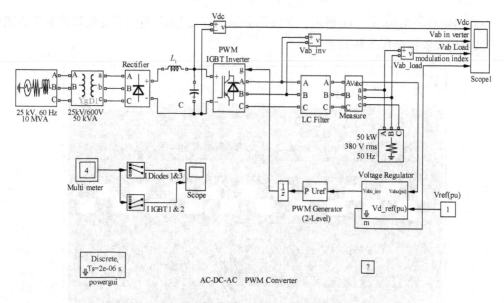

图 7.39 PWM 逆变电路仿真图(MATLAB 的示例程序)

该电路实现的功能是"交一直一交"变换,即先将 60 Hz 的交流电源整流为直流(不可控整流),然后再实现基于 PWM 技术的无源逆变,得到 50 Hz 的交流电。同时该电路还可实现对电压的闭环控制。

可将图 7.40 右下角的参考值信号改变为阶跃信号,0.1 s 时从 1 变为 1.2(见图 7.38)。

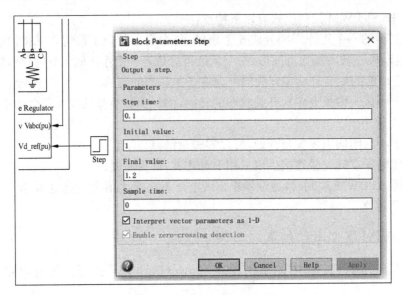

图 7.40　参考值信号的改变图

对应的仿真结果如图 7.41 所示。各波形分别为直流电压、逆变后方波形式的交流线电压、滤波后的交流线电压和调制指数。

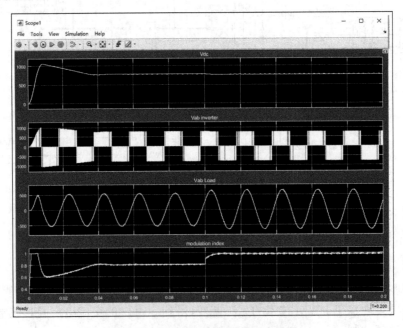

图 7.41　对应于阶跃信号的仿真结果

可见,通过闭环反馈,可基于 PWM 实现电压幅值的调节。

针对滤波后的交流电压信号 U_{ab} 进行 FFT(快速傅里叶变换)分析,结果如图 7.42 所示。可见通过 PWM 技术可以得到谐波含量极少的交流电。

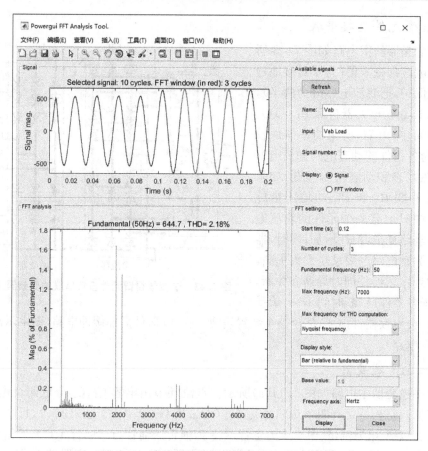

图 7.42　滤波后交流线电压的 FFT 分析结果

7.6　中高压变频器

在工业生产中,使用着众多大容量的 3 kV、6 kV、10 kV 等电压等级的中、高压电动机(在电气传动领域,将 2.3～10 kV 习惯上称作高压,而与电网电压相比,只能算作中压),如能对它们进行速度控制,则对节约能源、降低生产成本、提高生产力有着重大意义。

在交直交变频器的结构中,由于逆变器输出的是方波交流,其中必然包含各次谐波。

谐波的存在,会产生转矩脉动,使电机运转不平稳;噪音加大;对电机绝缘有附加 $\mathrm{d}u/\mathrm{d}t$、$\mathrm{d}i/\mathrm{d}t$ 应力,影响寿命;谐波电流使电机发热,损耗增加,对一般电机不得不"降额"使用;对输出电缆长度也有限制。如果安装谐波滤波器来抑制谐波对电网的影响,除增加设备外,还因滤波器的制造与电网参数有关,一旦参数有变,又得重新调谐,相当麻烦。为此,为了消除谐波,在中、高压变频器中除和低压变频器一样,全采用脉宽调制(PWM)外,还普遍采用多重化连接,即将相同的几个逆变器输出矩形交流的相位错开,然后迭加成梯形波。

7.6.1　逆变器结构

为了减少谐波和承受高电压,在中、高压变频器中逆变器的主电路目前采用如下几种结构:

1）桥臂元件直接串联

这种变频器的主电路如图 7.43 所示。这是电流型变频器（为了对接地短路也实现保护，把滤波电感分为两半），逆变器 UI 功率开关器件采用 GTO。这种电路简单、可靠，所用功率器件较少，但因为各器件的动态电阻和极电容不同，存在稳态和动态均压问题，如采取与器件并联 R_1 和 RC 的均压措施（图 7.43 中只示意一个元件的均压电路），会使电路复杂，损耗增加；同时，器件串联对驱动电路的要求也大大提高，要尽量做到串联器件同时导通和关断，否则，由于各器件通、断时间不一，承受

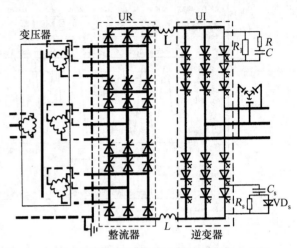

图 7.43　逆变器桥臂元件直接串联的变频器主电路

电压不均，会导致器件损坏，甚至整个装置崩溃。GTO 器件需加缓冲电路（图中示出一种典型的 RCD 电路）。

2）三电平逆变器

三电平逆变器主电路如图 7.44(a)所示。直流环节由电容 C_1、C_2 分成两个电压，属电压型逆变器。每相桥臂有四个功率开关器件（可采用 GTO、IGBT 或 IGCT），每个均并有续流二极管。以 A 相为例，其中 1、4 为主管，2、3 为辅管。辅管与二极管 5、6 一道箝制输出端电位等于中点 0 点电位（所以也称中心点箝位逆变器），通过控制功率器件 1—4 的开通、关断，在桥臂输出点可获得三种不同电平。例如，在 2 导通情况下，由 1、3 的交替通、断，A 相电压可获得＋、0 两种电平；在 3 导通情况下，由 2、4 的交替通、断，A 相可获得 0、－两种电平。同理，B、C 每相电压亦有＋、0、－三种电平。若每相均采用 PWM 控制，三相 3 电平 PWM 逆变器的输出电压波形如图 7.44(b)所示。

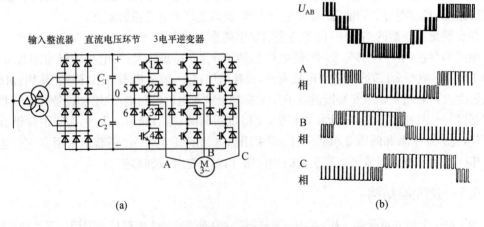

(a)　　　　　　　　　(b)

图 7.44　三电平逆变器的变频器主电路和输出电压波形

与常规桥臂上、下管交替通断每相输出只有＋、一两种电平的逆变器相比，3 电平逆变器由于输出电压电平数量增加(相电压由 2 个增加到 3 个，线电压由 3 个增加到 5 个)，每个电平幅值下降，同时，每周期开关状态由 $2^3=8$ 种增加到 $3^3=27$ 种，增加了 PWM 控制谐波消除算法的自由度，在同等开关频率下，可使输出波形质量有较大提高，输出 du/dt 也有所减少。另外，虽然同一臂上有元件串联，由于不出现任何两个串联元件同时导通或关断，所以不存在元件动态均压问题。加之每个主开关器件所承受的电压仅为直流侧电压的一半，很适合高压大容量的应用场合。

3) 多单元逆变器串联

变频器主电路如图 7.45 所示。这是一种多重化结构(见图 7.45(a))，每相由功率单元串联而成(见图 7.45(b))，每个功率单元均为三相输入、单相输出的交直交电压型低压逆变器(见图 7.45(c))。每个单元采用多电平移相 PWM 控制，即同一相每个单元的调制信号相同，而载波信号互差一个电角度且正反成对。这样每个单元的输出便是同样形态的 PWM 波，但彼此相差一个角度。图 7.46 是 5 单元串联联结后一相的输出电压波形，它有 ±5、±4、±3、±2、±1 和 0 共 11 种电平，线电压则有 21 种电平。

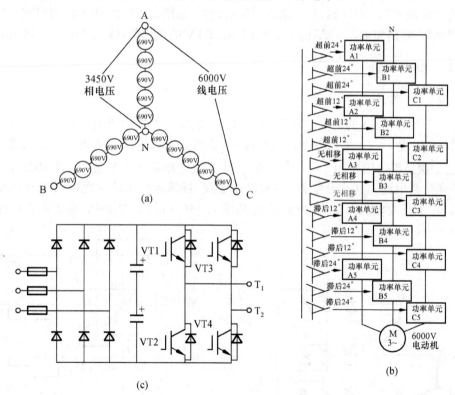

图 7.45　单元串联多电平变频器

采用移相 PWM 控制，也使叠加后输出电压的等效开关频率增加。例如，当每个单元的 PWM 载波频率为 600 Hz 时，5 单元串联后输出电压等效开关频率便为 6 kHz。一方面，开关频率的提高有助于降低电流谐波，另一方面，由于单元内 PWM 载波频率较低，不仅可减少开关损耗，还可使逆变器死区时间引起的误差所占比例减少。

至于每相串联的单元数决定于输出电压等级，当每相用 3、4、5 个输出电压为 480 V 的

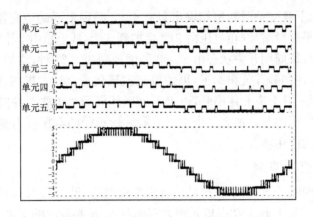

图 7.46　多重化的 PWM 输出波形

功率单元串联,变频器输出额定电压分别为 2.3 kV、3.3 kV、4.16 kV,如每相用 5 个 690 V
或 1 275 V 的功率单元串联,输出额定电压可达 6 kV 和 10 kV。由于采用的是单元串联,
所以不存在器件直接串联引起的均压问题。

　　多单元串联方案线路比较复杂,功率器件数量多,如用高压(HV)IGBT,则可减少功率单
元和器件的数量,例如用 3.3 kV 的 HV-IGBT,4.16 kV 的变频器只要 2 个和 3 个单元串联。

7.6.2　整流装置

1) 整流电路的一般多重化

　　图 7.47 是移相 30°的串联二重连接电路。整流变压器二次绕组分别采用星形和三角
形,构成相位互差 30°、大小相等的两组电压,接到相互串联的两组整流桥。变压器一次绕
组和两组二次绕组的匝比为 $1:1:\sqrt{3}$。图 7.44 为该电路输入电流波形。其中图 7.48(c)
i'_{ab_2} 是三角形桥电流 i_{ab_2}(波形见图 7.48(b)中虚线)折算到变压器一次侧 A 相绕组中的电
流,图 7.48(d)的总电流为图 7.48(a)的 i_{a_1} 和图 7.48(c)的 i'_{ab_2} 之和(忽略了换相过程和直

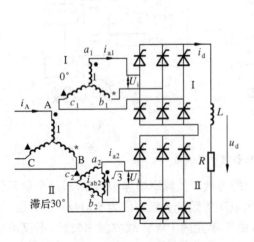

图 7.47　移相 30°二重连接电路

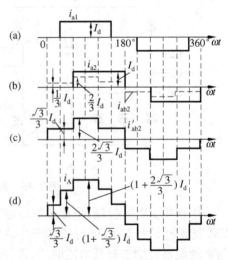

图 7.48　12 脉波整流电路电流波形

流侧电流脉动),对波形进行傅立叶分析,可以知道该电流中只含 $12k\pm1$ 次谐波(k 为正整数)。同样,对多相整流电路,可以得出结论:以 m 个相位相差 $\pi/3m$ 的变压器二次绕组分别供电的 m 个三相桥式整流电路可以构成 $6m$ 相整流电路,其网侧电流仅含 $6m\pm1$ 次谐波。例如$m=2,3,4$,便分别为 12 相、含 $12k\pm1$,18 相、含 $18k\pm1$,24 相、含 $24k\pm1$ 次谐波,且各次谐波的有效值与其次数成反比。位移因数则均等于 $\cos\alpha,\alpha$ 为触发延迟角。对二极管整流桥,$\cos\varphi_1=\cos\alpha=1$。

图 7.44(a)中的输入整流器就是二重联接电路,也称 12 脉波电路;图 7.43 中的整流器是三重联接,移相 20°构成 18 脉波电路。

2) 整流电路的特殊多重化

见图 7.45(b)结构。这是一种输入变压器和电力电子部件一体化设计的电路拓扑。它利用特制的多绕组输入变压器和功率单元串联的巧妙结合,由变压器二次绕组的曲折连接,将输入电压相位互相错开。对电网而言形成多相负载,既能解决输出高电压问题,又能解决电网侧和负载侧的谐波问题。例如,对 5 单元串联连接,变压器需有 15 个二次绕组,分为 5个不同的相位组,它们互差 12°电角度,最终形成 30 脉波的二极管整流电路,理论上 29 次以下的谐波都可以消除,总电流畸变率 $THD_i<1\%$。

变压器采用曲折连接,再配以抽头所分割段的匝比,可以实现任意角度的相移。例如,3和 4 单元串联时,二次绕组相位要互差 $\pm20°$、$0°$ 和 $\pm30°$、$\pm15°$,分别相当于 18 脉和 24 脉波整流,6 单元串联则相差 $\pm25°$、$\pm15°$、$\pm5°$,相当于 36 脉波。加上由于采用二极管整流的电压型结构,电动机所需的无功功率可由滤波电容提供,所以功率因数较高,基本上可保持在0.95 以上。

这种多重化方案要用特制变压器,制作较复杂,元件数量多,导电损耗大。

3) PWM 整流电路

PWM 整流器用全控型器件构成,采用与逆变电路同样的 SPWM 技术。图 7.49(a)和(b)即为单相和三相电压型 PWM 整流电路,通过对它的适当控制,可以使输入电流非常接近正弦波,且电流和电压同相位,功率因数近似为 1。图中交流侧电感 L 用以滤波和传递能量,直流侧电容 C_{dc} 起着滤除直流电压纹波和平衡直流输入和输出能量的作用。

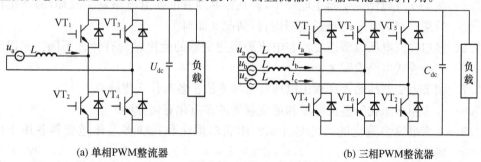

(a) 单相PWM整流器　　　　　　　　　　　　(b) 三相PWM整流器

图 7.49　PWM 整流器主电路

图 7.50 是 PWM 整流器交流侧单相等效电路和整流、逆变状态下的相量图(忽略了交流侧回路电阻),图中 U_a、U_1、U_L、I 分别为电网电压、桥式电路交流侧 PWM 电压的基波分量、电感上的压降和 PWM 整流器从电网吸收的电流,ω 为电源角频率。从相量图可以看出,只要控制 U_1 和电网电压同频,且调节它的幅值和相位,满足图中所示的相量关系,

PWM 整流器就能实现单位功率因数为 1 的整流或逆变,从而可实现能量的双向流动。图 7.50(b)表示从电网吸收能量,图 7.50(c)为向电网馈送能量。

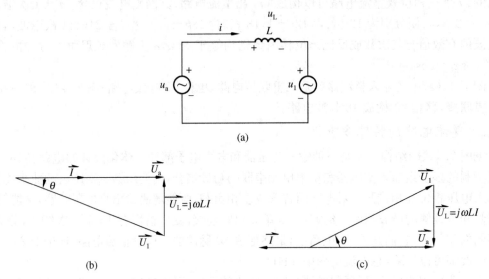

图 7.50　PWM 整流器交流侧等效电路和相量图

习题和思考题

7.1　阐述和区别下列概念:
　　(1) 有源逆变和无源逆变;(2)逆变和变频;(3)交直交变频和交交变频。

7.2　电压源逆变器和电流源逆变器在无功能量的缓冲、负载能量的回馈及电路结构、动态响应、对器件的要求诸方面,各有什么不同? 它们各适用于什么场合?

7.3　试述串联谐振逆变器的优缺点,它是如何调节功率的?

7.4　在直流斩波中的晶闸管为什么必须有换流电路? 一般用什么方式换流?

7.5　在 180°导电型逆变器主电路中,若某相晶闸管的换流电路发生故障,将产生什么后果? 对 120°导电型逆变器而言,情况又如何?

7.6　强迫换流电压源型逆变器和电流源型逆变器的换流过程有什么不同? 试以串联二极管式电路说明之。

7.7　调节逆变器的输入和输出电压有哪些方法? 各有什么优缺点?

7.8　什么叫多重化? 整流装置和逆变装置的多重化有何异同?

7.9　逆变电路多重化的目的是什么? 串联多重化和并联多重化逆变器各用于什么场合?

7.10　画出图 7.16 中,变压器正 Z/△ 连接组中一、二次侧的电流波形。

7.11　PWM 逆变器有哪些优点? 其开关频率的高低有什么利弊?

7.12　SPWM 基于什么原理? 何谓调制度? 画出半周期脉冲数 $N=9$ 的单极性和双极性调制波形。

7.13　SPWM 中,同步调制和异步调制各有什么优缺点? 画出载波比 $N=18、36、72、$

144 分段同步调制的 f_c 与 f_r 关系曲线。

7.14　用调制法生成 SPWM 波形中,调制波有哪几种形式? 各有什么优缺点?

7.15　直流 PWM 和交流 PWM 有何异同?

7.16　用软件生成 SPWM 有哪些方法?

7.17　电流跟踪 PWM 有哪几种形式? 它们各有什么优缺点?

7.18　为什么低压变频器的结构基本相同,而中、高压变频则有各种电路拓扑?

7.19　详细分析 PWM 逆变电路的 MATLAB 仿真程序,包括不同开关频率、不同滤波器、直流侧不同电感和电容值对结果的影响等。

8 软开关技术

8.1 硬开关与软开关

8.1.1 开关高频化的好处

众所周知,在电气设备中,存在 $U \approx E = 4.44 f\ NBS$ 关系式,其中 U、f 为交流供电电压和频率,E、N 为线圈或绕组的感应电势和有效匝数,B 为磁路的磁感应强度,S 为铁心截面,由此可以看出,在相同的电压下,如能提高频率 f,则可减少绕组匝数 N 和铁心截面 S,既省铜又省铁,从而可减小装置体积和重量,降低产品成本。另外,从感抗 $x = 2\pi fL$ 关系式可也看出,在高频情况下,较小的电感 L 就可得到较大的感抗 x,亦能节省材料。一般电气装置的体积重量随供电频率的平方根成反比。

在变换器中,PWM 控制载波频率越高,输出波形越好,可消除有害的低次谐波;频率超过音频(20 kHz)可降低甚至消除噪音。因此,电力电子技术发展方向之一就是要高频化,特别是 MOS 型功率半导体器件大量涌现以后,高频电力电子技术将成为主流。

8.1.2 硬开关存在的问题

开关器件切换(开通和关断)时同时存在电压 u 和电流 i 的状态称之为"硬开关"(Hard Switch),如 u、i 中之一为零的情况进行切换则称之为"软开关"(Soft Switch)。两者开通和关断时的 u、i 波形见图 8.1(a)和(b)。

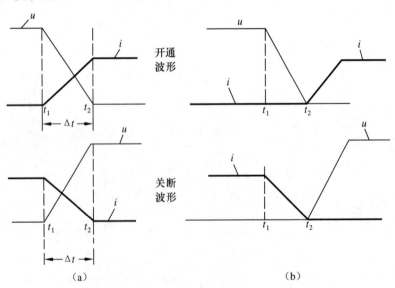

图 8.1 硬、软开关波形比较

传统 PWM 变换器中的开关器件工作在硬开关状态。硬开关工作存在四大缺陷,它妨碍了开关器件工作频率的提高:

(1) 开通和关断损耗大 在开通时,开关器件的电流上升和电压下降同时进行;关断时,电压上升和电流下降同时进行,电压、电流波形的交叠致使器件的开通损耗和关断损耗随开关频率的提高而增加,变换器效率降低。

(2) 感性关断问题 电路中难免存在感性元件(引线电感、变压器漏感等寄生电感或实体电感),当开关器件关断时,由于通过该感性元件的 di/dt 很大,产生的尖峰电压加在开关器件两端,使器件承受的开关应力增大,易造成电压击穿,而且还产生大的电磁干扰(Electromagnetic Interference,MEI)。

(3) 容性开通问题 当开关器件在很高的电压下开通时,储藏在开关器件结电容中的能量将全部耗散在该开关器件内,引起开关器件过热损坏。

(4) 二极管反向恢复问题 二极管由导通变为截止时存在着反向恢复期,在此期间内,二极管仍处于导通状态,若立即开通与其串联的开关器件(见图 5.36(a)),容易造成直流电源瞬间短路,产生很大的冲击电流,轻则引起该开关器件和二极管耗急剧增加,重则致其损坏。开关频率越高,这些问题越易突出。

8.1.3 问题的解决途径

实际上,第 5.2.3 节介绍的缓冲电路,就是为了降低器件承受的应力减少开通和关断损耗最早采用的方法。但从能量的角度来看,它只是将开关损耗转移到缓冲电路消耗掉。从而改善开关管的开关条件。这种方法对变换器的效率没有提高,甚至会使效率有所降低。现在研究的软开关技术,不再是开关损耗的转移,而是要解决硬开关存在的所有问题。如果能使开通过程电压先降到零压,电流再缓慢上升到通态值,关断过程电流先下降到零,电压再缓慢上升到断态值(见图 8.1(b)),则上述存在的问题均能迎刃而解。首先,由于 u、i 不交叠,可使开通损耗和关断损耗均近似为零;此外,因器件开通前电压已下降到零,器件结电容上的电压为零,故解决了容性开通问题;电压降为零,意味着反并联二级管已经截止,反向恢复过程结束,反向恢复问题不复存在;由于器件关断前电流已下降到零,即线路电感中电流亦为零,感性关断也得以解决。这才是真正意义上的软开关。

8.2 软开关的种类

软开关中,在电流为零进行转换(包括开通和关断)的称作零电流开关(Zero Current Switch,ZCS),在电压为零时进行转换(包括开通和关断)的称为零电压开关(Zero Voltage Switch,ZVS)。

软开关的开通和关断波形如图 8.2(a)和(b)所示(以 GTR 为例)。

软开关的开通有以下几种方法:

(1) 零电流开通 在开关管开通时,使其电流保持在零,或者限制电流的上升率,从而减小电流与电压的交叠区,从图 8.2(a)可以看出,开通损耗大大减小。

(2) 零电压开通 在开关管开通前,使其电压下降到零。从图 8.2(b)可以看出,开通损耗基本减小到零。

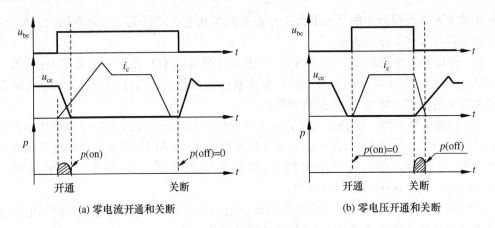

(a) 零电流开通和关断　　　　　　　　　　(b) 零电压开通和关断

图 8.2　软开关开通和关断波形

（3）同时做到图 8.2(a) 和 (b)，开通损耗为零，这种情况最为理想。

同理，软开关的关断有以下几种方法：

（1）零电流关断　在开关管关断前，使其电流小到零，从图 8.2(a) 可以看出，关断损耗基本减小到零。

（2）零电压关断　在开关管关断前，使其电压减小到零，或者限制电压的上升率，从而减小电流与电压的交叠区，从图 8.2(b) 可以看出，关断损耗大大减小。

（3）同时做到图 8.2(a) 和 (b)，关断损耗为零这种情况最为理想。

对比图 8.1(a)、(b) 可以看出，硬开关的开通和关断信号在 t_1 时刻发出，控制简单。而软开关中，零电压开通和零电流关断，开通和关断命令在 t_2 时刻或其后，即 u 降为 0 或 i 降为 0 后给出；而零电流开通和零电压关断，开通和关断命令在 t_1 时刻给出，而且在 t_2 之前，前者开关器件电流必须维持在断态值，后者开关器件端电压必须维持在通态值（均约为零）。驱动时序上必须满足上述要求，控制比较复杂。

8.3　软开关技术的实现

软开关中使电压或电流为零，目前均用储能元件 LC 构成谐振电路来实现，即利用 LC 的谐振作用，从而形成正弦波电流或正弦波电压，在电压为零或电流为零时，导通或关断开关，进行能量切换，从而消除开关过程中的电压电流交叉重叠，所以软开关技术也称为谐振开关（Resonant Switch，RS）技术。

运用软开关技术构成的变换器目前有谐振型、零开关 PWM 型和零转换 PWM 型三类。

8.3.1　谐振型变换器（RSC）

在以 LC 谐振创造零电压或零电流为开通和关断条件这种技术的主导的变换器称为谐振型变换器，它又分为全谐振、准谐振和多谐振三种。

1）全谐振变换器（Resonant Converters）

按照谐振元件的谐振方式，有串联谐振变换器（Series Resonant Converters，SRC）和并联谐振变换器（Parallel Resonant Converters，PRC）；而按照负载与谐振电路的联接关系，有串联负载(或串联输出)谐振变换器(Series Load Resonant Converters，SLRC)和并联负载(或并联输出)谐振变换器(Parallel Load Resonant Converters，PLRC)。

这类变换器实际上是负载谐振型变换器。在谐振变换中，谐振元件一直谐振工作，参与谐振工作的全过程。

2) 准谐振变换器(Quasi-Resonant Converters，QRC)

其特点是谐振模式的时间只占一个开关周期中的一部分，其余时间都是运行在非谐振模式；另外，由于正向和反向 LC 回路值不一样，即振荡频率不同，电流幅值不同，振荡不对称(一般正向正弦波大过负向正弦波)，所以称为准谐振。

无论是 LC 串联或并联都能产生准谐振。

准谐振变换器分为零电流开关准谐振变换器(ZCS-QRC)和零电压开关准谐振变换器(ZVS-QRC)。

3) 多谐振变换器(Multi-Resonant Converters，MRC)

它和准谐振变换器一样，谐振元件参与能量变换的某一阶段，不是全程参与，只是其谐振回路参数可以超过两个，例如 3 个或更多。

多谐振变换器一般实现零电压开关，即为 ZVS-MRC。

图 8.3(a)、(b)、(c) 分别为 ZCS-QRC、ZVS-QRC、ZVS-MRC 的基本单元电路，图 8.3(a)中若开关 S 只允许电路单向流通，图 8.3(b)中若 S 只能承受单向电压，则 ZCS、ZVS 工作于半波模式；图 8.3(a)中若 S 允许电流双向流通，图 8.3(b)中若 S 能承受双向电压，则 ZCS、ZVS 工作于全波模式。

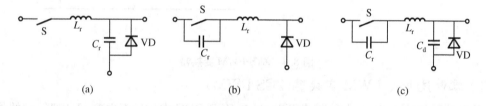

(a)　　　　　　　　　　(b)　　　　　　　　　　(c)

图 8.3　谐振电路的基本单元

图 8.3(a)中谐振电感 L_r 与开关 S 串联，谐振电容 C_r 与二极管 VD 并联，S 在零电流开通或关断，二极管在零电压时开通或关断；图 8.3(b)中 C_r 与 S 并联，而 L_r 与 VD 串联，S 在零电压时开通或关断，VD 在零电流时开通或关断，从图 8.3(a)、(b)可以看出，S 的零电流线路就是 VD 的零电压线路，反之亦然。准谐振开关不是对 S 就是对 VD 的开关条件优化，但不能使两者优化。多谐振开关则综合了两个准谐振开关的特性，图 8.3(c)中谐振电容既与 S 又与 VD 并联，形成两个器件的零电压开关。

谐振开关实现功率器件的零电流开关或零电压开关，使开关损耗大大降低；同时，谐振参数中吸收了高频变压器的漏抗，电路中的寄生电感以及功率器件的寄生电容，可以消除高频时产生的电压尖峰和波涌电流以及电磁干扰和电源噪声。

但是谐振型变换器仍存在不足：LC 振荡产生的电压峰值很高，要求器件耐压必须提高；正弦波电流有效值很大，电路中存在大量的无功功率的交换，造成导通损耗加大；谐振周期随输入电压、负载变化而改变，因此电路只能采用脉冲频率调制(PFM)方式来控制，开关频率的大范围变化给滤波器变压器设计带来困难。

8.3.2　软开关 PWM 变换器

我们知道,PWM 技术是以控制占空比来实现其功率处理的,在直流 PWM 中实施的是恒频调宽控制,简单方便,只是硬开关的固有缺陷限制了开关频率的提高,如能将谐振软开关与 PWM 控制结合起来,则能发挥两者的长处,这便是软开关 PWM 变换器。

软开关 PWM 技术的基本思想是在常规 PWM 变换器的拓扑基础上附加一个谐振电路(一般由谐振电感、谐振电容和辅助开关管组成)。开关切换时,谐振电路工作,使电力电子器件在开关点上实现软开关过程。谐振过程极短,基本不影响 PWM 技术的实现,从而既保持了 PWM 恒频控制的特点,又实现了软开关技术。

软开关 PWM 变换器分为零电压开关 PWM(ZVS-PWM)和零电流开关 PWM(ZCS-PWM)。

1) 零电压开关 PWM 变换器(ZVS-PWM)

基本电路如图 8.4(a)所示。辅助开关 S_1 和 L_rC_r 组成附加谐振电路。S_1 断开时,$L_r C_r$ 谐振,为主功率开关 S 创造零电压条件;S 导通时,将 L_r 短路,谐振消除,定时地控制 S_1 的开通和关断就能实现恒频控制。图 8.4(b)为 BUCK 型 ZVS-PWM 变换器。

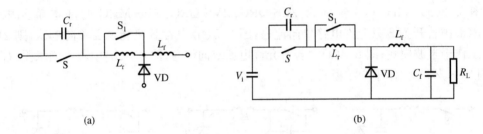

图 8.4　ZVS-PWM 变换器

2) 零电流开关 PWM 变换器(ZCS-PWM)

基本单元如图 8.5(a)所示,辅助开关 S_1 与 ZCS-QRC 中的谐振电容 C_r 串联,它的作用是周期性地断开 C_r,消除 L_r 和 C_r 间的谐振,使其只在开关转换瞬间产生谐振,为功率开关 S 创造零电流开关条件。图 8.5(b)为 BUCK 型 ZCS-PWM 变换器。

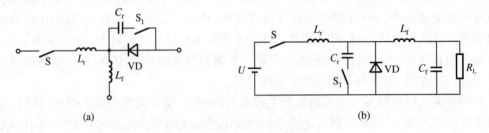

图 8.5　ZCS-PWM 变换器

8.3.3　零转换 PWM 变换器

上述各种软开关电路基本上都是把谐振元件放在电路的主功率通路上,全部能量都要通过谐振电感,使电感储能依赖于输入电压和输出负载;此外,谐振电感上承受两个方向的电压,给开关器件增加了额外的电压应力,为此想到将谐振回路与主功率开关并联,此时的变换器称为零转换 PWM 变换器,它也是 PWM 与软开关的结合。

根据主功率开关是 ZVS 还是 ZCS 而分成零电压转换 PWM(ZVT-PWM)和零电流转换 PWM(ZCT-PWM)变换器。

1)零电压转换 PWM(ZVT-PWM)变换器

如图 8.6 所示为 ZVT-PWM 开关单元,其中并联谐振回路由 L_r、C_r、S_1、VD_1 构成(虚线框内)。在每次主开关导通前,先导通辅助开关 S_1,使辅助谐振回路谐振,当 C_r 两端电压谐振到零时 S 导通,其后迅速关断 S_1,辅助谐振回路停止工作,电路以常规 PWM 方式运行,S 在 C_r 的反向电压下软关断。

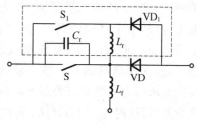

图 8.6 ZVT-PWM 开关单元

2)零电流转换 PWM 变换器(ZCT-PWM)

图 8.7 为 ZCT-PWM 开关单元,并联谐振回路由 L_r、C_r、VD_1 和 S_1 构成(虚线框内),在每次 S 需转换前,先导通 S_1,使辅助回路谐振,为 S 创造整电流关断或导通条件。S 完成状态转换后,尽快关断 S_1,使辅助谐振电路停止工作,电路重新以常规 PWM 方式运行。

零转换 PWM 变换器能减小开关管、谐振电感和谐振电容的电压和电流应力。

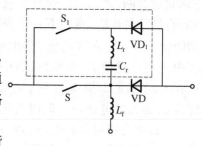

图 8.7 ZCT-PWM 开关单元

8.4 软开关电路举例

软开关技术已应用于开关电源、不间断电源(UPS)、高频感应加热和交直流电机调速等领域,电路拓扑也层出不穷,这里仅举几例。

8.4.1 BUCK ZCS-PWM 变换器

图 8.8 为图 8.5(b)中用 MOSFET 作开关器件的 BUCK ZCS-PWM 变换电路,图 8.9 为其主要波形。

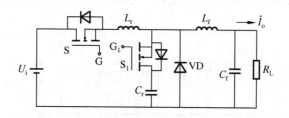

图 8.8 BUCK ZCS-PWM 变换电路

设初始时刻(t_0)主开关管 S 和辅助开关管 S_1 均处于关断状态输出负载电流 i_0 经续二极管 VD 续流,电容 C_r 两端电压为零。一个开关周期从加 U_G,S 导通开始,电感电流 i_{Lr} 线性上升;当 i_{Lr} 上升到等于 I_0 时(t_1),VD 关断;i_{Lr} 经 S_1 续流二极管对 C_r 充电,L_rC_r 谐振,i_{Lr} 谐振上升;经半个谐振周期,i_{Lr} 回到 I_0,u_{Cr} 则以谐振方式上升到 $2U_i$;此时(t_2)由于 S_1 处关断状态,故 u_{Cr} 和 i_{Lr} 保持不变,无法继续谐振。这个状态持续时间,由 PWM 控制要求确定。当要求关断 S 时(t_3)时,加 u_{G1},S_1 零电流导通(因这时 $i_{Lr}=I_0$),L_rC_r 再次谐振;当 i_{Lr} 谐振到零(t'_3)时,经 S 的反联二极管反向,继续谐振到零(t_4)时,S 零电流关断;之后,U_{Cr} 通过负载回路线性衰减到零,VD 自然导通续流,直到下一个开关周期的到来,在这期间($t_5 \sim t_6$),S_1 在零电压、零电流情况下关断,上述过程中,$t_0 \sim t_1$ 时段 L_r 线性储能;$t_1 \sim t_2$ 时段 C_r 谐振充电;$t_2 \sim t_3$ 时段 L_r 恒流;$t_3 \sim t_4$ 时段 C_r 谐振放电;$t_4 \sim t_5$ 时段 C_r 线性放电;$t_5 \sim t_6$ 时段负载续流。

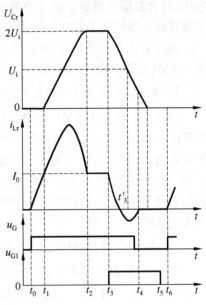

图 8.9　BUCK ZCS-PWM 变换波形

从以上分析可以看出,在 ZCS-PWM 电路中,所有开关及二极管都是在零电压或零电流下完成通断的。同时,电路可以恒定频率通过控制脉宽来调节输出电压。如果恒流阶段为零,则 ZCS-PWM 电路就等同于 ZCS-QRC 电路了。

8.4.2　BOOST ZVT-PWM 变换器

如图 8.10 所示为 BOOST ZVT-PWM 变换器,由图 8.11 可知,在主开关 S 上除并有谐振电容 C_r 外,还有一谐振电感支路,它由谐振支路电感 L_r、辅助开关 S_1 及二极管 VD1 组成。主要工作波形如图 8.11 所示。在每次 S 导通前,先导通 S_1 使辅助谐振电路谐振;当 S 两端电容电压到零时,导通 S;当 S 完成导通后,立即关断 S_1,使辅助谐振回路停止工作。之后,电路以常规 PWM 方式运行。该电路在不增加电压、电流压力情况下,实现了 S 的零电流开通和 VD 的零电流关断。

设初始状态为 S、S_1 断开,输出负载电流 i_0 续流,工作过程如下:

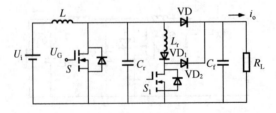

图 8.10　BOOST ZVT-PWM 变换器

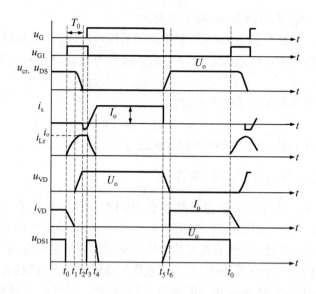

图 8.11 ZVT‐PWM 软开关变换主要波形

1) $t_0 — t_1$ L_r 电流上升阶段

$t=t_0$,辅助开关 S_1 接通,谐振电感电流线性上升,$t=t_1$ 时达 I_o,二极管 VD 的电流则由 I_o 线性下降到零($t=t_1$),VD 零电流关断。(若采用快恢复二极管,可忽略 VD 的反向电流)这一阶段 $u_{DS}=U_i$ 不变。

2) $t_1 — t_2$ 谐振阶段

$L_r C_r$ 谐振,L_r 电流由零谐振上升,而 C_r 电压 $u_{cr}=u_{DS}$ 由 U_o 谐振下降。$t=t_2$ 时 u_{cr}(即 u_{DS})$=0$,S 的反并联二极管导通。

3) $t_2 - t_3$ ZVS 过渡阶段

由于 S 的二极管已导通,创造了 ZVS 条件,因此应利用这个过渡阶段给 S 加驱动信号 $u_G{}'$,使 S 在零电压下导通。

4) $t_3 - t_4$ i_{Lr} 线性下降阶段

$t=t_3$,S_1 关断,VD_2 导通,S_1 的电压被钳位在 U_o 值,L_r 的储能释放给负载,其电流线性下降。$t=t_4$,$i_{Lr}=0$。

5) $t_4 - t_5$ i_s 恒流阶段

$t=t_4$,VD2 关断,这时变换器如同 PWM 升压式变换器的功率管导通情况一样。

6) $t_5 — t_6$ C_r 线性充电阶段

$t=t_5$,S 关断,电源对 C_r 恒流充电,直至 $t=t_6$ 时,$u_{Cr}=U_o$。

7) $t_6 - t_0$ 续流阶段

这个阶段相当于 PWM 升压式变换器功率管关断,因而处于续流状态,直到 $t=t_0$,下一周期开始。

由上述分析可见,ZVT-PWM 变换器的优点:

(1) 主开关实现了零电压开通,使开通损耗降至最低。

（2）恒频控制，使控制电路简单，易于实现。

（3）续流二极管实现了零电流关断，利于高频运用，并可省去两端的 RC 吸收网络。

（4）理论上主辅开关电压电流（u_{DS}、i_S、u_{DS_1}）波形为方波，应力小，降低了对开关管的要求。

（5）电源电压和负载电流适应范围宽。

主要不足是辅助开关 S_1 是在大电流（接近谐振峰值电流）下关断、大电压（接近输出电压）下开通，处于硬开关状态。可采取不同方案进行改进。

8.4.3 谐振直流环（RDCL）逆变器

简单的谐振开关只适合开关数量少的场合，如 DC→DC、单开关 AC→DC 变换器等。对 DC→AC 逆变器，通常采用谐振环，包括谐振直流环（RDCL）和谐振交流环（RACL）。

谐振直流环的基本思想是：使直流母线电压或电流以较高频率振荡，恒定的直流电压或电流变成高频脉动的直流电压或电流，从而出现周期性的过零点，给挂在该母线上的所有开关器件创造零电压或零电流开通和关断条件。例如，图 8.12（a）是带谐振直流环逆变器（Resonant DC Link Inverter，RDCLI）向异步电动机供电的主电路。功率开关元件 $S_1 \sim S_6$ 可用各种全控型电力电子器件。直流输入电源和逆变器之间插入一个小电感、电容（L_r、C_r）高频谐振回路和控制开关 S 组成的谐振环节。S 在 C_r 上电压 $u_{Cr}=0$ 时接通，使 L_r 储能，以补充回路电阻和负载的能量损耗；当电流上升到一定值时，断开 S，电路进入谐振状态，C_r 上充电；谐振半周后，u_{Cr} 又过零；然后 S 再次导通。如此反复，使直流电压谐振并周期地回零，便把输入直流电压转换成为一系列高频脉冲电压波。$S_1 \sim S_6$ 就利用这种电压为零的时间间隔 T_0 实现零电压关断。由于二极管 VD 削去负半周，处于准谐振状态，u_{Cr} 始终为正，图 8.12（b）和（c）分别为谐振直流环和逆变器输出线电压波形。

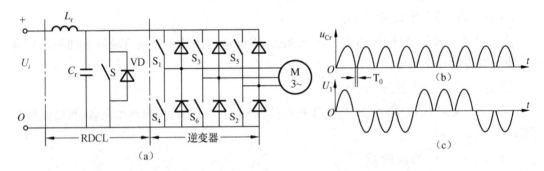

图 8.12 带谐振直流环逆变器的主电路和电压波形

谐振开关（RS）和谐振直流环（RDCL）利用 LC 谐振实现软开关，克服了传统 PWM 变换器硬开关的缺点。但由于它们既利用谐振实现通断，又利用谐振传递功率，因此，器件的通态电流峰值或断态电压峰值是负载或电源的电流或电压的两倍以上，这不但增加了器件电流或电压应力，也增加了通态损耗。因此又提出了零电流变换（ZCT）和零电压变换（ZVT）方案，通过在电路中设置辅助电路为开关的开通或关断创造零电流或零电压条件，而不传递功率，因为它只在开关开通或关断很短时间（占整个开关周期的很小部分）为开关提供良好的开关环境，因此对开关的冲击小。另外，PWM 变换器的器件通态电流、断态电压等于电源(或负载)电流或电压,其通态电流或断态电压应力均较小。因此,近年人们又致力于研究只利用谐振实现换相,换相完毕后仍采用 PWM 工作方式,即将能获得最小输出波形畸变、最优动态响应的 PWM 技术和提高频率的软开关技术结合起来,发挥各自的优点,以期取得更优越的性能。现已有各种电路拓扑和控制方案。

习题和思考题

8.1　什么是硬开关?它存在什么问题?

8.2　软开关为什么得以发展?它有什么优点?

8.3　ZCS、ZVS 与 ZCT、ZVT 有何不同?它们与 PWM 技术结合有何优点?

8.4　开关频率提高有何利弊?

8.5　为什么软开关技术又称谐振开关技术?

8.6　软开关如何分类?

8.7　软开关的开通有几种方法?

8.8　有哪些类型的变换器可以实现软开关技术?试简述之。

8.9　ZVT-PWM 变换器有什么优点?

9 电力电子技术的应用

电力电子技术在工农业生产、交通运输、电力系统等部门及各种电子装置电源中都得到了广泛的应用。本章就电力电子技术在这些方面的应用作一些介绍。

9.1 电动机调速

9.1.1 直流电动机调速

图 9.1 为直流电动机开环调速框图。直接由可控整流电路 α 控制它的输出电压 U_d，随

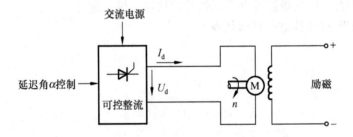

图 9.1 直流电动机调压调速

着电枢端电压的变化，电动机转速也跟着改变。电动机的输出转速 n 为：

$$n = \frac{1}{C_e}(U_d - I_d R) \tag{9.1}$$

式中：C_e——直流电动机电势常数；

R——电枢回路总电阻；

I_d——电枢电流。

可见，改变电枢端电压 U_d，则转速 n 就随之变化。

由于晶闸管中的电流方向不能改变，上述只用一组晶闸管装置的直流电动机调速，速度方向也不能改变，若要两个方向的速度控制，即可逆运行，就需要两组晶闸管装置或用其他功率变换电路来实现两个方向的电流控制。中小功率可用直流 PWM 方案调速。

9.1.2 直流可逆电路

1) 晶闸管直流电动机可逆主电路

图 9.2 为晶闸管直流电动机有环流可逆主电路的两种连接，图 9.2(a) 为反并联连接，图 9.2(b) 为交叉连接。注意两者之间的差别仅为限流电抗器及变压器绕组数量不同。以反并联(Anti Parallel；Back-To-Back Parallel)电路为例，说明其工作原理。设 P 为正组，N 为反组，电路有四种工作状态。

（1）正组整流

设 P 组在某一延迟角 α_1 作用下输出整流电压 U_{d1}（A 正，B 负）加于电动机 M 使它正转，正转时转速 n 为：

$$n = \frac{U_{d0}\cos\alpha_1 - I_{d1}R}{C_e} \qquad (9.2)$$

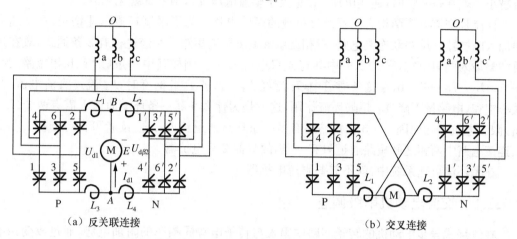

图 9.2　晶闸管直流电动机可逆主电路

当正组 P 处于整流工作状态时，反组 N 绝对不能也工作在整流状态。否则，将使电流不经过负载而在两组晶闸管之间流通，这种电流称为环流。环流实质上是两组晶闸管之间交流电源的短路电流。因此，有环流可逆系统中当正组整流时，N 组由超前角 β_2 控制，且使

$$U_{d\beta2} = U_{d0}\cos\beta_2 \geqslant U_{d1}$$

这样，正组 P 平均电流供电动机正转，反组 N 处于待逆变状态，U_{d1}、$U_{d\beta2}$ 极性均为 A 正 B 负，由于 $U_{d\beta2} \geqslant U_{d1}$，故没有平均电流流过反组，并不产生逆变。

（2）反组逆变

当要求正向制动时，流过电动机 M 的电流 I_{d1} 必须反向才能得到制动力矩，这只有利用反组的逆变。控制 β_2，当 $I_{d1} = 0$，电动机反电势 $E > U_{d\beta2}$，则 N 组产生逆变，电动机的电流 I_{d1} 与图 9.2(a) 所示 I_{d1} 方向相反，反组有源逆变将电势能 E 通过反组送回电网，实现回馈制动。制动电流 I_{d2}

$$I_{d2} = \frac{E - U_{d0}\cos\beta_2}{R} \qquad (9.3)$$

（3）反组整流

N 组整流，使电动机反转，其过程与正组整流类似。

（4）正组逆变

P 组逆变，产生反向制动转矩，其过程与反组逆变类似。由此可见，变流器的整流和逆变状态对应于电动机的电动和回馈制动状态。

2）可逆电路中的环流

两组晶闸管装置组成的可逆电路，在有环流可逆系统中，尽管一组工作在整流状态（延迟角 α_1 控制），另一组工作在逆变状态（超前角 β_2 控制），虽然 $U_{d\alpha} \leqslant U_{d\beta}$，但当 $u_{d\alpha} > u_{d\beta}$ 的瞬间就会出现环流。

当电路稳定后,α_1、β_2也不再变化,它们之间的关系可能有下列三种情况:

(1) $\alpha_1 < \beta_2$,则$U_{d1} > U_{d\beta2}$,存在强制环流,环流连续;

(2) $\alpha_1 = \beta_2$,则$U_{d1} = U_{d\beta2}$,不存在平均(直流)环流;在$u_{d1} > u_{d\beta2}$瞬间产生脉动环流;

(3) $\alpha_1 > \beta_2$,则$U_{d1} < U_{d\beta2}$,有较小的脉动环流,且与$U_{d1} < U_{d\beta2}$的差值有关;差值越大,环流越小。若在每一瞬时,逆变电压$u_{d\beta2}$总大于整流电压u_{d1},则系统就无环流。

环流是交流电源两相之间不经过负载的短路电流。为了限制环流迅速增长,在其通道中加入电抗器。反并联连接电路,三相绕组 a、b、c 可能短路的必经途径有 2 条通道,故在通道中略加入两只电抗,图 9.2(a)中共有 4 只电抗$L_{1\sim4}$。例如其中一条(设 a、b 相短路)为:a—1—L_3—L_4—6′—b,在这条通道中,环流经L_3、L_4,若 P 组整流时,L_3流过直流电流,其铁心饱和,电感量下降,L_4超限环流作用,这就是为什么在其一条环流通道上需有两个(L_3、L_4)限流电抗器的原因。a、b 相短路还有另一条环流通道经L_1、L_2,读者可自行分析。在交叉连接电路中两相之间短路通道只有一条,故只需 2 只电抗器。

在无环流可逆系统中,就不需要限流电抗器。

9.1.3　交流电动机串级调速

在线绕式异步电动机的转子回路中串入与转子电势同频率的附加电势,通过改变该电势的幅值和相位,可改变转子电流达到调速目的。若转子中的转差功率大部分被串入的电势所吸收,且所吸收的这些转差功率能回馈入电网,则这种调速方法提高了效率,称为串级调速。晶闸管亚同步串级调速主电路及其特性,分别示于图 9.3(a)和(b)。由于转子绕组中感应电势的频率f_2与定子频率f_1不一致,$f_2 = Sf_1$,S为转差率。所以,转子绕组交流电压经过滑环输出后,先通过三相不可控桥式整流电路整流成直流电压U_d,直流功率再通过逆变器回馈到电网。

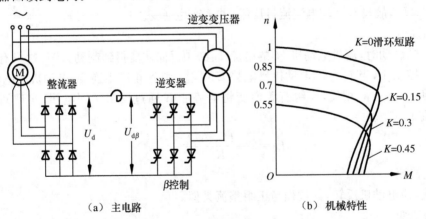

（a）主电路　　　　　　　　　（b）机械特性

图 9.3　亚同步串级调速主电路及其机械特性

由β角决定的逆变电压$U_{d\beta}$相当于在线绕式异步电动机的转子绕组回路中串入了一个附加电势,它起着调节转子电流的作用,同时将转子中的电能回馈到电网。当$\beta_{max} = 90°$时,逆变电路直流输出端的逆变电压$U_{d\beta} = 0$,即附加反电势为零,相当于滑环短路的情况,即调节系数

$$K = \frac{\text{滑环端电压}}{\text{电机不转时滑环开路电压}} = 0$$

电动机在接近于额定转速的最高速运转；当 β 减小，附加反电势增加，K 增大，则电动机转速下降，其特性如图 9.4(b) 所示。

图 9.3(a) 所示电路只能将电能单方向送回电网，实现低于同步速的速度调节；如果向异步电动机的定子和转子同时馈电，则可实现超同步串级调速；此外，为了改善调速特性，还需组成速度、电流闭环系统。

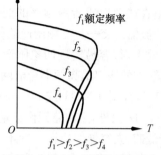

图 9.4 U_1/f_1 为常数时交流电动机机械特性

9.1.4　交流电动机变频调速

交流电动机的转速公式为：

$$n=\frac{60f_1}{P}(1-S) \tag{9.4}$$

式中：n——转速(r/min)；

f_1——供电频率(Hz)；

P——极对数；

S——转差率。

从上式可以看出，若均匀地改变供电频率 f_1，则可以平滑地改变电动机的转速。但是，如果只改变电源频率 f_1，那么电机每极气隙磁通 Φ 及输出转矩 T 也将变化。从电机及拖动基础知道，三相异步电动机定子每相电动势的有效值 E_1 为：

$$E_1=4.44f_1W_1K_1\Phi \tag{9.5}$$

式中：W_1——定子每相绕组串联匝数；

K_1——定于基波绕组系数。

如果忽略定子阻抗压降，则定子端电压

$$U_1\approx E_1=4.44f_1W_1K_1\Phi \tag{9.6}$$

上式说明，若定子端电压 U_1 不变，则随着 f_1 的提高，气隙磁通 Φ 将减小。而转矩公式为：

$$T=C_T\Phi I'_2\cos\varphi'_2 \tag{9.7}$$

式中：C_T——转矩常数；

I'_2——归算后的转子电流；

φ'_2——转子功率因数角。

可以看出，Φ 的减小将使电动机输出转矩下降，严重时将会使电机堵转；若 U_1 不变而减小 f_1，则使 Φ 增加，这就会使磁路饱和，励磁电流上升，导致铁损急剧增加，这也是不允许的。因此，在许多场合，要求在改变 f_1 的同时也改变定子电压 U_1，以维持 Φ 近似不变。根据 U_1 和 f_1 的不同关系，将有不同的变频调速方式。例如保持 U_1/f_1 等于常数的控制方式，可得电动机最大转矩 T_m 稍小的机械特性，如图 9.4 所示。因此，对用于变频调速的变频器，一般都要求兼有调压和调频这两种功能，常简称为 VVVF(Variable-Voltage Variable-Frequency)。

变频调速有交—交变频与交—直—交变频两种类型。

交—交变频调速主电路框图如图 9.5 所示。它是将固定频率的交流电直接变换成所需频率的交流电,亦称周波变流器或循环变流器。交—交变频调速的优点是节省了换流环节,提高了效率,很容易实现四象限运行,其缺点是利用交流电源换流,它的输出最高频率受电网频率限制,一般为电网频率的 1/3,如对于50 Hz 或 60 Hz 的电源,其输出

图 9.5　交—交变频调速

最高频率约为 20 Hz;另外,主回路元件数量多,相应的控制回路增多,成本较高;电路存在严重谐波,故适用于低速、大容量的场合。近年来,在交—交变频器方面使用全控器件和 PWM 技术,进行了进一步的研究和探索,其最高输出频率可不受电网频率的限制。

图 9.6(a)为交—直—交电流型逆变器变频调速主回路框图,可控整流器实现调压,采用大电感 L_1 作为滤波元件,变频器采用电流型逆变器。由于调压和变频分别进行,因而控制电路易于实现;由于 L_1 的作用,能有效地抑制故障电流上升率;由于可以通过整流桥和逆变桥的直流电压极性的同时反向,将能量送回交流电网。因此可快速实现四象限运行,适用于频繁加速、减速和变动负载的场合。不过此方案需要两套可控功率级及其控制电路,因而装置庞杂;由于采用相控整流器,在逆变器输出为低压、低频时,电路的功率因数很低。

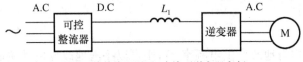

（a）可控整流器调压,电流型逆变器变频

（b）斩波器调压,电压型逆变器变频

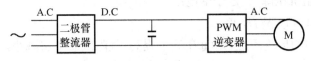

（c）PWM逆变器变压变频

图 9.6　交—直—交变频调速

图 9.6(b)为交—直—交电压型逆变器变频调速主回路框图,二极管整流器担任交—直变换,斩波器实现调压,电压型逆变器实现变频,即有三个功率变换级。由于采用了二极管整流器,因而提高了功率因数,但是,因为二极管整流器不能实现能量的反向方向传递,必须另用一组可控整流桥进行逆变,实现再生制动,因此电压型逆变器变频调速适用于快速性要求不高,稳速工作的场合。

图 9.6(c)为交—直—交脉宽调制(PWM)电压型逆变器变频调速主电路框图,二极管整流器担任交—直变换,PWM 逆变器完成变频和调压任务。它的优点是系统仅有一个可控功率级,简化了主回路和控制回路结构,从而使装置和调压体积小、重量轻、成本低;由二极管整流器代替了可控整流器,提高了电路的功率因数,因而是目前交—直—交变频器的主要形式。

上述交—直—交变频调速中的逆变器,如用晶闸管组成,换流损耗大,因而现在中小功

率的逆变器几乎全用全控型器件尤其是 IGBT 构成。

9.2　电力控制补偿器

　　开关型电力补偿器有阻抗补偿控制器和电压、电流(有功功率、无功功率)补偿器两种类型,它们或用于补偿和控制电力系统中线路阻抗和等值负载阻抗,或用于对电力系统中的电压、电流的基波或谐波进行补偿控制,或用于对电网的有功功率和无功功率流进行控制,或用于平衡电力系统的有功功率,控制功率振荡。这里仅介绍已普通使用的晶闸管投切电容器(TSC)。

　　图 9.7(a)中,交流电源 U_S 经电力变压器 PT 和线路电抗 X_L 后对负载供电,设负载功率因数角为 ψ,则负载有功电流 $I_P=I\cos\psi$,无功电流 $I_Q=I\sin\psi$,感性无功电流 I_Q 滞后负载端电压 $\dot{U}_2$ 90°,有功功率 $P=U_2I\cos\psi=U_2I_P$,无功功率 $Q=U_2I\sin\psi=U_2I_Q$。受功率损耗、发热和温升(这些都与电流平方成正比)的限制,发电机、变压器、线路、开关电器等一切电力设备都只允许通过一定数值的最大电流 I_m,而工业应用中大多数负载都属感性,感性负载的无功电流(无功功率)使功率因数 $\cos\psi<1$,这些电力设备的电流若已达到最大允许值 I_m,则它们能发送和传输的电功率便随 $\cos\psi$ 中的降低而减小,即电力设备功率容量的利用率成比例地减小。换言之,如果电力设备输送的功率一定,$\cos\psi$ 越低,无功电流、无功功率越大,则电力设备所流过的电流 $I=P/U_2\cos\psi$ 就越大,功耗和发热温升越严重。

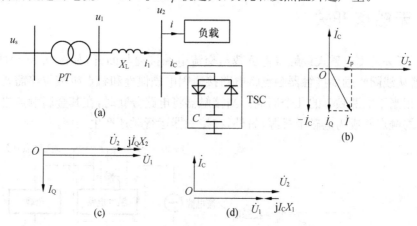

图 9.7　晶闸管投切电容器(TSC)

　　图 9.7(a)中,在负载处接入一 TSC,电容器的容抗为 $X_C=\dfrac{1}{\omega C}=\dfrac{1}{2\pi fC}$,流入电容 C 的容性电流 $\dot{I}_C$ 超前 $\dot{U}_2$ 90°,如果选取 C 的大小使 I_C 等于负载感性无功电流 I_Q,即

$$I_C=\frac{U_2}{X_C}=2\pi fCU_2=I_Q=I\sin\psi$$

$$C=\frac{I\sin\psi}{2\pi fU_2} \tag{9.8}$$

则负载的感性无功电流 I_Q 将被流入电容器的容性电流 I_C 所补偿(见图(b)相量图),于是电容器和感性负载并联后的等效负载就只有有功电流 I_P,等效负载的功率因数为1,发电机、

变压器、线路就只流过有功电流,只传送负载的有功功率,减少了功率损耗,或者说使发电机、变压器、线路可以发送和传输最大的有功功率。

TSC 中反并联的两个晶闸管起着把电容器 C 并入电网或从电网断开的作用。电容器相当于一个滞后无功电流源,滞后无功功率($U_2 I_C$)发生器,它所能补偿的滞后无功功率大小由 C 的大小和交流电压幅值大小决定。由于负载无功功率的大小是随时变化的,只设置一、二个电容器不可能任何时候都恰如其分地满足需要,而过度的无功补偿也会使 $\cos\varphi < 1$,反而适得其反,因此常将电容器分成几组,根据实际负载无功的情况进行分级投切,使它成为断续可调的动态无功功率补偿器。

TSC 的另一方面的功能是可以补偿感性负载引起的负载端电压的下降。负载性质对端电压的影响可用相量图来说明。图 9.7(a)中,负载电流流过线路电抗时会引起电抗压降:

$$\Delta \dot{U} = \dot{U}_1 - \dot{U}_2 = j \dot{I}_1 X_L$$

$$\dot{U}_1 = \dot{U}_2 + j \dot{I} X_L \tag{9.9}$$

如果负载电流是感性电流 I_Q,它比 $\dot{U}_1$ 滞后 $90°$,如图 9.7(c)所示,则 $\dot{U}_2$ 与 $\dot{U}_1$ 同相,且比 U_1 小 $I_Q X_L$;如果负载电流是容性电流,它比 $\dot{U}_2$ 超前 $90°$,由图 9.7(d)看出,$\dot{U}_2$ 与 $\dot{U}_1$ 也同相,但比 U_1 大 $I_C X_L$。所以,感性负载电流流过变压器和线路电抗将会使负载端电压下降,而容性负载电流则会使端电压上升,因此 TSC 的投、切可以稳定负载端和电网的电压,提高供电质量。

9.3　无触点开关

有触点开关是用电磁式接触器将负载与交流电源接通与断开,如图 9.8(a)所示,但电磁式接触器从线圈激励到接触器触点将电路接通因电磁惯性和触点机械位移需要有一段运行时间,这相当于电源频率的几个周期。当接触器将电路分断时,在其金属触点之间会产生电弧,易烧灼触点并成为电磁干扰源;另外,在接触器运行时还产生噪声。

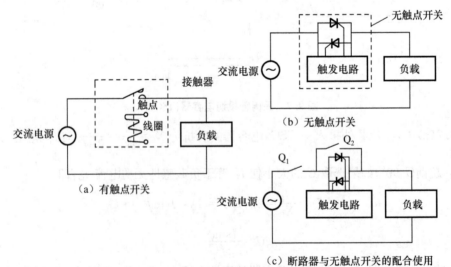

（a）有触点开关

（b）无触点开关

（c）断路器与无触点开关的配合使用

图 9.8　有触点开关与无触点开关

　　无触点开关又称为交流电力电子开关,它可代替电磁式接触器。如图9.8(b)所示,当触发信号送到晶闸管门极时,可在电源一个周期的任何电角度导通;晶闸管接通期间门极需有连续的触发脉冲,在门极脉冲撤除后,当电流过零时即关断。它的特点是接通迅速,无电弧火花,无噪声运行。无触点开关又称电力电子开关,它需有一触发电路。

　　晶闸管在接通时的管压降将导致发热,为此,可在晶闸管两端并联一个断路器 Q_2。Q_2 闭合载流避免晶闸管过热。无触点开关在将负载与电源断开时,开关端仍存在电压并有漏电流,不安全,为此可在电路中串入隔离开关(或断路器)Q_1。当无触点开关已将负载与电源断开时,将 Q_1 也断开。断路器 Q_1、Q_2 与无触点开关的配合使用示于图9.8(c)。

　　通常交流无触点开关所用的器件是双向晶闸管;直流无触点开关小容量时用大功率晶体管,大容量用晶闸管元件,关断时采用强迫换流。无触点开关的接通与关断都需要有相应的控制。

　　将无触点开关及其控制电路组装在一起可做成固态继电器(Solid State Relay,SSR)。典型的交流固态继电器结构如图9.9(a)所示。图中控制信号可以是交流电压,也可以是直流电压,光耦隔离是为了将控制信号与主电路分开,零电压开关采用通断方式来控制交流负载的电功率。

　　图9.9(b)是一种具有过零触发电路的交流固态继电器电路。双向晶闸管 VTB 正、负半周均通过 $VD_1 \sim VD_4$ 整流桥和小晶闸管 VT_2 获得门极信号,相应为 I_+、III_- 触发方式。VT_2 两端为全波整流电压。如果有输入信号 u_i,光耦隔离器 VP 导通,只要适当选取 R_2、R_3 的数值,可以做到当交流电压 $u_\sim$ 小于某一值 U_0(即认为是"零")时(见图9.9(c)),VT_1 截止,VT_2 经 R_4 触发导通,从而 VTB 导通,相当开关闭合。这里 R_2、R_3 和 VT_1 起了零电压检测作用。如 $u_i = 0$,VP 截止,VT_1 导通,将 VT_2 门极短路无法导通,则 VTB 处于阻断状态,相当开关断开。

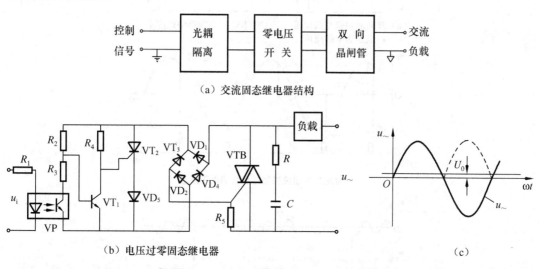

（a）交流固态继电器结构

（b）电压过零固态继电器　　　　　　　　　　　（c）

图9.9　交流固态继电器

　　对简单的交流电力电子开关只要用交流电源本身来控制开通。如图9.10(a)所示,电路中控制开关S闭合时,接通正向和反向两个晶闸管 VT_1、VT_2 的门极电路,承受正向电压的晶闸管 VT_1 通过二极管 VD_2 和S接通其门极电路,使之迅速导通,当通过晶闸管的电流为零时,自然关断与之反并联的另一晶闸管 VT_2 触发导通,电流反向。

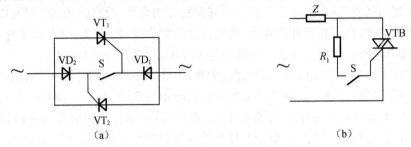

图 9.10 交流电力电子开关

晶闸管交流电力电子开关多采用双向晶闸管 VTB,如图 9.10(b)所示,图中 Z 为负载、在控制开关 S 闭合的情况下,电源正、负半周,VTB 以 I_+ 和 Ⅲ_- 方式触发导通,相当于开关接通状态;如 S 断开,门极开路,VTB 不能导通,相当于开关断开。

9.4 电加热

对于电阻性加热炉,一般用工频电源加热,由晶闸管电路来控制电炉的加热功率(或温度),如图 9.11(a)、(b)所示。图 9.11(a)为双向晶闸管电路,通过移相控制,改变触发延迟角 α 可以控制电源供给电炉的电功率,负载波形如图 9.11(c)所示。

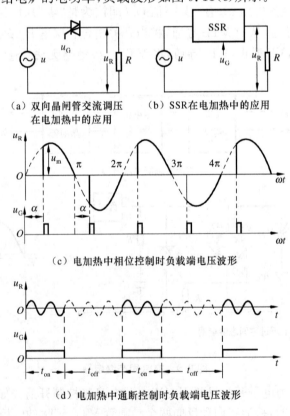

（a）双向晶闸管交流调压
　　在电加热中的应用

（b）SSR在电加热中的应用

（c）电加热中相位控制时负载端电压波形

（d）电加热中通断控制时负载端电压波形

图 9.11 电加热控制

设电源电压峰值为 U_m,则负载功率:

$$P = \frac{U_R^2}{R} = \frac{1}{R\pi}\int_\alpha^\pi (U_m\sin\omega t)^2 \mathrm{d}\omega t = \frac{U_m^2}{2\pi R}(\pi - \alpha + \frac{1}{2}\sin 2\alpha) \tag{9.10}$$

U_R 为负载端电压有效值。

大多数电炉都有几秒或更大的热时间常数。如图 9.11(d)所示,采用通断控制或整周期控制,晶闸管无触点开关把负载与电源按一定的通断率接通与断开。设接通时间为 T_{on},断开时间为 T_{off},则负载功率为:

$$P = \frac{U_m^2}{2R}\frac{T_{on}}{(T_{on}+T_{off})} \tag{9.11}$$

通断控制与移相控制比较,提高了电路的功率因数。

白炽灯灯光亮度的调节也属电加热一类负载,由于白炽灯的热时间常数太小,不能用通断控制方式,只能用相位控制来调节白炽灯的亮度。

图 9.12(a)是用双向晶闸管进行交流调压以调节灯光的一个实用电路。图中 2CS 为双向触发二极管,是一种二端交流器件(DIAC),其伏安特性如图 9.12(b)所示,利用它的正反向转折电压 U_{Bo1}、U_{Bo2} 使触发电路获得触发脉冲。晶闸管阻断时,电源经 R_1、R_P 和 C_2 充电。当 C_2 上电压达到一定值时,2CS 触发导通双向晶闸管。这里使用的是 I_+、III_- 触发方式。晶闸管导通后,将触发电源短接,待交流电压(电流)过零反向时自行关断。调节 R_P 可以改变双向晶闸管 VTB 的导通时刻,从而调节灯光亮度。

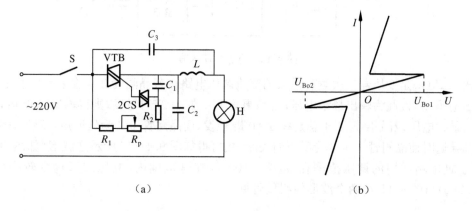

(a)   (b)

图 9.12 一种调光实用电路

中频感应加热炉或熔炼炉用于精炼黑色金属或用于熔炼铜铝等有色金属。它采用晶闸管变频电路,将 50 Hz 工频交流电源变为中频交流电源(频率为 1 000~2 500 Hz)进行感应加热,如图 9.13 所示为主电路方案之一。感应加热属电感性负载,感应加热线圈有较大的电感 L_1,它的等效电路用 R_1-L_1 串联表示(图 9.13 中虚线框内)。适当选择补偿电容器 C_1 与之串联,则负载可在所要求的频率谐振。二极管三相桥式整流电路将工频(50 Hz)电源整流为直流。L_2、C_2 进行滤波。电容器 C_2 端电压保持直流电压,电感 L_2 还兼有防止中频电流脉冲反射回二极管整流器的作用。逆变器 R_1-L_1-C_1 串联谐振实现负载换流而不需要另外的换流线路。逆变器输出中频通过感应线圈对熔炼金属加热。中频感应加热炉主电路方案还有其他形式,如采用电流型并联谐振逆变器等。

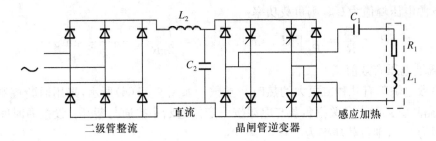

图9.13　中频感应电加热

9.5　电压调节

　　晶闸管电路不仅通过可控整流可以调节直流电压的幅值,通过交流调压调节交流电压的幅值,而且交流调压与整流配合,也可以调节直流电压幅值。

　　图9.14是控制变压器输入交流电压幅值来调节二极管整流输出直流电压的框图。这种方案可得到类似可控整流的特性,适用于低电压、大电流直流负载,因变压器原方可选用价格便宜的小电流定额的晶闸管。

图9.14　直流电压调节

　　图9.15(a)是变压器二次侧有抽头的交流调压电路。若晶闸管3、4在 $\alpha=0°$ 时触发,则得输出电压 u_2,设此为输出最小电压;若晶闸管1、2在 $\alpha=0°$ 时触发,则得输出电压 u_1,设此为输出最大电压;若晶闸管3、4总是在 $\alpha=0°$ 时触发,而晶闸管1、2为延迟角 α 触发,因晶闸管1、2导通时使晶闸管3、4承受反压而关断,故可得如图9.15(b)所示之波形(如图中实线所示)。此电路适用的调压范围在 $80\%\sim100\%$,在这范围内,电压波形畸变较小(比较图9.15(b)与图9.11(c)两个波形便明显可见)。

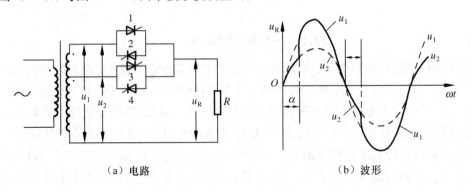

（a）电路　　　　　　　　　　　（b）波形

图9.15　交流电压调节

图 9.16 为晶闸管可调直流稳压电源框图。这是一个电压闭环控制系统,设 U_G 恒定,当输出电压由于负载加大而降低时,反馈电压 U_f 也减小,U_G 与 U_f 之差增加,经调节器使 U_c 增加,触发延迟角 α 减小,从而调节输出电压增加,使之恒定。可见,负载端具有稳定的直流电压 U_d,其幅值由输入给定电压 U_G 来调节,输出电压 U_d 的稳定度取决于 U_G 及闭环控制系统的性能。

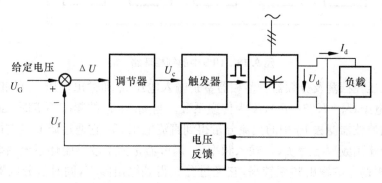

图 9.16 晶闸管直流稳压电源

9.6 不间断电源(UPS)

不间断电源(Uninterrupted Power Source,UPS)或不停电电源能在市电交流电源发生故障时不中断向负载供电。计算机、通讯设备等重要负载都要求供电电源不间断。图 9.17 所示为不间断电源的一种框图。当负载恒定由逆变器供电时(Q_1 接通,Q_2 断开),可保证电源不中断。交流电源正常时,经电源变压器供给整流器及充电器电源,整流器将交流电整流为直流电供给逆变器电源,充电器将交流电压变为直流电压供蓄电池充电。当交流电源间断时,则已充好电的蓄电池通过二极管 VD 立即向逆变器供电,同时 Q_2 断开,Q_1 接通,负载供电没有任何间断。通常 Q_1、Q_2 为无触点开关或无触点开关与机电型开关混合使用。

应当注意,蓄电池的容量有限,当蓄电池向逆变器供电后,应设法使蓄电池能尽快继续得到充电。

图 9.17 还示出,当交流电源正常时可直接向负载供电(Q_2 接通,Q_1 断开),但要求在交流电源间断后立即从交流电源切换到逆变器,这要求逆变器与交流电源同步。在 UPS 中,

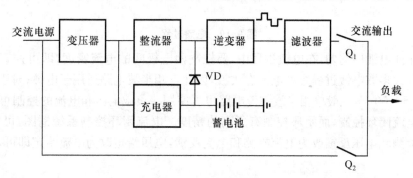

图 9.17 不间断电源

几乎都采用锁相环路来实现,如图 9.18 所示。锁相环路由三个基本环节组成:鉴相器、低通

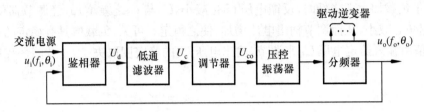

图 9.18　UPS 中的锁相环路

滤波及调节器、压控振荡及分频器。鉴相器鉴别输入电压 u_i 和输出电压 u_o 的相位差 $\Delta\theta = \theta_i - \theta_o$,其输出电压 $U_d = K(\theta_i - \theta_o)$,$K$ 为传递系数。当 u_i 和 u_o 的频率不等时,$\Delta\theta$ 将产生周期性变化,低通滤波器滤去 u_d 中的交流分量得到直流电压 U_c,它通过调节器去控制压控振荡器的频率,使输出频率 $f_o = f_i$(f_i 输入频率)。调节器是为了改善闭环系统频率跟踪的动态性能。压控振荡器的输出频率较高,它经过分频得到输出频率,同时从分频器得到控制 UPS 逆变器开关元件的驱动信号,这样逆变器的输出频率就能跟踪交流电源的频率。

9.7　电化学

在电镀或电解等电化学加工中,均需低压直流电源。图 9.19 示意电镀过程。待镀工件接于阴极(负电源),电镀层的金属材料接于阳极(正电源),两电极均浸没在适当的电解液中,在电流的作用下,通过电解液使阳极的电镀层金属分离而镀覆在阴极的工件表面,金属镀层的厚度比例于电流的大小及电流持续的时间。

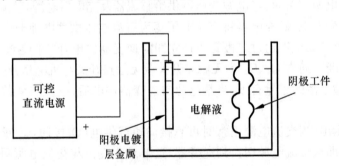

图 9.19　电镀过程

为了保证电镀层均匀,在电镀过程中,要控制两电极间的电流密度,即可控直流电源的输出电流。大多数电镀过程容许电流有纹波,因此三相半波电路适用于电镀;对于低电压的情况,比如 5～50 V,一般单相半波整流电路也可使用。负载电压和电流的控制可以采用可控整流和电流闭环控制,而闭环控制有更高的精度。电流闭环控制系统框图,可将图 9.16 中的电压检测和电压反馈改为电流检测和电流反馈,电压给定改为电流给定即可,读者可自行画出。

9.8 高压直流输电

在电能传输中,交流电压易于通过变压器升压和降压,因此目前各国普遍使用的是三相交流输电系统,即在电厂附近用变压器将电压升至几百千伏,然后将三相电源(包括地线共用四根线)传输至用户所在地,再用变压器降至所需的电压等级。采用高压传输电能是因为在同样功率下电流可小,因而传输线可细,线路损耗可小。但是,由于直流只需两根线,且只存在电阻损耗,因而对于远距离陆上电力传输或水下电力传输,用高压直流输电则较为经济。

直流高压由晶闸管变流器串联来实现,如图 9.20(a)所示,它的直流电压可达±200 kV或 500 kV。图 9.20(b)是在两个交流电力系统之间用高压直流输电连接的原理图。当 A_1 交流电力系统向 A_2 交流电力系统输电时,变流器 A_1 工作在整流状态,它将 A_1 交流电能变为高压直流电能,变流器 A_2 工作在有源逆变工作状态,它将高压直流电能输送到 A_2 电力系统。

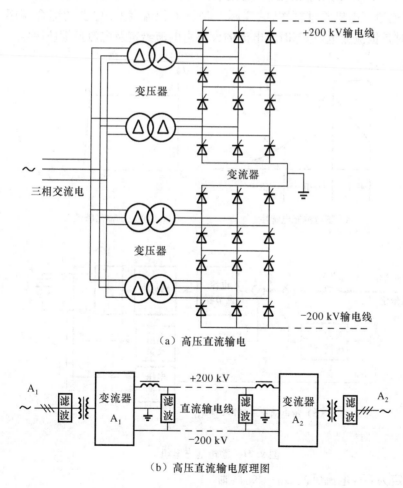

(a) 高压直流输电

(b) 高压直流输电原理图

图 9.20　高压直流输电

同样的原理 A_2 亦可向 A_1 系统输电。

对于由高压直流输电连接的这两个交流电力系统 A_1、A_2，变流器必须与相应的交流电力系统同步，以保持每一系统的交流频率恒定。但这两个系统，由于中间为直流电，允许存在频率差运行。滤波电路是为了衰减变流器运行中所产生的谐波成分。

9.9　蓄电池充电机

蓄电池充电时的电压和电流变化情况及相应的蓄电池充电机输出特性如图 9.21(a)、(b)所示。当蓄电池容量不足，电压较低需要充电时，初始充电需恒流充电(最大充电电流)；随着充电时间的增长，蓄电池电压上升，要维持恒流充电，则充电机输出电压必须随蓄电池电压的上升而调节，这就是蓄电池充电第 I 阶段特性。相应的充电机输出特性对应为图 9.21(b)的恒流特性 BC 段。当蓄电池充电到所要求的电压时，就需要恒压充电，以保证蓄电池充电电压不超过规定值，这时随着蓄电池电压的上升，充电电流下降，这就是蓄电池充电特性(见图 9.21(a))的第 II 阶段，对应充电机特性的恒压特性 AB 段(见图 9.21(b))。图9.21(c)为蓄电池充电机原理框图，它实际上是直流稳流、稳压电源的综合应用，当 SA_1 常闭触点闭合时是恒流充电，稳态时其电流的大小由电流给定及电流反馈所决定。

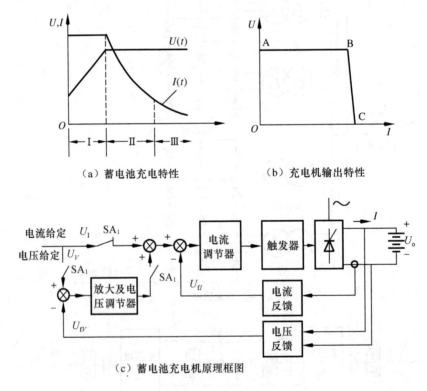

（a）蓄电池充电特性　　　　　　（b）充电机输出特性

（c）蓄电池充电机原理框图

图 9.21　蓄电池充电机

设电流给定为 U_I，电流反馈 $U_{fI}=K_{fI}I$，则

$$U_I = K_{fI} \cdot I \tag{9.12}$$

K_{fI} 为电流反馈系数，I 为充电电流。

当 SA_1 常闭触头断开、SA_1 常开触头闭合时,则是恒压充电,系统工作在电压、电流双闭环系统,稳态输出电压 U_o 由电压给定 U_V、电压反馈 U_{fV} 所决定:

$$U_o = \frac{1}{K_{fV}}U_{fV} = U_V \frac{1}{K_{fV}} \tag{9.13}$$

K_{fV} 为电压反馈系数。系统中的调节器是为电压和电流的动态性能而设置,一般为比例调节器或比例积分调节器。

蓄电池充电机在蓄电池生产过程中也得到了广泛应用,如蓄电池极板化成过程是一道化学工艺处理过程,在化成生产车间设置有许多长形的,装有一定浓度稀硫酸的化成槽,将蓄电池的原始极板放在化成槽内,在化成槽两端加上一定的电压和电流,按极板化成工艺参数要求经过不同阶段的反复充放电处理就可以得到所要求的蓄电池极板。可见这种充电机不仅工作在可控整流状态,而且还可工作在有源逆变状态。

9.10 开关电源

开关电源是电源技术上的一次革命,以其小型化、高效率的突出优点而被广泛地应用于通讯、计算机、仪表及各种电气设备中。与传统的线性电源相比,开关电源的效率通常可以做到80%以上(而后者一般低于50%)。由于开关电源通常工作在几十甚至几百千赫范围内,省略了50 Hz的主工频变压器,因此体积小、重量轻。而且开关电源的稳压范围很宽,电网电压从140 V到260 V均可正常工作,远远大于线性电源只允许10%的电压波动范围。

开关式稳压电源是输入与输出隔离的直流变换电路的应用,其电路形式多样,但其基本结构框图如图9.22所示,它是利用误差电压(从直流给定和输出取样放大得到)来形成高频脉宽调制,去控制功率开关输出导通与截止的时间占空比,以保持输出电压不变。

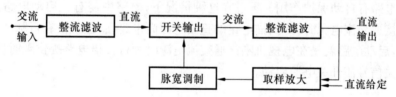

图9.22 开关式稳压电源框图

图9.23是一个半桥式的开关电源电路,主电路是输入与输出隔离的半桥式直流变换电路,控制电路使用SG1526作PWM控制器。220 V交流电压直接滤波整流后,连接到两只全控型电力电子器件MOSFET上,高频变压器 T_3 的一次侧是MOSFET开关器件 VM_1、VM_2 构成半桥电路的负载。当 VM_1、VM_2 交替导通时,直流电压被变换(调制)成高频方波,通过 T_3 将功率传递到二次侧,再经整流(解调)、滤波后得到所需的直流电压。SG1526是与SG1525同系列的电压脉宽调制器,它较SG1525多一电流检测环节(因而共有18脚)。该环节的输出与故障信号关闭端一道作用于内部逻辑,可作过流保护。SG1526控制器的电源由辅助变压器 T_1 整流滤波获得。其内部的稳压输出 U_{REF} 作基准电压加于误差放大器AE的同相输入端⊕,AE反相端⊖接直流输出反馈电压。振荡频率由 R_T、C_T 决定。两个输出端A、B接脉冲变压器 T_2 的一次侧,T_2 二次侧两个绕组获得极性相反的两组脉冲,分别驱动 VT_1、VT_2,使之交替通断。补偿端外接阻容网络 R_5、C_9 进行相位补偿,可以防止电路振荡。当电源输出回路出现

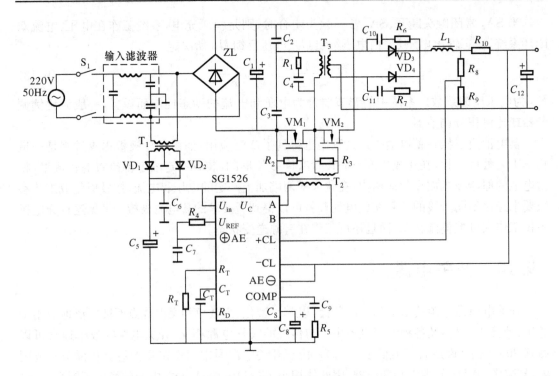

图 9.23　半桥式开关电源电路

过流时,电阻 R_8、R_9 和 R_{10} 的连接方法,可以实现减流式的保护,即负载电流超过允许的最大电流时,随着负载的增大,不仅降低输出电压,而且输出电流也逐步减小。

在电视机中使用开关电源还可以用行频脉冲作为开关信号,而使开关干扰减至最小,并且对行扫描电路有自动保护作用。不过在这种情况下,电路中需有一启动电路。这是因为当电视机刚接通交流电源时,行扫描电路的直流电源尚未建立,也就没有行脉冲给开关电源而无法启动,启动电路就是在电视机刚接通交流电源时为行扫描电路提供瞬时供电电源,或提供一个开关信号使开关电源启动。

9.11　电子镇流器

电子镇流器已取代了传统的电感镇流器,广泛用于日光灯、节能灯等照明电路中。电子镇流器与电感镇流器相比,具有体积小、重量轻、启动快、灯光无闪烁、工作无蜂鸣噪音、工作电压宽(低压也能启动)、节电 20%～30%、灯管寿命长等优点,国内外诸多生产厂家已作为产品生产。同样在其他使用电感镇流器的照明灯具中如金属卤化物灯、钠灯、霓虹灯等也会被电子镇流器所取代。

电子镇流器实际上是一种 AC—DC—AC 变换器,其中 DC→AC 变换工作于高频状态。图 9.24 是一种日光灯电子镇流器原理图。这是将 50 Hz 的交流电,经过 $VD_1 \sim VD_4$ 桥式整流变为直流电,由 C_1、C_2、VT_1、VT_2 构成半桥式直—交变换电路产生 20～30 kHz 交流电以点亮灯管。图中 VT_1、VT_2 为高频开关;T_{1a}、T_{1b}、T_{1c} 为高频变压器的 3 个绕组,它们的同名端如图示;R_3、C_6、R_4 为触发起振电路,为 VT_2 的初始导通提供偏置;当 VT_2 导通后,由于脉冲变压器的耦合作用使 VT_2 截止、VT_1 导通、产生自激振荡；L 为扼流圈，当 VT_2、VT_1 截止时自感出高压以启辉灯管；C_3、C_4、C_5 为软启动电容，当 VT_2 初始导通时使灯管灯丝有一预热时间，避免瞬间高压对灯丝的冲击。

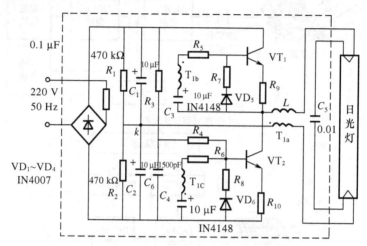

图 9.24 电子镇流器原理图

该电路的特点是简单、成本低、有一定实用性；但谐波含量大，功率因数低(0.6)是重要缺点。

电子镇流器要解决的主要技术问题是低成本高可靠性、抗电网高峰电压、异常保护、高功率因数、低谐波含量、逆变器输出功率与灯管额定参数匹配等问题。在解决高功率因数、低谐波含量方面，通过加无源滤波和无源功率因数补偿已使功率因数达到 0.96 以上，谐波总畸变 20% 左右。

W93 是日光灯电子镇流器的一种专用模块，其外形尺寸为 20 mm×20 mm×19 mm(L×W×H)，工作电压为 110～220 V，可驱动 15～40 W 日光灯及 22～32 W 环形日光灯，其输出功率可随负载大小自动调节，设有异常保护功能。W93 模块功率因数为0.6，只用于日光灯，不用于节能灯。另有 W9301 模块用于节能灯；W9302 模块带功率因数补偿，用于日光灯。而用于节能灯电子镇流器的无源功率因数校正(Parasitic Power Factor Correction, PPFC)模块型号有 PPFC-YHA、PPFC-YHB。

9.12 新能源发电

近年来，由于传统矿石能源枯竭的预期以及环保等因素，以太阳能发电、风力发电为代表的新能源发电得到了极大的发展。电力电子技术在新能源发电领域也起着至关重要、不可或缺的作用。

目前太阳能发电的主流方式是光伏发电(见图 9.25)，其中图 9.25(a)为离网型光伏发电，图 9.25(b)为并网型光伏发电。图中，MPPT(Maximum Power Point Tracking)为光伏发电的最大功率点跟踪功能，它可以使得发电装置能够克服各种环境因素的变化影响，尽量发出最多的电能。

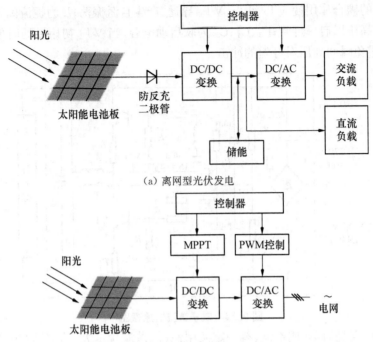

(a) 离网型光伏发电

(b) 并网型光伏发电

图 9.25　典型光伏发电系统的基本结构示意图

　　光伏发电系统的发电装置是太阳能电池板,一般的太阳能电池板由半导体制成,利用半导体界面的"光生伏特"效应将光能直接转变为电能。因此,太阳能电池板直接输出的电能为直流电,同时电压比较低(一般为十几到几十伏)。故而,首先需要通过 DC/DC 变换,得到电压比较高的直流电。对于离网型光伏发电(图 9.25(a)),直流电可直接供给直流负载,并与储能交互。但是大部分负载都为交流负载,因此需要进一步通过 DC/AC 变换器逆变为工频交流电,供给交流负载(见图 9.25(a))。对于图 9.25(b)所示的并网型负载,则全部电能都通过逆变连接于电网。

　　目前风力发电的两种主流结构如图 9.26 所示,分别为图 9.26(a)所示的双馈式(DFIG, Double-Fed Induction Generator)风电机组,图 9.26(b)所示的直驱式风电机组。

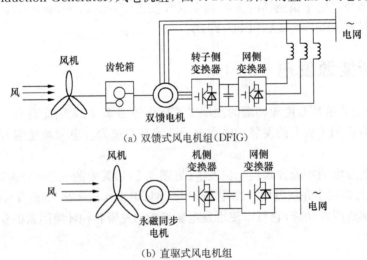

(a) 双馈式风电机组(DFIG)

(b) 直驱式风电机组

图 9.26　典型风力发电系统的基本结构示意图

　　风力发电的能量来源是自然风,自然风所能提供的功率大小主要取决于风速,然而自然界的风速通常都是变化的(具有波动性)。早期的风力发电系统通过各种装置和控制手段,使得无论在何种风速下发电机的转速都恒定,这样发电机就可以输出恒定频率的电能,直接接入电网。此时,风力发电系统理论上可以不使用电力电子技术,然而该类风力发电系统的效率十分低,无法充分利用风能。

　　相比之下,图9.26所示的两种主流结构中的风机均可以变速运行,即根据风速确定发电效率最高的风机转速。不过这样一来,风机直接发出的电力就无法维持恒定频率,即所发出的是频率变化的交流电,无法直接接入电网。为此,图9.26的两种结构中均有电力电子装置。图9.26(b)中,永磁同步电机发出的电力全部先被整流为直流电(通过机侧变换器,即一个AC/DC变换器),然后再被逆变成频率恒定为工频的交流电接入电网(通过网侧变换器,即一个DC/AC变换器)。相比之下,图9.26(a)中的结构则更复杂一些,只有部分电能(在典型机组中,约为20%～30%)通过电力电子装置变换。有关上述系统的详细介绍,读者可参考有关文献。

　　此外,电力电子技术还大量应用于新能源发电的其他领域,例如风力发电并网变电站内部的无功补偿,风力发电机组的低电压穿越,新能源发电中的储能系统等。

9.13　其他应用领域

　　电力电子技术具有向各行各业渗透、扩展的特点,可以说是一种无所不在的技术。除上述应用领域外,其他应用领域尚有:

　　(1) 家用电器　例如变频空调器采用逆变器可以节省电能;电磁炉采用逆变器可以实现小型轻量化,且输出可无级调节;电力电子开关在家电产品中作遥控开关等。

　　(2) 有源滤波器　用于防止高次谐波干扰、保护电气设备,提高电力质量。

　　(3) 超声波发生器　采用电力半导体器件的超声波发生器、脉冲激光器、X光发生器、臭氧发生器、电火花加工电源、负氧离子发生器等也趋于成熟。

　　(4) 汽车电子　用于汽车发动机控制,改善汽车舒适用部件,安全控制以及汽车研制过程中新型车及零件的各种性能测试和考核试验设备等。

　　(5) 电力系统　电力系统发电、输电、配电及用电系统中已广为应用。在上述所介绍的应用中,大多是用电系统中的例子,实际上发配电系统更需应用电力电子技术,如发电机励磁,发电厂备用交、直流操作电源,高压电子设备,保护设备,用于电力系统无功补偿的可控硅串联电容补偿TCSC(Thyristor Controlled Series Compensator)装置等。

　　电力电子技术作为应用半导体器件和电路进行功率变换(AC—DC、DC—AC,DC—DC,AC—AC等交换)、电能控制的学科,在大功率领域它一直是节能的主角,也为传统工业的改造提供了机电一体化的方向,在小功率的电器中,它同样身手不凡。

　　有如一百多年前,人类靠电磁感应原理发明变压器,解决了电功率传输,使电能成为最方便使用的能源形式,从而开辟了电气化的时代;当人们能自如地应用各种电力半导体器件,高效地实现电功率变换,通过半导体把"粗电"变换成"精电"时,将开创节能省材、优化使用电能、提高人们生活质量的新局面。

习题和思考题

9.1　试述电力电子技术的应用领域。

9.2　试述在直流电动机可逆电路中 $\alpha_1=\beta_2$；$\alpha_1>\beta_2$；$\alpha_1<\beta_2$，这三种情况下的环流情况。

9.3　三相半波可逆电路无环流的条件是什么？并用波形图说明。

9.4　电力电子技术在交流电动机调速方面有哪些应用？

9.5　相位控制与通断控制各有什么特点？

9.6　直流电动机可逆主电路有哪两种连接？它们各有什么特征？

9.7　设计一个三相全控桥式相位控制直流电源，考虑交流电源电压变化在 $\pm20\%$ 范围内，负载最大输出 $U_d=200$ V，$I_d=100$ A，并尽可能提高电路功率因数；已知为 $R\text{-}L$ 负载，估计管压降为每只 1.5 V，电源内电阻 0.05 Ω，漏抗 0.1 Ω。试求：(1) 主变压器定额。(2) 主电路元件定额。(3) 负载恒定在 200 V 运行时，由于交流电源的波动，电路功率因数变化范围。

9.8　在高压直流输电中，为了减少电路中的电流谐波，采用了多重化技术，变压器接法及逆变器的电流波形如图 9.25 所示，试分析输送到电网中的电流波形：(1)画出 i_A 波形形状，(为了方便起见，设变压器一、二次侧绕组变比均为 1:1，并设电流流向同名端为正向电流)；(2)对画出 i_A 波形进行谐波分析。

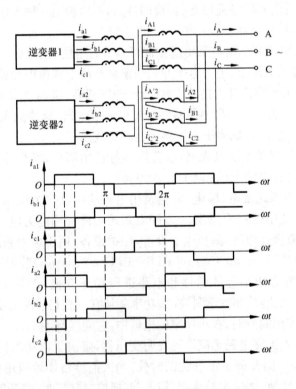

图 9.25　习题 9.8 附图(变压器接法和逆变器电流波形图)

9.9　试根据图 9.16 晶闸管直流稳压电源的原理,画出晶闸管直流稳流电源框图。

9.10　试画出既能充电又能放电的蓄电池充电机原理框图并说明其工作原理。

9.11　试根据电子镇流器的基本原理,画出电子镇流器的原理框图。

9.12　开关电源与线性电源相比,何以体积小,重量轻?

9.13　UPS 既然仍是交流输出,为何要经过 AC→DC 和 DC→AC 两重变换?

参 考 文 献

1 冷增祥,徐以荣编著. 电力电子技术基础.(修订版) 南京:东南大学出版社,2006
2 陈坚编著. 电力电子学—电力电子变换和控制技术(第 2 版). 北京:高等教育出版社,2004
3 王兆安,黄俊主编. 电力电子变流技术(第 4 版). 北京:机械工业出版社,2003
4 王维平编. 现代电力电子技术及应用.南京:东南大学出版社,2001
5 陈伯时主编. 电力拖动自动控制系统—运动控制系统(第 3 版). 北京:机械工业出版社,2004
6 Jai P. Agrawal, Power Electronic Systems Theory and Design(影印第 1 版). 北京:清华大学出版社,2001